普通高等教育
软件工程 "十二五" 规划教材

12th Five-Year Plan Textbooks
of Software Engineering

工业和信息化普通高等教育
"十二五" 规划教材

软件体系结构

林荣恒 吴步丹 金芝 ◎ 编著

人民邮电出版社
北 京

图书在版编目（CIP）数据

软件体系结构 / 林荣恒，吴步丹，金芝编著. -- 北
京：人民邮电出版社，2016.4
普通高等教育软件工程"十二五"规划教材
ISBN 978-7-115-40293-6

Ⅰ. ①软… Ⅱ. ①林… ②吴… ③金… Ⅲ. ①软件－
系统结构－高等学校－教材 Ⅳ. ①TP311.5

中国版本图书馆CIP数据核字 (2015) 第237656号

内 容 提 要

  本书详细介绍了软件体系结构的基本概念、软件体系结构风格、质量属性及战术、软件体系结构设计方法等，希望读者对软件体系结构形成较为完整的概念，在此基础上理解软件体系结构的基本用途，从而在软件工程实践中融入相关概念。

  本书的最大特点是使用了大量的例子，因此读者在阅读时需重点理解相关例子的内在含义，从而加深对软件体系结构的理解。本书可作为计算机软件专业本科生、研究生和软件工程硕士的软件体系结构教材，也可作为软件工程高级培训、系统分析员培训、系统构架设计师培训教材，以及软件开发人员的参考书。

◆ 编　　著　林荣恒　吴步丹　金　芝
  责任编辑　刘　博
  责任印制　沈　蓉　彭志环

◆ 人民邮电出版社出版发行　　北京市丰台区成寿寺路 11 号
  邮编　100164　电子邮件　315@ptpress.com.cn
  网址　http://www.ptpress.com.cn
  北京九州迅驰传媒文化有限公司印刷

◆ 开本：787×1092　1/16
  印张：13.75　　　　　　　2016 年 4 月第 1 版
  字数：358 千字　　　　　2024 年 8 月北京第 14 次印刷

定价：36.00 元

读者服务热线：(010)81055256　印装质量热线：(010)81055316
反盗版热线：(010)81055315

前言
Preface

软件体系结构作为软件工程学科中重要的一门分支，在这几十年中也有了长足的发展，随之，与软件体系结构相关的理论也不断更新，以适应软件开发方式的发展。

作为计算机领域重要的工程基础科目，软件体系结构是计算机专业本科及研究生重要的必修或专业选修课程。由于软件体系结构这门课程涉及的理论知识较多，并且当前软件体系结构的书籍大多以理论知识介绍为主。因此，在进行实际系统开发时读者很难将软件体系结构的知识与之对应。作者具有从事软件体系结构课程多年的教学经验，在教学过程中一直探索如何将软件体系结构的理论与实际的案例进行结合。在这个过程中，作者总结了大量来源于现实生活与实际工作的案例，这些案例既包括软件体系结构风格的探讨，又包括详细的质量属性战术，也包括典型软件体系结构架构，还包括了典型互联网事件，便于读者理解身边的软件体系结构。案例的说明方式包括文字叙述、示意图、流程图、伪代码等，尽量以最合适、最直观的方式还原实际问题的解决过程。

本书在章节编排上，力争为读者提供一个基本的软件体系结构概况，并使读者可以在日常软件需求分析及设计中关注质量属性，在考虑系统架构时融入软件体系结构思想，在软件结构分解时结合相关的质量属性场景及战术。此书主要关注软件体系结构的原理、软件体系结构风格、质量属性及其战术、软件体系结构设计等方面，对于软件体系结构的其他部分，如软件体系结构评估、软件产品线、软件体系结构描述语言等则不涉及或者较少提及。

本书前后历经了一年半最终成稿，写书是对脑力和意志力的双重考验，由于本书涉及的案例较多，作者在撰写过程中遇到了不少挑战。在这个过程中，北京大学、北京邮电大学的多名老师及研究生给予了理论上、技术上的支持和帮助，从而使本书可以顺利完成，在此向他们表示感谢。同时，本书的相关内容得到了国家重点基础研究发展计划（973）（2015CB352201）、可信软件基础研究重大研究计划（91318301）等的资助。

作　者
2016 年 1 月

目 录
Contents

第1章
软件体系结构的起源与背景
Origins and Background of Software Architecture

人们利用计算机语言等进行有意识的编写及创造形成了具备一定功能的指令序列，这些指令序列可以称为软件。软件已经深入到日常生活中的方方面面，小到各种嵌入设备，大到航天飞机等均有软件的身影。软件的设计、开发已经形成一个独立的行业，如何保障软件的质量成为软件行业的永久话题。

在软件业发展的过程中，经历了小作坊到企业化生产的多个阶段。最初软件的规模较小，一般由一个或者几个程序员进行代码编写，主要依靠程序员自身的素质及对软件的深刻理解。随着软件规模的不断发展，在软件迈向团队协作的过程中出现了软件危机。

1.1 软件危机

软件危机（Software Crisis）是指落后的软件生产方式无法满足迅速增长的计算机软件需求，从而导致计算机软件的开发和维护过程中遇到的一系列严重的问题。软件危机是 1968 年在联邦德国召开的国际软件工程会议上被人们普遍认识到，其主要表现为软件成本日益增长、开发进度难以控制、软件质量差、软件维护困难等。

由图 1-1 可知，随着硬件的发展，软件占整个系统的比例呈大幅增长，由最初 50 年代的 10%左右增长到 80 年代的 80%以上。而且随着系统规模增大，其成本仍在增长。因此，如何控制一个系统的软件成本成为该系统重要的成本核算部分。

一方面是软件成本的增长，另一方面则是软件开发进度的难以控制。软件的开发进度本该按照计划执行，但由于程序员素质、开发难度等问题，大多数的软件系统开发存在拖沓的现象，即系统上线的时间一拖再拖。

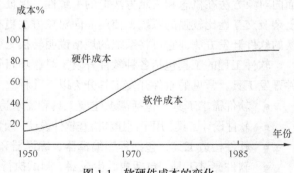

图 1-1　软硬件成本的变化

系统上线时间的延迟并未带来软件质量的提升，"慢工出细活"在软件行业并不成立，拖延的软件系统与软件质量无直接的促进作用。当系统上线之后，软件的维护则成为软件公司的梦魇，漫长而又烦琐。随着时间的推移，由于员工的更换等原因，老系统的维护更加困难。

软件危机一直制约着软件质量的提升，也成为软件行业变革的导火索。

为了克服软件危机，人们意识到面临的不光是软件技术问题，更重要的是管理问题，管理不善必然导致失败，人们开始探索利用现代工程的概念、原理、技术和方法进行计算机软件的开发、管理和维护。1968年，"软件工程"的概念出现了。

1.2　软件工程的兴起

软件工程是用工程、科学和数学的原则与方法研制、维护计算机软件的相关技术及管理方法。简单地说，软件工程利用工程化的思想和管理手段对软件的过程进行管理和监控。

工程实践是利用前人的经验，采用规范、确定的方法进行实施的过程。工程实践使得平凡的操作者创造出复杂的系统。每个操作者甚至不用了解整个系统的全貌，只需完成自身的工作即可配合搭建整个系统。例如，在建筑工地中瓦工只需了解如何砌砖，油工只需了解如何涂抹墙壁，通过各个工种的贡献最终完成整个建筑的搭建。对工程规范性强的公司而言，更需要每个公司员工如同螺丝钉般完成自身本职工作，而无需具备太多的个性。

软件工程的思想，即希望在软件公司中各个开发人员可以各司其职，每个人完成自身的各个模块，通过工程化的方式构架软件，并保证软件的质量。为保障软件能像建筑工程一样顺利实施，软件工程一般包含以下三要素。

- 方法：为软件开发提供了"如何做"的技术，是完成软件工程项目的技术手段。
- 工具：是人类在开发软件的活动中智力和体力的扩展和延伸，为软件工程方法提供了自动的或半自动的软件支撑环境。
- 过程：是将软件工程的方法和工具综合起来以达到合理、及时地进行软件开发的目的。

软件工程的方法，包括结构化方法、面向对象方法和形式化方法。结构化方法也称为生命周期方法学或结构化范型。将软件生命周期的全过程依次划分为若干个阶段，采用结构化技术来完成每个阶段的任务。结构化方法具有两个特点：一是强调自顶向下顺序地完成软件开发的各阶段任务；二是结构化方法要么面向行为，要么面向数据，缺乏使两者有机结合的机制。面向对象方法是将数据和对数据的操作紧密地结合起来的方法。软件开发过程是多次反复迭代的演化过程。面向对象方法在概念和表示方法上的一致性，保证了各项开发活动之间的平滑过渡。对于大型、复杂及交互性比较强的系统，使用面向对象方法更有优势。形式化方法是一种基于形式化数学变换的软件开发方法，它可将系统的规格说明转换为可执行的程序。

软件工程的工具包括各种软件开发工具、项目管理工具、项目维护工具等，一般也统称为软件开发工具。常见的软件开发工具分为以下几种。

- 软件需求工具，包括需求建模工具和需求追踪工具。
- 软件设计工具，用于创建和检查软件设计。因为软件设计方法的多样性，这类工具的种类很多。
- 软件构造工具，包括程序编辑器、编译器和代码生成器、解释器和调试器等。
- 软件测试工具，包括测试生成器、测试执行框架、测试评价工具、测试管理工具和性能分析工具。
- 软件维护工具，包括理解工具（如可视化工具）和再造工具（如重构工具）。
- 软件配置管理工具，包括追踪工具、版本管理工具和发布工具。
- 软件工程管理工具，包括项目计划与追踪工具、风险管理工具和度量工具。

- 软件工程过程工具，包括建模工具、管理工具和软件开发环境。
- 软件质量工具，包括检查工具和分析工具。

常见的软件需求工具包括 Rational Rose、Visio 等，软件构造工具包括大家熟悉的 Visual Studio、Eclipse 等，软件测试工具包括性能测试工具、单元测试工具 Junit 等，这些工具在形式上不见得一定以 GUI 呈现，也可能以软件包形式存在。有些软件开发工具如 Eclipse 也具备软件重构等功能，这种工具在意义上也称为软件维护工具。软件配置管理工具，如常见的 SVN、CVS、GIT 等。软件工程管理工具，包括微软的 Proect、在线甘特图等。软件过程管理工具包括 Maven 等。

典型的软件过程有 RUP 的开发过程、敏捷开发过程等，软件过程是用于规范和开发软件的各个过程。ISO 9000 定义软件工程过程是把输入转化为输出的一组彼此相关的资源和活动，该定义支持了软件工程过程的两方面内涵。

第一，软件工程过程是指为获得软件产品，在软件工具支持下由软件工程师完成的一系列软件工程活动。基于这个方面，软件工程过程通常包含以下 4 种基本活动。

- 软件规划、规格说明。规定软件的功能及其运行时的限制。
- 软件开发活动。用于产生满足规格说明的软件。
- 软件确认活动。确认软件能够满足客户提出的要求，此处的要求包括功能要求与质量要求。
- 软件演进。为满足客户的变更要求，软件需要在使用过程中进行演进，演进的内容包括软件的功能、非功能要求。例如，在原有软件基础上增加新功能，或者使原来的软件满足更高的性能要求。

事实上，软件工程过程是一个软件开发机构针对某类软件产品为自己规定的工作步骤，它应当是科学的、合理的，否则必将影响软件产品的质量。

第二，从软件开发的观点看，它就是使用适当的资源（包括人员、硬软件工具、时间等）为开发软件进行的一组开发活动。因此需要结合实际软件开发需求，对资源进行调度。最终，在过程结束时将输入（用户要求）转化为输出（软件产品）。软件开发过程中，如何合理地调配资源是圆满完成软件的必要条件。

综上所述，软件工程的过程是将软件工程的方法和工具综合起来，以达到合理、及时地进行计算机软件开发的目的。软件工程过程应确定方法使用的顺序、要求交付的文档资料、为保证质量和适应变化所需要的管理、软件开发各个阶段完成的任务。

以 RUP 的软件开发过程为例，RUP 是 Rational 软件公司（Rational 公司被 IBM 并购）创造的软件工程方法。RUP 描述了如何有效地利用商业的可靠的方法开发和部署软件，是一种重量级过程（也被称作厚方法学），因此特别适用于大型软件团队开发大型项目。

RUP 可为大多数程序的开发提供指导方针、模板等。RUP 把开发过程中面向过程的方面，如定义的阶段，技术、实践和其他开发的组件（如代码、文档、手册等）整合在一个统一的框架内。因此，RUP 首先明确了软件开发过程中的软件过程。

最重要的是，RUP 有下述三大特点。

① 软件开发是一个迭代过程，正如刚才描述的四个阶段，这四个阶段可在项目开发过程中多次迭代出现。一般情况下，一个以 RUP 过程规范的软件开发过程，都将经历原型、原型迭代、最终版迭代等几次迭代过程。第 1 次迭代一般将系统的骨架及主要功能完成，用于验证系统的可行性，同时为用户提供直观的系统使用界面，便于获得相应的反馈。通过第 2 次迭代将新的需求反馈到系统之中。

② 软件开发是由 Use Case 驱动的。在 RUP 软件过程中，特别强调用例。采用用例的方式有

助于对系统进行分解，从而降低系统的难度，便于开发人员开发以及分工。例如，一个复杂的软件系统可能由上百个用例组成，每个用例涉及的功能点很小，这样有助于根据用例的功能分派给开发小组、开发人员。

③ 软件开发是以架构设计（Architectural Design）为中心的。在 RUP 的开发过程中，开发人员首先建立统一的架构，在该架构中划分模块，通过各个独立的模块来支撑各个功能。所有模块间的交互、关系都由架构规定。这样便于开发人员并行开发，同时便于第 1 次迭代中系统骨架的形成。

一个典型的 RUP 软件开发过程包括：初始阶段（Inception）、细化阶段（Elaboration）、构造阶段（Construction）和交付阶段（Transition）。同时规定了每个阶段的完成形式，一般称为里程碑，通过检查里程碑可以对每个阶段的结果进行确认。

RUP 在明确了每个阶段之后，对于每个阶段需要完成的任务也做了一定的规范，例如在细化阶段包括对相关需求的细化，而在描述需求的时候可能需要用例图的方式对每个用例进行分析，最后形成需求规格说明书。而在构造阶段，相应的设计文档、代码等需要被完成。因此，RUP 的规范包括了过程与过程中的各个组件。

RUP 的几个阶段说明如下。

- 初始阶段：初始阶段的目标是为系统建立商业案例并确定项目的边界。为了达到该目的必须识别所有与系统交互的外部实体，在较高层次上定义交互的特性。本阶段具有非常重要的意义，在这个阶段中所关注的是整个项目进行中的业务和需求方面的主要风险。对于建立在原有系统基础上的开发项目来讲，初始阶段可能很短。初始阶段结束时是第 1 个重要的里程碑——生命周期目标（Lifecycle Objective）里程碑。生命周期目标里程碑评价项目基本的生存能力。

- 细化阶段：细化阶段的目标是分析问题领域，建立健全的体系结构基础，编制项目计划，淘汰项目中最高风险的元素。为了达到该目的，必须在理解整个系统的基础上，对体系结构作出决策，包括其范围、主要功能和诸如性能等非功能需求。同时为项目建立支持环境，包括创建开发案例，创建模板、准则和准备工具。细化阶段结束时是第 2 个重要的里程碑——生命周期结构（Lifecycle Architecture）里程碑。生命周期结构里程碑为系统的结构建立了管理基准并使项目小组能够在构建阶段中进行衡量。此刻，要检验详细的系统目标和范围、结构的选择以及主要风险的解决方案。

- 构造阶段：在构造阶段，所有剩余的构件和应用程序功能被开发并集成为产品，所有的功能被详细测试。从某种意义上说，构造阶段是一个制造过程，其重点放在管理资源及控制运作以优化成本、进度和质量。构造阶段结束时是第 3 个重要的里程碑——初始功能（Initial Operational）里程碑。初始功能里程碑决定了产品是否可以在测试环境中进行部署。此刻，要确定软件、环境、用户是否可以开始系统的运作。此时的产品版本也常被称为"beta"版。

- 交付阶段：交付阶段的重点是确保软件对最终用户是可用的。交付阶段可以跨越几次迭代，包括为发布做准备的产品测试，以及基于用户反馈的少量的调整。在生命周期的这一点上，用户反馈应主要集中在产品调整，设置、安装和可用性问题，所有主要的结构问题应该在项目生命周期的早期阶段就解决了。在交付阶段的终点是第 4 个里程碑——产品发布（Product Release）里程碑。此时，要确定目标是否实现，是否应该开始另一个开发周期。在一些情况下这个里程碑可能与下一个周期的初始阶段的结束重合。

1.3　软件体系结构层次

软件体系结构是软件工程的一个分支，主要解决如何架构软件并保障软件质量的一门学科。简单地说，软件工程解决如何工程化开发软件项目，而软件体系结构则是在工程化开发项目之初规划、设计软件的架构，从而引导软件工程朝着正确的方向发展。

软件体系结构虽脱胎于软件工程，但其形成同时借鉴了计算机体系结构和网络体系结构中很多宝贵的思想和方法，最近几年软件体系结构研究已完全独立于软件工程的研究，成为计算机科学的一个新的研究方向和独立学科分支。

正如传统软件工程中的方法，更多关注的是软件的功能如何设计、实现、测试，而软件体系结构则关注软件中的非功能属性如何实现和保障，为了更好地描述软件体系结构，一般可在设计之初将软件系统划分成多个层次。

如图 1-2 所示，一般软件系统可分为系统、子系统、模块、类等多个层次。为了方便每个层次的建模分析，每个层次定义类似的结构，一般包括组件、组成规则和行为规则，具体说明如下所述。

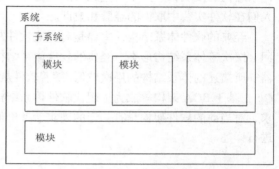

图 1-2　系统、子系统、模块层次图

- 组件：组成的构件，指相关构成的实体。
- 组成规则：组件或系统的构造规则。多个组件以何种方式、关系组成当前层的系统，组成规则一般静态地描述一个系统的构成。
- 行为规则：系统的语义，组件间交互的规则。行为规则动态地表明了一个系统中各个组件之间如何动态地交互。

针对每层的层次不同，相关的组件、规则具有自身不同的含义。每层可以有自身不同的符号系统、解决方法。因此每个层次可以进行独立设计，层次间可通过预先设计的接口进行传递，下一层是上一层的服务提供，从而简化层次上的设计。

一般来说，系统可以分为多个层次，如表 1-1 所示。典型的层次包括系统—子系统—模块—类（进程、线程）—数据结构—二进制代码。其中，（系统—子系统—模块—类）层面一般称为体系结构层次。数据结构等则称为编码层次，二进制代码称为可执行代码层次。在各个层面中，均利用组件及组件之间的协作完成相关功能。例如，在体系结构中，系统层面的组件包括各个子系统，子系统之间可以通过调用、管道等进行交互；在模块层面的组件包括各个类、接口，通过类之间的调用等方式进行交互；而在编码层面，各个对象通过方法调用、消息传递等方面进行交互。

表 1-1　　　　　　　　　　　　　　　　系统层次对比

系　统　层　次	结　构　归　类
系统、子系统、模块、类	体系结构层次
数据结构	编码层次
二进制代码	可执行代码层次

- 体系结构层次：通过组件与组件间的协作达到系统功能。本层的组件包含多种类型（如模块、进程、线程等），组件之间的交互通过各种方式完成（调用、管道、共享、同步等）。
- 编码层次：包含算法与数据结构的设计，组件是编程语言的原子如数、字符、指针、线程等，连接的操作符是该语言的算术或数据操作符，组合机制包括记录、数组、过程等。
- 可执行代码层次：解决内存映像、数据组织、调用栈、寄存器分配等问题。组件为硬件所支持的位模式，操作符及组件的组合分布在机器代码中。

作为软件体系结构这个学科，主要关注体系结构层次的相关内容，解决如何构建体系结构、如何分析体系结构、如何评估体系结构等问题。随着软件业的发展，软件规模越来越大，对软件的架构也提出了更多的要求，要求软件构架满足修改性、易用性、性能等多种非功能属性。软件体系结构的发展，产生了一些经典的软件体系结构以及现代软件体系结构，这些软件体系结构是人们在软件实践中取得的经验和教训。

经典的软件体系结构，主要是对传统软件常见的架构进行总结，包含了管道过滤器、调用返回、层次等体系结构形态。经典的软件体系结构产生于软件规模较小的时代，因此诸如管道过滤器等所描述的体系结构的层次较低。随着软件规模的扩大，现代软件体系结构应运而生。诸如 P2P、C/S、基于 SOA 架构等成为了现代软件体系结构的代表。这些体系结构满足了现代软件设计的需求，对当前的软件架构具有一定的现实参考价值。在之后的章节里，本书将对上述软件体系结构进行详述。

1.4　软件体系结构的理想与现实

1.4.1　软件体系结构的理想效果

软件体系结构的理想效果是可完整、高效地重用整个软件体系结构，将现有软件体系结构应用于新的项目中。

用户只需将需求明确、选择适合的软件体系结构，就可完成整个项目的功能、非功能的需求分析，并且确定好相关软件模块的划分、采用的相关技术，以及技术对应的相关软件战术，这些战术可以提升用户开发的软件模块质量，同时结合软件的非功能需求，快速满足非功能属性的要求。简单地说，如果一个体系结构得以理想化的复用，那么软件的需求、设计乃至相关关键技术均可快速被确定及复用。下面举一个例子说明软件体系结构的理想复用。

某一用户公司完成了多个软件项目，这些软件项目均属一个软件序列。公司即将开发一个新的应用 newAPP。新应用基于软件体系结构复用的开发过程，与传统过程的对比如表 1-2 所示。

表 1-2　　　　　　　　　　　　　　体系结构复用与传统开发过程对比

体系结构复用	传 统 开 发
体系结构分析	需求分析
体系结构的选择	总体概要设计
体系结构的分解	模块概要设计
体系结构的责任划分	概要设计
体系结构填充、定制	总体框架设计与实现

表格左列为以体系结构复用的相关开发过程，右侧为传统的开发模式。左列由于可利用现有的体系结构，在体系结构分析上只需对与原有体系结构有区别的需求进行分析，即可尽快地完成体系结构的选择，以及新需求的分解，同时责任划分也相对容易，可快速地利用原有体系结构进行填充、定制。与体系结构所对应的原有代码结构可保持不变，只需在修改部分的结构上进行代码重构即可完成新的应用开发。

例如笔者所在实验室具有一套电信业务开发平台，基于该平台可快速地开发各种功能的通信业务。基于平台的开发正是对基于体系结构复用的开发过程，用户可借鉴该通信平台的已有架构，在开发时，将重点转变为如何利用和定制框架以完成新的通信业务需求，从而大大减少了开发的工作量。架构也是类似的，也有利于小组模式的开发和维护。同时，同样的架构大大提高了代码的复用率，减少了额外的代码测试，提高了代码的成熟度。对程序员新手而言，在一个框架中进行开发，更像是在一个半成品的积木模型上进行再创造。

1.4.2　现存软件复用的层次

软件互用层次按照复用的内涵可以分为如下几种。

① API 级别的复用，软件库的复用。API 的复用是最基础的复用形态，用户通过调用某个或几个 API 而形成对遗留代码的复用。

② 软件构件的复用。它是将多个 API 有机地组成一套具备通用功能，可在相关中间件上使用的组件。软件构件的复用比纯粹 API 级别的复用多了一些环境的限制，相关上下文信息较为明确。

③ 服务的复用。将某些软件的功能开放出来以服务的形式对外提供，一般采用 SOAP 等标准协议进行开放。服务的复用在某种层次上比软件构件复用多了一些通用性，同时一般可支持远程调用，有利于系统的解耦合。

④ 框架的复用。框架的复用比上述复用更进一步，框架一般规定了框架自身提供的功能，也规范了框架中应用的行为准则。框架一般还提供相关通用服务，便于用户快速地开发相关应用。

⑤ 体系结构的复用。对体系结构的复用包括体系结构的静态与动态结构，可完整刻画软件系统的功能与非功能属性，便于快速地搭建软件结构。

目前的软件复用层次，仍停留在前四个阶段，很多开发人员甚至还停留在第 1 阶段左右。例如一个本科生在学习编程语言的过程中，一般先学习语言自身的关键词、各种语句，之后学习的库函数就属于第 1 阶段的复用。在第 1 层次的复用中，开发人员可基于标准库或者已知第三方库函数从最底层开发相关应用。显然，这种开发过程相当烦琐。若开发一个大型系统，需要做很多工作才能完成。

为此针对第 1 阶段的复用，大多数软件开发企业会过渡到第 2、3 阶段的复用层次。通过选择合理的软件构件或者服务，简化系统某些部分的开发难度及工作量。例如，一个软件中需要使用一个天气预报的功能，若软件开发人员还自己去编写天气预报的功能，不仅费时费力而且也不见得准确。在这种情况下，调用一个第三方的天气预报构件或者服务，可快速地完成该功能的搭建。

在进行第 2、3 阶段的复用之后，框架的复用也就顺理成章了。若一个系统的若干个基本功能可由一套软件框架统一提供，选择相应的软件框架可为软件的快速开发、定制提供良好的支持。例如，开发一个基于 JAVA 的 Web 应用，采用 Spring+Structs+Hibernate 的框架可为用户的数据存储、前后端分离等提供良好的支持，也便于用户快速地扩展相关功能。

现存的这几个复用方式，虽然可以在一定程度上加快软件开发的效率，提升软件质量，但是仍存在着诸多不足之处。例如，基于 API 的复用层次较低，用户使用 API 开发应用，着眼点过于细节化，很难对整体软件的架构提出建设性意见。如表 1-3 所示，举例说明了不同的复用层次。

基于构件或者服务的软件复用，虽然层次相对 API 有了一定的提升，但是仍对软件架构有直接的帮助。同时，由于构件、服务很难直接与新应用的需求相匹配，复用的场景受到限制，具体体现为构件、服务功能粒度大的难以满足应用细节要求，功能粒度小的则复用层次较低。

基于框架的复用，虽然可提供相应的通用服务，然而应用自身对通用服务的个性化需求，使得通用服务仍需定制。同时，由于基于框架开发，应用的相关特殊流程、交互方式受到框架的约束，应用开发变得束手束脚。

表 1-3　　　　　　　　　　　　不同复用层次的说明

复 用 层 次	代 码 示 例
API 级别复用	API 级别是最细粒度，也是最常见、通用的方式。事实上构件、服务从调用形式上也属于 API 调用 System.out.println(); Thread thr=new Thread(){new …};
软件构件复用	此组件是一些基础功能 API 的集合，该组件具备一定领域的内涵，在一定领域内通用。但单独的构件并不能提供完整的功能，仅是功能链条的一部分。 Comp comp=getComp() comp.dosomthing1() comp.dosomthing2() 软件构件可以体现为可视化形态，可在软件中拖曳使用
服务的复用	服务可以理解为具有一定完整软件功能的构件，例如天气预报服务。一般该服务是远程服务，典型的可利用 SOAP / RESTful 进行调用 Service s = GetService（ ） Service.function()
框架的复用	框架为应用开发提供了强制的规范，并在该规范下保障应用正常运行。典型框架如 J2EE 框架、Spring 框架、复合的 SSH 框架等。 以 SSH 框架为例，用户在使用框架进行复用时，框架规范了存储使用 hibernate，在表示层可以使用 Structs，并区分了 Model、Controller、View 的实现。用户只需按照相关框架进行开发即可达到快速开发的效果
体系结构复用	体系结构的复用则比框架的复用更为上层及抽象，一般体系结构的复用考虑了整个系统的设计包含功能、非功能因素，试图借鉴历史的架构，从架构层面进行复用，从而达到系统层面的设计理念复用，以及代码层面的高质量复用。 从典型的例子上来看，软件产品线的诞生是体系结构复用的一个很好的例子

综上所述，现存的软件复用层次与软件体系结构的理想仍有较大的差距，如何缩小差距是当前软件体系结构的重要研究问题及目标，也是读者学习软件体系结构的目标之一。

1.5　相关软件的失败案例

在详细介绍软件体系结构之前，让我们一起先了解一些软件开发过程的失败案例。这些失败的案例都是没有遵循软件工程或软件体系结构而造成的。

1.5.1　瑞典船的故事

本故事跟软件并没有直接关系，然而它给人们带来的启示，可以帮助软件系统的成功编制。在 17 世纪上半叶，作为北欧新教势力的代表，瑞典的军事力量达到鼎盛时期。1625 年，号称"北方飓风”的瑞典国王古斯塔夫·阿道夫斯二世（GustavsII Adolphus）决心建造一艘史无前例的巨型新战舰——"瓦萨"（VASA）号战舰。"瓦萨"号战舰在当时确实是一艘令人望而生畏的战舰，其舰长 70 米，载员 300 人，拥有三层甲板并装有 64 门重炮，火力强大。然而，当时的设计师并没有设计如此大战舰的经验。设计师不敢违抗国王的命令，只能借鉴原有中型战舰的设计原则设计瓦萨战舰。

经过几年，这艘巨大的战舰终于完工。在斯德哥尔摩的王宫前，"瓦萨"号战舰举行了盛大的下水典礼。一声令下，战舰扬帆起航，乘风前进。然而，巨大的战舰并没有带来胜利的凯旋。船刚驶出船坞不久，摇晃了一下，便向左舷倾斜，海水从炮孔处涌入船舱，战舰迅速翻入水中，几分钟后，这艘雄伟战舰的处女航，也是唯一的一次航行结束了。

国王如何处置船的相关设计师，已经无从考证。现今"瓦萨"号战舰被打捞上来，静静地停放在博物馆，成为人们的一个警示。这次事故的发生并非偶然，究其原因包括设计师经验、国王的催促、船体的比例等因素。由于设计师自身的知识水平有限，采用的技术手段建造如此大船存在一定的困难。国王对该船的急迫，使得该船的工期缩短，没有太多时间进行验证、实验。传统的小船与大船之间的比例关系并非直接成比例放大，采用借鉴设计原则没有问题，但是不能直接照搬。

同样，在软件设计开发过程中，如何合理利用设计师经验、技术是一个重要问题。另外，合理地安排项目进度、进行软件验证等，也是软件开发中的重要组成部分。在软件设计中，需要有良好的原则、模式对软件整体进行规划。软件体系结构可以在理论和实践中对相关的风险进行一行一定的预测，从而降低项目返工的可能性。

1.5.2　集团通信业务系统项目

某公司应约开发一套集团通信业务项目，该集团通信项目要求实现集团内部的短号呼叫、语音信箱、群呼、短消息群发等功能。开发小组包括了多个事业部的人员，担任该项目的项目经理低估了该项目的协调难度以及该项目的时间成本。在项目开发过程中，该项目经理未能建立统一的项目跟踪管理系统，在项目功能的划分上存在着责任不清、接口过多等问题。从而导致了该项目沟通成本过大，各个部门的人员对自身需要完成的任务互相推诿，从而使得开发过程变得极为漫长。在临近验收时，各个子系统的功能仍未开发完成。最终，项目延期了多次，且项目代码的质量较差。可以说本项目的失败是因为没有按照软件工程的要求进行管理造成的。

软件工程与软件体系结构的课程将为项目开发和质量保障提供良好的支持。一个良好的项目经理必然需要了解软件开发规律，对项目过程中可能遇到的风险、项目中成员的知识储备等问题负责，从而降低整个项目的执行风险，最终保障项目的质量并按时交付。时间计划是软件开发中重要的组成部分，如何在项目执行之前对项目所需的时间进行规划，是需要长期软件开发的经验。软件质量是直接导致项目成功与否的关键，软件质量的影响因素包括软件的分析、设计、开发、集成等多个环节。如何从软件设计之初就保障软件的质量正是软件体系结构课程需完成的任务。

1.5.3　邮政信息管理系统的开发

某公司开发一套邮政信息管理系统，该项目需建立一个用于邮政业务的监督和管理的系统，从而提高邮政的服务效率。由于需求方自身对相关监督、管理等功能的要求并不明确，使得该公司在未明确详细需求的情况下，便开始对项目进行开发。实现方由于对行业知识的缺乏及设计人员水平的低下，不能完全理解客户的需求说明，而又没有加以严格的确认，以想当然的方法进行系统设计，导致结的果是推倒重来。另外，该项目的项目经理对整个项目的工作量估算有误，他未综合考虑开发的阶段、人员的生产率、工作的复杂程度、历史经验等多方面因素，而是简单地基于过去的某次成功经验，直接对工时进行了估算。再者，开发计划并不充分，开发计划没有指定里程碑或检查点，也没有规定设计评审期，最终导致该项目无法正常按时交付。

针对上述软件出现的问题，一定程度上可以通过学习软件体系结构进行规避或者克服。例如，需求的变更是每个项目都会出现的现象，如何在软件设计之初为变更的需求提供预留或预期，是软件体系结构中可修改性的要求。

针对工数估算过少的问题，可通过软件体系结构及软件工程的知识，对项目功能自顶向下的分解，以及对关键质量属性的代价分析得出具体的软件代价。同样，开发计划的分析也可通过对各个模块质量属性、功能的完成难度等得出。

1.6 软件体系结构的发展历程

软件体系结构的兴起最早可以追溯到 20 世纪 60 年代。随着 20 世纪 60 年代软件危机程度的日益加剧，使得人们开始认识到软件体系结构的重要性，尤其对于大规模复杂软件系统，软件体系结构的设计成为提高软件生产效率的有效途径。软件工程先驱 Edsger Dijkstra 在 1968 年首次提出"体系结构"概念，认为软件应注意分解和结构化，并提出层次结构的概念：一层中的程序只能与相邻层程序通讯。1969 软件工程巨匠 Fred Brooks 年认为体系结构是："用户接口完整详细的说明，对于计算机，是程序设计手册；对于编译器，是语言手册；对于整个系统，是用户完成整个工作所用到的所有手册"。

20 世纪 70 年代软件体系结构概念进一步明确，并且出现了体系结构描述语言。1972 年 David Parnas 提出了信息隐藏模块的概念，于 1974 年提出了软件结构的概念，于 1975 年提出了程序家族概念：将一些程序划分成一组，即一个程序家族。1976 年 F.Deremer 和 H.Kron 设计了模块互连语言(Module Interconnection Language, MIL)用于描述结构化的基于模块的程序。 1978 年 Tony Hoare 提出 CSP 语言（Communicating Sequential Processes）描述并发系统各部分交互，CSP 是并发数学理论，比如进程代数、进程演算等知名理论的家族的一员。1983 年 Butler Lampson 在 "*Hints for Computer System Desigin*" 一文中总结了许多有关计算机系统设计的一些通用的注意事项。

进入 20 世纪 90 年代，软件体系结构进入迅速发展阶段，体系结构方法和语言研究大量涌现。1991 年 Winston W.Royce 与 Walker Royce 首次把软件体系结构定位在技术和实现之间。1991 年 Philippe Kruchten 在文章《*An Iterative Software Development Process Centerer on Architecture*》中把迭代开发与体系结构相结合并定义了使用大型命令与控制系统的多种观点。1992 年 D.E.Perry 和 A.L.Wolf 在 ACM SIGSOFT Software Engineering Notes 表 "*Foundations for the Study of Software Architecture*"，建立了软件结构的根基，并提出一种软件工程的模型，该模型由三部分组成：elements, forms, rationle。

20 世纪 90 年代中期卡耐基梅隆大学在软件体系结构方法上做了很多工作。1995 年卡耐基梅隆大学软件工程研究所提出 SAAM（Scenarios-based Architecture Analysis Method）方法，是一种非功能质量属性的体系结构分析方法，用于评估体系结构对于特定系统需求的使用能力，也能用来比较不同的体系结构。同年，卡耐基梅隆大学的 Robert J. Allen 开发出 Wright 体系结构描述语言，该语言从组件，连接器，角色和端口等概念入手界定了一种软件架构；其主要特点是将 CSP 用于软件体系结构的描述,从而完成对体系结构描述的某些形式化推理(包括相容性检查和死锁检查等)。但它仅仅是一个设计规约语言,只能用于描述,无法支持系统生成。同年,David Garlan 和 Mary Shaw 认为软件构架是设计过程的一个层次,应处理算法和数据结构之上关于整体系统结构设计和描述方面的一些问题,加大体组织结构和全局控制结构。卡耐基梅隆大学的 David Garlan 同年提出 ACME 语言,旨在各种 ADL 语言之间的转换:支持 ADL 之间的映射及工具集成的体系结构互交换语言。其目标是作为体系结构设计的一个共同的互交换格式,以便将现有的各种 ADL 在这个框架下统一起来;而它本身也可以看作是一种 ADL。1995 年,由伦敦帝国学院开发 Darwin 描述语言,这是一种面向对象或者面向组件的语言,Darwin 语言开发的程序的一般形式是一颗树,树的根节点和中间节点是复杂组件,叶子节点是封装行为的原始组件。同年,由斯坦福大学的 David Luckham 开发出 Rapide 语言:一种事件驱动的 ADL,它以体系结构定义作为开发框架,支持基于构件的开发。该语言提供了建模、分析、仿真和代码生成的能力,但是没有将连接子显式地表示为一阶实体。

1996 年 Rational 软件公司创造的软件工程方法 RUP,是一个面向对象且基于网络的程序开发方法论,描述了如何有效地利用商业的可靠的方法开发和部署软件,是一种重量级过程,因此特别适用于大型软件团队开发大型项目。它有三大特点:(1)软件开发是一个迭代过程;(2)软件开发是由 Use Case 驱动的;(3)软件开发是以架构设计(Architectural Design)为中心的。1996 年,加利福尼亚大学欧文分校 UCI 开发语言 C2,一种基于消息传递的体系结构描述语言,主要是应用于带有图形用户接口(GUI)的应用系统。C2 风格的核心在于构件之间的"有限可见性",即处于系统中某个层次的构件只能"看到"上层的构件,而不清楚下层到底是什么构件在与之进行通信。

1997 年,OMG 组织(Object Management Group,对象管理组织)发布了统一建模语言(Unified Modeling Language,UML)。UML 的目标之一就是为开发团队提供标准通用的设计语言来开发和构建计算机应用。UML 提出了一套 IT 专业人员期待多年的统一的标准建模符号。UML 的主要创始人是 Jim Rumbaugh、Ivar Jacobson 和 Grady Booch.其中,Grady Booch 提出了面向对象软件工程的概念;James Rumbaugh 提出了面向对象的建模技术并引入各种独立于语言的表示符;Jacobson 于 1994 年提出了 OOSE 方法,其最大特点是面向用例(Use-Case),并在用例的描述中引入了外部角色的概念。UML 随后不断演化产生了 UML1.2、1.3 和 1.4 版本,其中 UML1.3 是较为重要的修订版本。并于 2003 年推出 UML2.0。

20 世纪 90 年代后期之后,软件体系结构进入高级发展阶段,重视体系结构在软件开发实践中的风格、质量属性。1998 年卡内基梅隆大学提出了 ATAM(architecture tradeoff analysis method),该方法旨在为软件系统通过探索权衡取舍与灵敏点,选择一个合适的体系结构。该方法优点:促进精确质量要求的收集,在早期开始创建架构文档,促进在生命周期的早期风险识别等。

1999 年,一种软件产品线工程方法-BAPO 出现,即 Business/Architecture/Process/Organisation,该方法覆盖了软件工程的四个评估维度(商业、架构、流程和组织),其中对架构维度从三个方面考虑:重用资产,参考架构,可变性管理。

2000 年 MCC(Micro-electronics and Computer technology Consortium)开发了 ADML(The Architecture Description Markup Language),这是一种基于 ACME 的语言,ADML 主要应用在企业体系结构一层;ADML 是一个标记符号,提供体系结构描述文本符号。同年,飞利浦研究实验室为软件密集型的电子产品族开发了面向构件的平台架构 COPA(Component-Oriented Platform Architecting)方法。COPA 方法的目标就是在业务,架构,过程和组织中达到最佳的适应性。COPA

采用多视角架构面向顾客，供应商，商务经理和工程师。

2003 年，ADD 方法(Attribute Driven Design) 把一组质量属性场景作为输入，利用对质量属性实现与体系结构设计之间的关系的了解（如体系结构风格、质量战术等），对体系结构进行设计。ADD 是一种定义软件体系结构的方法，该方法将模块分解过程建立在软件必须满足的质量属性之上。它是一个递归的分解过程，其中在每个阶段都选择体系结构模式和战术来满足一组质量属性场景，然后对功能进行分配，以实例化由该模式所提供的模块类型。

纵观软件体系结构的发展历程，从最初的"无结构"设计到现行的基于体系结构的软件开发，经历了研究兴起、概念明确、迅速发展、高级发展四个阶段。软件体系结构发展到现在，还有很长的路要走，软件本身也在发生变化。从为大型机设计程序，到为移动终端设计 APP 应用，从为 PC 机安装软件，到云计算的软件及服务，从固定的程序代码，到柔性适变的软件应用，新的软件形态给软件体系结构发展提出了许多新的尚未解决的问题。

1.7　本书导读

本书通过介绍软件体系结构的基本概念、软件体系结构风格、质量属性及战术、软件体系结构设计方法等，希望读者对软件体系结构形成较为完整的概念，在此基础上理解软件体系结构的基本用途，可以在软件工程实践融入相关概念。

其中，介绍软件体系结构基本概念时，对软件体系结构的历史及发展、软件工程的演化等进行了说明。在软件体系结构基本概念之后，引出软件体系结构风格。软件体系结构风格是在人们总结大量软件复用实例之后得出的相关软件模式。本书介绍了相关经典以及现代软件体系结构风格。在介绍经典风格时，重点对管道过滤器等常用风格的介绍。而现代软件体系结构风格中，则对面向服务等体系结构进行了详细论述。理解软件体系结构风格有利于读者在未来的软件实践中采用类似的风格。采用这些风格有利于提升软件系统的可扩展性、可修改性等非功能要求。

在软件体系结构风格介绍之后，本书对质量属性进行了详细的阐述。其中明确了质量属性与非质量属性之间的区别、典型质量属性的分类、典型质量属性的说明及举例。如果体系结构风格代表了典型的设计形态，那么质量属性就是导致这些设计的内部因素。质量属性决定了架构的关注点。质量属性战术则是为实现相关质量属性目标而定义的相关做法或方式。如果说，质量属性是相关体系结构风格的内部因素，那么战术就是相关体系结构风格的有机组成部分。本书针对典型质量属性（如性能、可修改性、可用性等）进行了详细的战术分析。每类战术都包括了相关实例。读者可通过对这些实例进行分析，加深对相关战术的理解。实际使用相关战术时还需考虑战术之间的相互影响，从而最大化战术的效果。

在介绍完相关质量属性及其战术之后，设计软件体系结构成为了可能。本书在软件体系结构设计部分，首先分析了软件体系结构设计与传统 RUP 过程的关系，并利用相关实例分析了 ADD 的详细实施过程。

本书最大特点为大量例子的使用，因此读者在阅读时需重点理解相关例子的内在含义，从而加深对软件体系结构的理解。本书由于篇幅所限，并未涉及软件体系结构评估、软件产品线、软件体系结构编档等内容，期待在未来的后续丛书为读者进行全面说明。

第2章

软件体系结构的原理与模型
Models and Principle of Software Architecture

2.1 软件体系结构的基本概念

2.1.1 什么是体系结构

体系结构是由阿姆德尔（G.Amdahi）于 1964 年首先提出的，体系结构包括一组部件以及部件之间的联系。通过这个概念，人们对计算机系统开始有了清晰的认识，即通过定义计算机内部的各个组成部分以及组成部分的关联关系对系统进行了解。

在之后的时期里，体系结构学科取得了长足的发展，体系结构的内涵和外延均得到了相应的丰富。当前以体系结构为名的有"计算机体系结构""网络体系结构""软件体系结构"等，这些体系结构成为了计算机学科的重要组成部分。

2.1.2 什么是软件体系结构

软件体系结构是系统的一个或多个结构，它包括软件的组成元素，这些元素的外部可见特性以及这些元素间的相互关系。针对上述定义，用户可将其拆分为多个关键字进行深入的理解。

- "一个或多个结构"：说明软件体系结构可由一个或者多个结构表示。这个结构可从层次化角度进行分解，也可从不同视角进行分解。
- "组成元素""外部可见特征"：说明软件体系结构中的结构，包括了软件的各个组成元素，以及这些元素的对外呈现，一般为接口等。
- "相互关系"：说明软件体系结构不仅包括相关的静态结构也包括动态结构，软件体系结构可描述各个元素的交互。

综上所述，软件体系结构可以代表一个整体系统，也可以代表系统中一个或多个模块。软件体系结构考察这些模块的外部特性（相关接口、操作方式等），也考察这些模块内部的静态构成和动态构成。静态构成包括模块由多少个子模块组成，它们之间是什么关系。动态构成则包括了这些子模块如何运转，之间的消息如何传递，模块分属于哪个硬件之上等。

2.2　软件体系结构建模

2.2.1　建模的目的

建模，实质是将现实世界中的物品模型化，通过模型反映现实生活中的事物，从而达到抽象的目的。通过抽象的模型，用户可仿真、模拟现实事物的发展趋势及未来走向，从而达到预测、预期的效果。

在现实生活中，建模的例子非常多。以建筑业为例，一般大型建筑需要事先利用图纸将建筑的模型画出，施工队依照图纸的样例进行具体的工程施工。其实，无论是大型建筑还是简易搭盖，其背后均有相关的模型指导，其主要区别在于模型的复杂程度。以一个简单的"窝棚"为例，其后台的指导模型为三角形模型，通过三角形的各个边的承受来承受整个窝棚的重量，其模型与一个圆拱形的教堂相比就显得非常简单。

软件体系结构的建模，顾名思义，针对目标系统的软件体系结构进行建模分析，通过各种模型来反映目标体系结构，通过模型的演化了解系统动态，从而判定体系结构是否满足设计需求。同样，软件体系结构的建模不仅存在于复杂的软件系统，在简单的软件中也存在着软件体系结构的建模。简单的软件系统的建模由于考虑的各种功能、非功能因素较少，建模较为简单，一般可一个人单独完成。复杂的软件系统则需由一个首席架构师所领导的统一架构团队进行建模。

软件体系结构的建模包含了两种类型的建模方式，一种是采用图形化的方式进行描述，另一种则是形式化描述的方法。在本书中，为了方便读者阅读，采用了图形化的方式进行软件体系结构的建模描述。

2.2.2　建模的工具及方法

软件体系结构的建模，可以利用现有的软件建模工具 UML 进行。典型的如静态视图、部署视图、并发视图等均可使用 UML 的工具进行描述和说明。

典型的 UML 建模工具是 Visio，利用 Visio 中的 UML 模板进行相关模型的创建。下面的图中展示了利用 UML 工具所绘出的用例图、类图、序列图等。

本书内容基于 Microsoft Visio 2013 版本。Visio 2013 相对于 Visio 2010，有部分功能的增加，两个版本的差异不大。Visio 作为一种轻量级画图工具，包含有多种绘图模板（流程图、工作流、UML 等），简单实用，方便快捷。Visio 的 UML 建模工具包含有用例图、序列图、活动图、状态机、类图等常用图形；而且相对于 IBM Rational Software Architect(Rational Rose)和 Power Designer 等专业 UML 工具，Visio 具有简单易用等特点。

1. Visio 用例图

打开 Visio 后选择"类别"项（如图 2-1 所示），进入类别后选择"软件和数据库"项（如图 2-2 所示），然后选择"UML 用例"项（如图 2-3 所示），最后单击"创建"按钮（如图 2-4 所示），即可创建一个新的 UML 用例图。

其他 UML 模型图和数据库模型图都在"软件和数据库"子类别中，创建过程与上述过程相同，文中不再赘述。

用例图界面如图 2-5 所示，中央为画板，左侧为工具栏。工具栏包括两部分，一是参与者和用例；二是子系统和关系，关系包括关联、依赖关系、归纳、包含和扩展。

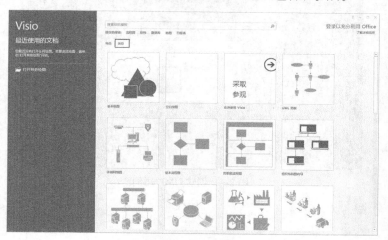

图 2-1　选择类别

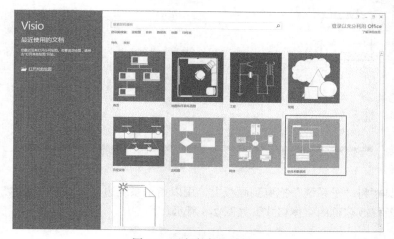

图 2-2　选择软件和数据库

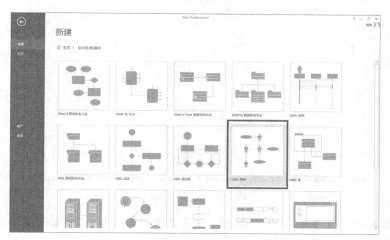

图 2-3　选择 UML 用例

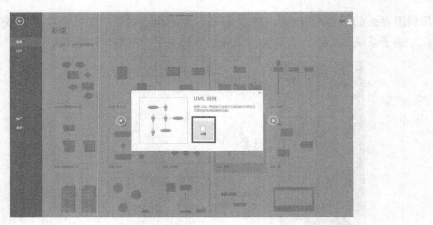

图 2-4 创建 UML 用例

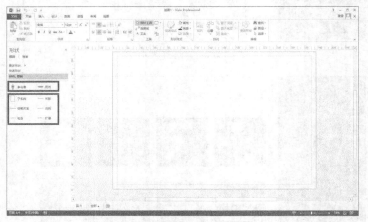

图 2-5 UML 用例图界面

从左侧工具栏将"子系统"拖曳到画板上，用以指示系统边界，双击"名称"即可修改子系统的名称，以及修改名称的字体格式，如图 2-6 所示。

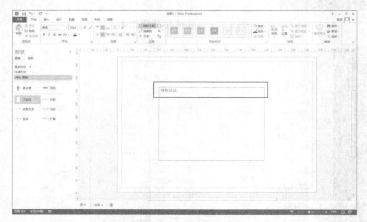

图 2-6 添加系统边界

从左侧工具栏将"参与者"拖曳到画板上的子系统中，双击参与者即可修改参与者的名称，以及名称的字体格式，如图 2-7 所示。

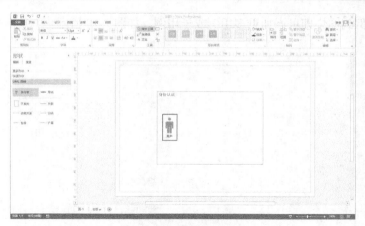

图 2-7　添加参与者

从左侧工具栏将"用例"拖曳到画板上的子系统中，双击用例即可修改用例的名称，以及名称的字体格式，如图 2-8 所示。

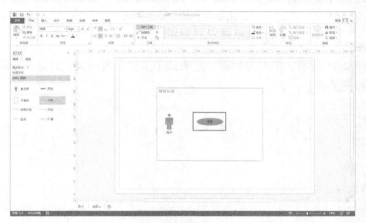

图 2-8　添加用例

从左侧工具栏将"关联"拖曳到画板上的子系统中，拖曳中将"关联"的一端靠近参与者或用例，即可自动吸附连接，连接后拖曳另一端即可连接，如图 2-9 所示。

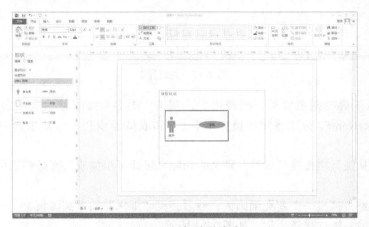

图 2-9　添加关联关系

继续拖曳用例到图中即可添加更多用例或子用例，如图 2-10 所示。

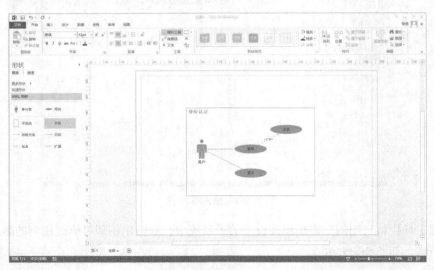

图 2-10　添加更多用例

2. Visio 类图

类图界面如图 2-11 所示，中央为画板，左侧是工具栏，包括类、成员、分隔符、接口和继承、关联、聚合、依赖等关系。

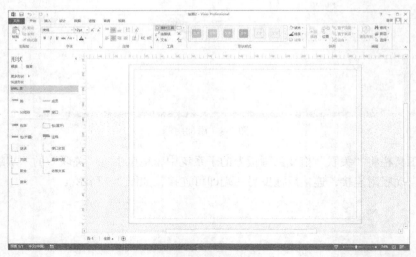

图 2-11　类图界面

添加类：从工具栏拖曳"类"到画板上，双击"类名"即可修改类的名称；新添加的类中有两个 memberName，分别表示成员变量（上）和成员函数（下），双击即可修改，如图 2-12 所示。

添加成员：从工具栏拖曳"成员"到类的相应位置即可添加成员变量和成员函数，如图 2-13 所示。

添加继承关系：拖曳一个新类到画板，然后拖曳"继承"关系到画板上，并使继承关系的箭头端连接父类，另一端连接派生类，如图 2-14 所示。

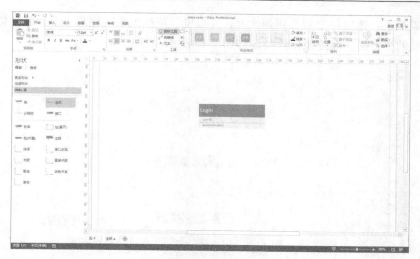

图 2-12 添加类

图 2-13 添加成员

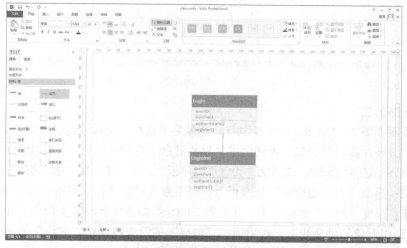

图 2-14 添加继承关系

添加依赖关系：拖曳一个新类到画板上，并拖曳"依赖关系"到画板上，并使依赖关系的箭头连接被依赖的类，另一端连接依赖类，如图 2-15 所示。

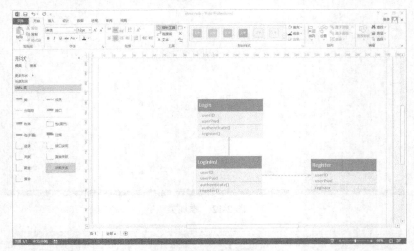

图 2-15　添加依赖关系

添加包：拖曳"包"到画板上，双击包名称后修改包的名称，拉伸包的大小使包包括要包含的类，如图 2-16 所示。

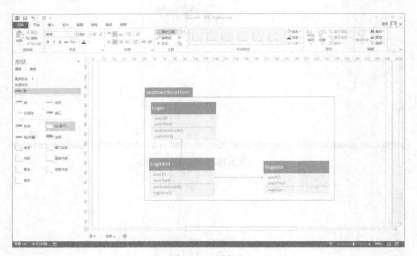

图 2-16　添加包

3. Visio 序列图

序列图界面如图 2-17 所示，中央是画板，左侧是工具栏，工具栏包括参与者生命线、对象生命线、激活、循环片段以及消息、返回消息、异步消息、自关联消息，备用片段、可选片段等。

添加参与者：从工具栏拖曳"参与者生命线"到画板上，双击修改参与者的名称，如图 2-18 所示。

添加对象：拖曳"对象生命线"到画板上，双击修改对象名称，如图 2-19 所示。

添加操作：拖曳"消息"到画板上，并使箭头的起始端连接参与者生命线（自动吸附）；拖曳"激活"到被调用对象的生命线上，然后拖曳"消息"的箭头端连接"激活"的顶端，如图 2-20 所示。然后添加"返回消息"到图中，使其连接"激活"的下端和参与者。

图 2-17　序列图界面

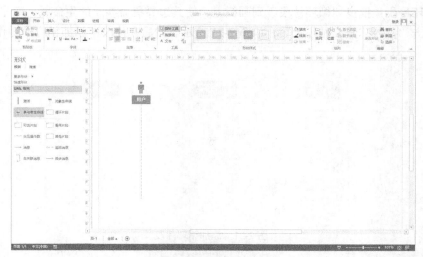

图 2-18　添加参与者

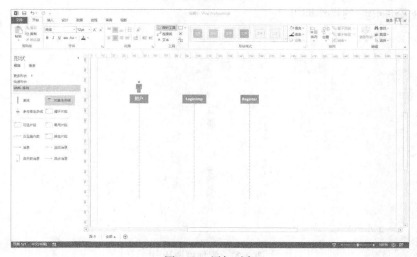

图 2-19　添加对象

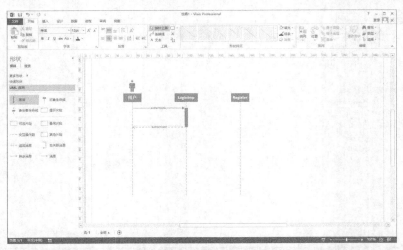

图 2-20　添加操作

　　添加循环片段：拖曳"循环片段"到画板上，使其边界覆盖涉及的生命线，双击"循环"修改名称，双击"参数"修改循环参数，如图 2-21 所示。然后在片段中添加相应的操作即可。

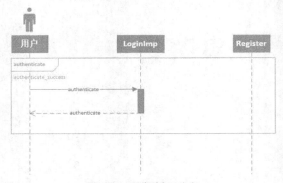

图 2-21　添加循环片段

　　添加可选片段：拖曳"可选片段"到画板上，使其边界覆盖涉及的生命线，如图 2-22 所示。然后在片段中添加相应的操作即可。

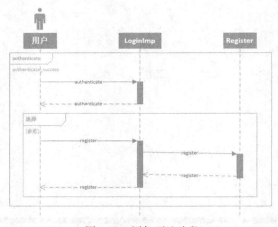

图 2-22　添加可选片段

4. Visio 状态机

状态机界面如图 2-23 所示，左侧是工具栏，中央为画板。工具栏包含了状态机的所有元素，包括初始状态、最终状态、状态、内部行为与状态、复合状态、子机状态、选择和注释。

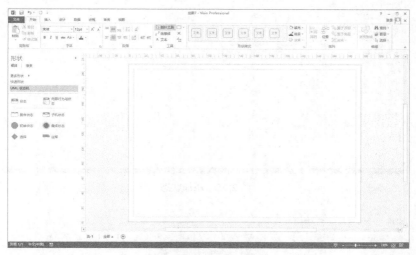

图 2-23　状态机界面

添加初始状态和最终状态：每个状态图中必须有初始状态和最终状态，初始状态只有一个，而最终状态可以有多个。将"初始状态"和"最终状态"拖曳到画板上，如图 2-24 所示。

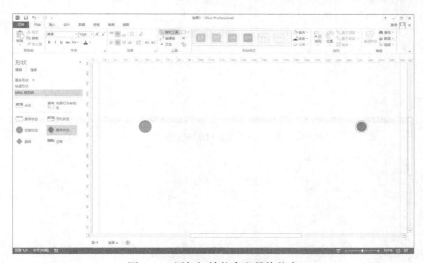

图 2-24　添加初始状态和最终状态

添加状态：拖曳"状态"到画板上，双击修改状态名称和状态描述，然后将鼠标放在该状态的上游节点，此时出现连接箭头，拖曳即可进行连接，如图 2-25 所示。

添加选择：拖曳"选择"到画板上，双击修改选择描述，并在选择的下游添加相应的状态，连接选择到状态，双击连接线修改选择条件（事件），如图 2-26 所示。

添加复合状态：拖曳"复合状态"到画板上，使其覆盖要包含的状态，双击修改名称，继续在其中添加其他状态，如图 2-27 所示。

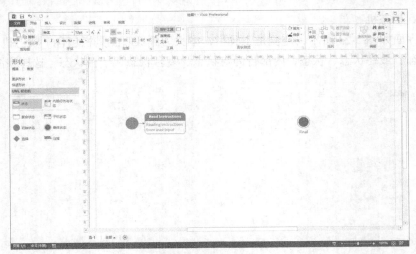

图 2-25　添加状态

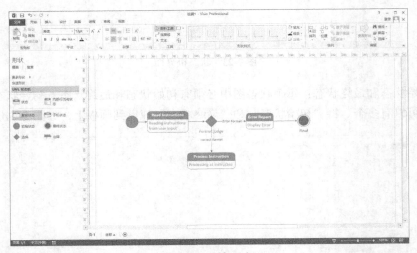

图 2-26　添加选择

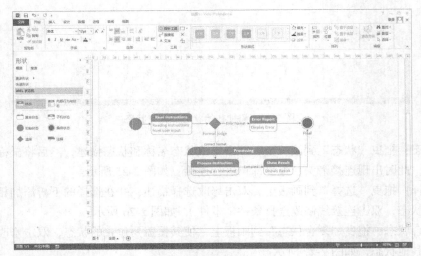

图 2-27　添加复合状态

2.3　多维软件体系结构的模型与视图

2.3.1　软件体系结构"4+1"视图概述

软件体系结构描述整个系统结构，涉及方方面面的内涵。为解剖整个系统，需从多个角度进行分析。如同工业作图一样，一般需要通过不同的视角（视图）对一个物件进行分析。比如正视图、俯视图等均反映了目标物件的一个侧面特征，只有当这些视图融合在一起的时候才能体现整个物件的全貌。为此，在软件体系结构领域也需有相关的不同视图对软件进行阐述。

Kruchten 提出了一个"4+1"视图模型，从 5 个不同的视角来描述软件体系结构，包括逻辑视图、进程视图、物理视图、开发视图、场景视图。每一个视图只关心系统的一个侧面，5 个视图结合在一起才能反映系统的软件体系结构的全部内容，如图 2-28 所示。

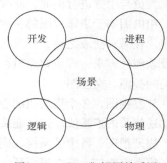

图 2-28　"4+1"视图关系图

- 逻辑视图（Logic View）：逻辑系统主要描述系统所需的逻辑（即功能），体现系统最终提供的服务。逻辑视图是将用户需求转化为可实现的功能，并对功能进行抽象、分解。在现代软件设计中，一般采用对象的形式承载所谓的功能抽象分解，因此逻辑视图一般可由类图、用例图等面向对象设计里常用的图形来表示。

- 开发视图（Development/Module View）：开发视图主要用来描述软件模块的组织与管理。该视图需服务于软件架构人员、开发人员、维护人员，不仅帮助用户架构系统，也帮助用户了解该系统。由于系统一般存在着层次结构，即系统、子系统、模块等层次，开发视图一般也存在着层次结构。在开发视图里明确各个子系统、模块之间的关系，便于各类人员了解系统。同时开发视图还需对系统所用的函数库、应用框架等进行说明，用于规范程序的开发。一般来说，开发视图采用系统架构图、框架图的画法。

- 进程视图（Process View）：如果说开发视图是静态视图，那么进程视图侧重系统动态性，并关注非功能性等需求。该视图从动态角度分析系统各个模块、子系统等的运行形态，强调了解系统并发性、分布性、吞吐量等动态特征。同时，该视图还明确了哪些操作是一个线程或者进程，哪些操作需要进行互斥等约束。进程视图一般可用并发图等描述。

- 物理视图（Physical View）：物理视图主要描述相关硬件以及软件模块的部署情况，在实际工程中一般也称为部署图。该图主要服务于系统工程人员、部署人员，解决系统的拓扑结构、系统安装、通信等问题。主要考虑如何把软件映射到硬件上，以及系统的性能、规模、可靠性等。同时也要考虑软件的哪些模块可以放在一起使用，哪些模块需要单独放置。该视图涉及的分布问题，有时需与进程视图一起映射。物理视图一般可以采用部署图等形式描述。

- 场景(Scenarios)：场景提供一个富含实际含义的软件使用描述，这个描述可在上述 4 个视图中体现。可以说场景是将上述几个视图贯穿起来的核心部件。可利用文字、图形描述场景，但需注意场景描述时尽量准确，避免二义性。

典型的"4+1"视图的描述形式，如表 2-1 所示。

表 2-1   "4+1" 视图描述形式

视 图 类 型	描 述 形 式
逻辑视图	类图、用例图等
开发视图	框架图、系统架构图
物理视图	部署图
进程视图	进程关系图、序列图、并发图
场景	场景示意图或者文字

2.3.2   "4+1" 视图举例说明

一个项目开发的过程中，需要多种视图配合使用才能很好的完成项目。在项目初始阶段，需获取人员与甲方进行沟通，此时需求获取人员需要使用用例图来表述用户需求。

用例图属于逻辑视图的一种，它对系统的功能进行细化分解，并使用一种逻辑的方式向用户呈现。在需求获取之后，开发人员形成相关的需求说明文档，需求分析里面包含相关的需求描述以及软硬件需求，即包含逻辑视图、物理视图、场景。在设计的过程中，一般包括设计视图，即相关的类图、交互图。

开发视图，各个模块间的静态逻辑关系描述。一般采用框架图的方式体现。在框架图中一般会描述相关的连接线。这些连接线体现了之间的交互关系及先后顺序。

物理视图，各个子系统、模块所在的物理位置。例如，如何将相关的模块放到特定的机器，或者哪个库应该运行在哪个环境中。

场景，在设计阶段根据系统的需求，常常会把系统的主要流程通过交互图或者状态图等方式表示。

1. 逻辑视图——用例图

用例图经常在需求分析的时候使用，通过用例图可以了解当前系统的工作场景以及功能。典型的用例图如图 2-29 所示。

与用例图相对应，可以为每个用例描述相应的说明。用例描述可以用表格的形式进行规范，如表 2-2、表 2-3 所示。

图 2-29   用户注册用例图

表 2-2   用例描述 1

用 例 编 号	UC_01_01
用例名称	增加注册
简要说明	用户建立一个账号（及其相关信息）和第二代身份证/护照的绑定关系，服务器负责记录并更新相关内存及文件
主要参与人	游客
前置条件	① 游客拥有二代身份证或护照 ② 游客的主机能够联网
后置条件	① 游客注册成功之后能够在页面上显示注册成功，并以新注册的身份登录，成功跳转到软件首页 ② 服务器中的相关内存及文件得以更新 ③ 用户单击界面上的"查看注册信息"超链接，可以查看其注册信息

用 例 编 号	UC_01_01
主要成功场景	
1	用户在主界面单击"注册"按钮
2	界面跳转到注册界面
3	用户在注册界面填写相关的个人信息，其中有必填项目、非必填项目及验证码
4	单击"确定"按钮，向服务器发起注册请求
5	在页面显示其注册成功的信息，五秒后以新注册账户登录系统，并跳转到主页面
6	用户单击界面上的"查看注册信息"超链接，可以查看其注册信息
扩展	
场景 4	系统验证必填项目是否全部填写并符合规范，如果结果为假，则注册不成功，并在注册界面显示没有成功注册的原因
场景 5	用户登录失败，则显示"登录失败，请重新登录"，并跳转回主界面
所有场景	如果界面无法跳转，则显示提示信息"服务器忙，请重试！"
特殊需求	无

表 2-3　　　　　　　　　　　　　　　用例描述 2

用 例 编 号	UC_01_02
用 例 名 称	取消注册
简要说明	用户删除一个账号（及其相关信息）和第二代身份证/护照的绑定关系，服务器负责记录并更新相关内存及文件
主要参与人	游客
前置条件	① 用户的主机可以联网
	② 用户已经成功登录
后置条件	① 用户取消注册成功之后能够在页面上显示"取消成功"并退出登录
	② 服务器中的相关内存及文件得以更新
主要成功场景	
1	用户单击"取消注册"的按钮，向服务器发起取消注册请求
2	在页面上显示"取消成功"，账户退出登录
扩展	
场景 2	如果取消账户失败，则显示提示信息如"取消账户失败，请重试"
	如果退出登录失败，则显示提示信息如"退出登录失败，请重试"
特殊需求	无

2. 逻辑视图——类图

类图一般在概要设计阶段之后就需要经常使用。类图不仅用于描述类的方法及定义属性，也说明了类与类之间的关系。类与类的关系包括继承、使用、派生等。图 2-30 与图 2-31 所示的类图分别展示了这几种关系。

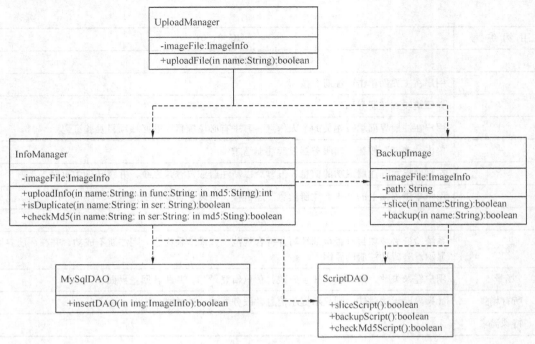

图 2-30 类使用关系

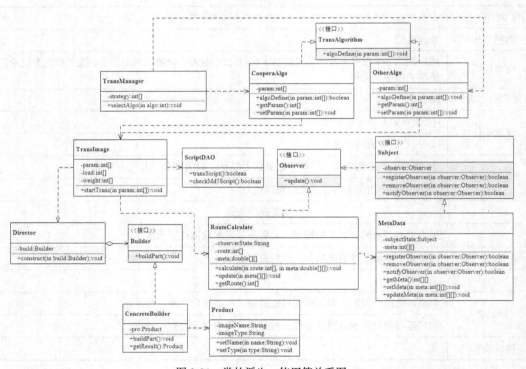

图 2-31 类的派生、使用等关系图

3. 开发视图——模块图

模块图是在需求分析、概要设计中经常使用的图。模块图主要体现功能的划分、功能之间的层次关系、功能的依赖关系等。图 2-32 与图 2-33 展示了两种模块图。

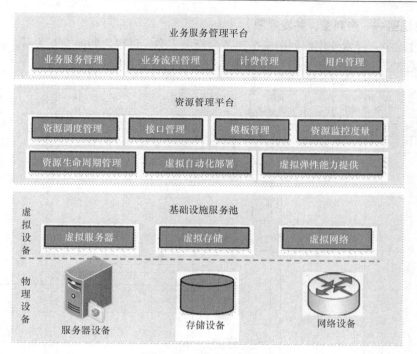

图 2-32　一个系统架构图

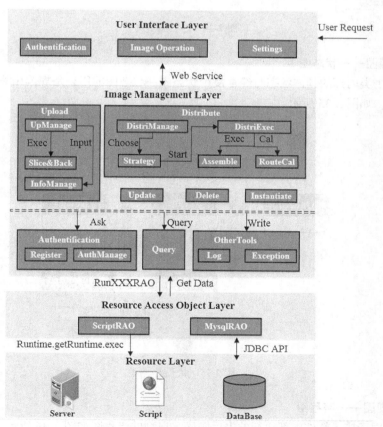

图 2-33　一个包含交互关系的架构图

4. 开发视图——序列图、并发视图

在开发过程中，经常使用序列图来描述各个模块、类、进程之间的交互关系。同时序列图也可以描述相关节点的并发关系。图 2-34 所展示分发过程就是相应的并发关系。

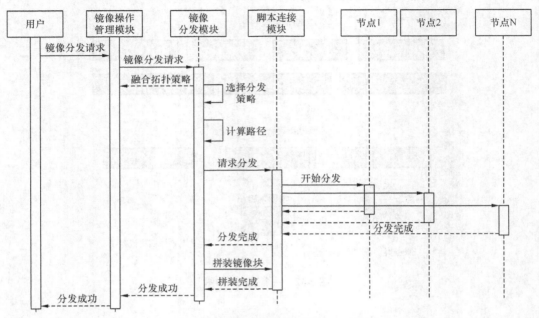

图 2-34　序列图举例

5. 开发视图——状态图

在描述某个类内部的具体状态时经常使用状态图。状态图的用途是规范相关状态以及状态之间的迁移关系，如图 2-35 所示。

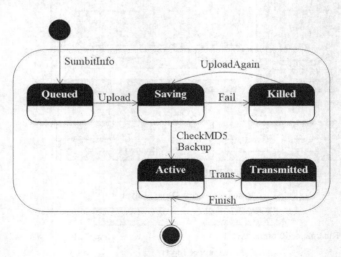

图 2-35　状态图举例

6. 开发视图——流程图

流程图可用于描述软件内部执行的先后顺序。典型的流程图如图 2-36 所示。

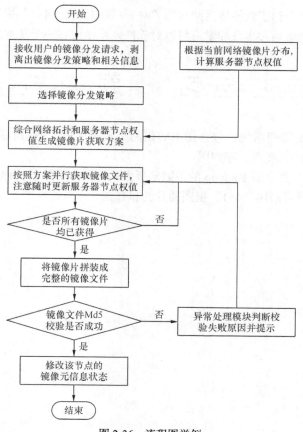

图 2-36　流程图举例

7. 物理视图——部署图

图 2-37 展示了一种简单的部署示意图，该部署图中可以看到系统的大部分模块部署在同一个节点，且系统由多个节点组成，其中依靠可用性监控倒换模块进行调度。

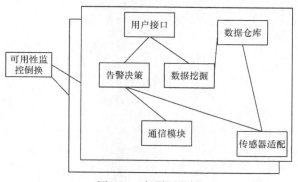

图 2-37　部署图举例

小　　结

本章通过介绍软件体系结构的基本概念，对软件体系结构的建模目的、工具与方法进行了说明。在此基础上，着重介绍了软件体系结构的"4+1"视图。在"4+1"视图中，使用了多个实际例子进行说明。希望读者通过本章的学习可以对软件体系结构有一个基本的认识。

习　　题

（1）设计一个图书管理系统，包含图书的借阅、图书入库、图书时限提醒等功能，并使用 Visio 画出相关的用例图、类图、序列图。

（2）学习 Hadoop，并针对 Hadoop 的不同部署方式，画出不少于 3 种的部署形态图。

（3）请用自己的语言阐述"4+1"视图的目的和意义。

第**3**章

软件体系结构风格
Software Architecture Style

3.1 软件体系结构风格概述

体系结构视图可为体系结构提供良好的视图支持，用户可使用这些视图去刻画及描述某个具体的软件体系结构。本章将为读者介绍软件体系结构的风格。软件体系结构风格中的"风格"是直接由英文翻译而来，即 Style。此处的风格指的是某种特定的模式或样例，这种样例用于说明一类软件体系结构。软件体系结构风格，实际上是设计师解决某个特定类型问题时使用的设计方案的总结。根据软件体系结构风格的出现及广泛应用的时期，软件体系结构风格分为了经典风格和现代风格。

3.2 经典软件体系结构风格

经典软件体系结构风格是相对于现代软件体系结构风格而言的，是在早期、规模较小的系统中常被使用的一类软件体系结构风格的总称。本章所涉及的经典软件体系结构包括管道过滤器风格、调用返回风格、正交与分层风格以及共享数据风格等。

3.2.1 管道过滤器风格

管道过滤器模型的基本部件都具备一套输入输出接口，每个部件从输入接口读取数据，经过处理将结果置于输出接口中，这样的部件称为过滤器，这种模型的链接者将一个过滤器的输出传送到另一个过滤器的输入，这种链接称为管道。

管道过滤器的原理图如图 3-1 所示。

如图 3-1 所示，管道过滤器由管道和过滤器两个部分组成。其中管道是用于传递数据流的通道，过滤器则是具体处理数据的相关计算单元。它们之间可以顺序连

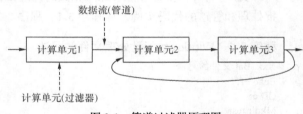

图 3-1 管道过滤器原理图

接，也可以存在一定的回路。具体组装形态取决于具体的需求。

管道的基本概念可以通过类比水管而得知。从打开水龙头的那一瞬间，水管中的水就开始整体流动。如果水流动作为一个方法，在水龙头开启的那瞬间相当于整管水都在调用该方法。如图 3-2 所示，水流在通过水龙头的时候是连贯的，若水龙头中存在着多个滤网，则水是依次经过滤网的。假设每个滤网一次仅能通过一个分子，那么在水分子层面，当第 1 个分子经过第 3 个滤网时，第 2 个分子应该也通过了第 2 个滤网，第 3 个分子也通过了第 1 个滤网。

过滤器则可类比水龙头的滤网，如图 3-2 所示。所有经过管道的水都会流经过滤器。而过滤器将针对通过它的所有水进行处理。具体做了什么处理则取决过滤器的类型。另外，过滤器处理完的水除了直接被使用也可再通过下一个过滤器。例如，一个水管可以经过超滤过滤器，然后再经过一个反渗透过滤器，最终再被人们所使用。

批处理则是另外的一种方式（如图 3-3 所示），可以给定一管水，先把水放到一个水池中，然后在水中倒入消毒液，等消毒完毕再统一进行去氯气的操作，这种操作方式称为批处理。与前者最大的区别在于，这个处理过程是串行的，一个时刻仅有一个模块进行处理。而在管道过滤器中，过滤器是并发运行的。一种简单的区别处理的方法是观察用户对数据进行处理的过程。若同一时刻所有的节点同时进行处理，且新的节点也不断地进入，这种流水线似的处理方式称为过滤器管道。反之，只有等所有节点完成某个操作，然后才进入下一个操作的方式称为批处理。

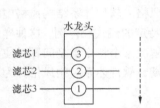

图 3-2　水龙头滤芯（类比管道过滤器）

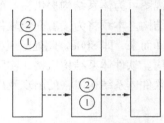

图 3-3　批处理的示意图

管道方式与批处理的区别如下所述。

- 管道的方式是并行处理的过程，而批处理则是一个串行的过程。
- 管道占用的存储资源较少，管道一般只需要一个缓冲区，当用户数据进入系统时，并不完整地在系统中存储。系统一边收到数据，一边对数据进行处理；而批处理则需要把整体的数据读入之后才能开展工作，这样系统需要具备一定的存储空间。
- 批处理在某一时刻所需 CPU 资源较小，由于管道采用并行的方式处理，其在某一时刻所需的资源相对比批处理来得大。为此，开发人员可根据目标系统的硬件条件等选择相应的方式。
- 另外，批处理实质是统一处理完一步，而后进入下一步。对于一些具有特定时间先后顺序的程序而言，批处理能够保障相关的处理工作按顺序完成。

批处理和管道的代码实例，如程序 3-1、程序 3-2、程序 3-3 所示。

程序 3-1　Windows 下批处理文件的写法

```
Xxx. Bat 文件的写法
Echo off
CD c:\
Mkdir test
Copy lin.txt test\
```

上述批处理文件的处理顺序，是需要一个语句处理完之后，再执行下一个语句。若中途出现什么问题，则将影响下面语句的执行。

程序 3-2　Linux 管道例子

```
Ps –ef | grep "java"
Ifconfig | grep "mac"
```

程序 3-3　Java 实现一个管道的例子

```java
package bupt.test;
 import java.io.*;
 public class TestPiped
 {
    public static void main(String[] args)
    {

      Sender sender = new Sender();
      Recive recive = new Recive();
      PipedInputStream pi=recive.getPipedInputputStream();
      PipedOutputStream po=sender.getPipedOutputStream();
      try
      {
        pi.connect(po);
      } catch (IOException e)
      {
        System.out.println(e.getMessage());
      }
      sender.start();
      recive.start();
    }
}
class Sender extends Thread
{
   PipedOutputStream out = null;

  public PipedOutputStream getPipedOutputStream()
  {
    out = new PipedOutputStream();
    return out;
  }
  public void run(){
    try{
      out.write("Hello , Reciver! ".getBytes());
    } catch (IOException e)
    {
     System.out.println(e.getMessage());
    }
    try{
      out.close();
    } catch (IOException e){
      System.out.println(e.getMessage());
    }  }  }
```

```
class Recive extends Thread
{
  PipedInputStream in = null;
  public PipedInputStream getPipedInputputStream()
  {
    in = new PipedInputStream();
    return in;
  }
  public void run(){
    byte[] bys = new byte[1024];
    try
    {
      in.read(bys);
      System.out.println("读取到的信息：" + new String(bys).trim());
      in.close();
    } catch (IOException e){
      System.out.println(e.getMessage());
    }}}
```

Linux 的管道例子由于其表现形式的问题，很容易让人误解为串行执行，实际这两个过程 ps、grep 是并行执行，也就是说当 ps 输出结果流那一刻起，grep 也在进行操作。

Java 的例子中，IOStream 在形式上是各个作为参数传入，但实质上仍是各个管道在同时进行工作。Java 例子中利用 PipeLine 的时候，就比较明确，因为在 pipeline 的两端需要采用不同的线程。

3.2.2 调用返回风格

调用返回是计算机系统中最常见的结构模式，也是其他很多模式的基础之一。传统的调用返回是同步的调用过程，即调用者在调用之后需等待底层返回相关结果才能进行后续工作。在等待底层处理的过程，上层是挂起的。

从这个架构上，至少可以得出如下的结论。

- 上层是相关的使用者，底层是相关功能的提供者。
- 底层定义一个接口，该接口被上层所知。
- 底层的接口代表了底层可供上层使用的功能。
- 上层与底层的调用可以在同一个进程，也可以跨进程。

基于上述描述，我们很容易创建多层的调用返回，简单的多层调用是直接迭代的方式，类似于叠罗汉。这种方式常见于相关网络协议的设计，例如 TCP/IP 的分层，如图 3-4 所示。

我们也很容易创建具备分支的调用方式，如图 3-5 所示。

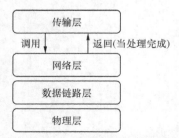

图 3-4 TCP/IP 分层的调用返回示例

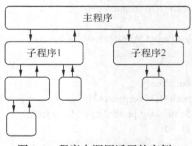

图 3-5 程序中调用返回的实例

调用返回，底层的模块为上层提供服务，上层的模块一般通过下层模块屏蔽底层的细节。这种调用方式使得一个复杂的功能被直接转化为多个简单功能的迭代。这些迭代的过程，由于每个过程所实现的功能较为单一，也可能成为今后复用的基础。再者，由于功能单一，使得实现起来 bug 较少，从而保障了整个系统的质量。下层模块通过接口仅将上层模块所需的功能暴露出来，从而屏蔽了下层模块的实现细节。上层模块调用时亦无需了解底层的实现方法，为各个模块的分别开发提供了基础。上层模块开发的过程中，仅需利用一个"桩"接口实现，即可进行开发、测试。一旦底层模块需要升级，则新的模块仅需保留与原有接口一致即可完成升级过程。

调用返回模式既可用于进程内的调用，也可用于跨进程的调用。传统的调用返回一般是同一个进程内部，现代的调用返回模式已经扩展到跨进程、跨机器、网络的调用。典型的如 RPC、DCOM、WebService、Corba 等分布式技术均可认为是调用返回的扩展。如图 3-6 所示，展示了一个典型的 RPC 调用返回的例子。

图 3-6 所示，客户端程序调用本地的代理对象。本地代理对象将该调用转化为远程 RPC 调用，并向远端代理发送请求。远端代理接收到该请求后，将请求转化为调用，并调用服务端程序；服务端程序返回相应值给远端代理，远端代理将返回值返回给本地代理，本地代理返回调用值给客户端程序。

RPC 的远程调用可通过各种协议实现，其中包括 RPC OVER HTTP。微软 RPC-over-HTTP

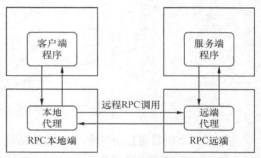

图 3-6　远程 RPC 调用示意图

允许 RPC 客户端安全和有效地通过 Internet 连接到 RPC 服务器程序并执行远程过程调用。这是在一个名称为 RPC-over-HTTP 代理，或简称为 RPC 代理的中间件的帮助下完成的。这个中间件可以类比图 3-6 所示的本地代理与远端代理。该 RPC 远端代理运行在 IIS 计算机上，它接受来自 Internet 的 RPC 请求，在这些请求上执行认证、检验和访问检查，如果请求通过所有的测试，RPC 代理将请求转发给真正执行处理的 RPC 服务器。

3.2.3　正交与分层风格

正交的定义最早出现于三维空间中的向量分析。在三维向量空间中，两个向量的内积如果是零，那么就说这两个向量是正交的。通俗地讲，两个向量正交意味着它们是相互垂直的。既然是垂直，意味着两个向量的方向不会互相影响。在软件设计中，如果两个组件（模块）间不存在互相调用的关系，可以把这两个模块引申为正交。

因此，正交的软件体系结构意味着需要去寻找互不交叠的功能。这些互不交叠的功能应该处于同一个层次。而实现每个功能又存在一定的调用链，因为调用链存在着调用、因果关系，所以该调用链又称为线索。上述描述也表明了正交软件体系结构包括层和线索两个部分。

- 层是由一组具有相同抽象级别的构件构成。在同一层中的构件之间是不存在相互调用关系的，即正交指的是同一个层次内部的正交。
- 线索是某个功能的调用链，也可以说是子系统的特例。它是由完成不同层次功能的构件组成（通过相互调用来关联），每一条线索完成整个系统中相对独立的一部分功能，每一条线索的实现与其他线索的实现无关。

如图 3-7 所示，展示了层、线索的概念。该系统被分为了 5 层。第 1 层只有 A 一个模块。第

2 层包括 B、C 在内的多个模块，其中 B、C 功能正交。同理，第 3 层的 D、E 功能也正交。而 B、D、G、K 或者 C、E、H、K 都可以称之为线索。如果线索是相互独立的，即不同线索中的构件之间没有相互调用，那么这个结构就是完全正交的。在企业信息化的例子中，各个子系统几乎是完全正交的。

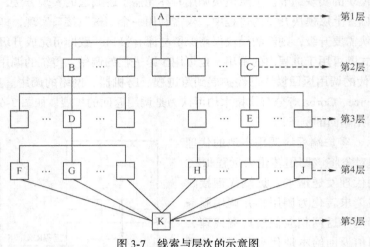

图 3-7　线索与层次的示意图

如果一个项目可以分为各个独立的功能，这些功能之间并没有直接的联系（具备正交关系），那么采用正交的模式可简化相关的设计与实现。例如，图 3-8 所示的企业信息化系统中人员管理、生产经营等功能均为正交功能，那么这个系统被分配给多个开发小组开发，之间需要明确的接口主要是数据模型与数据接口。

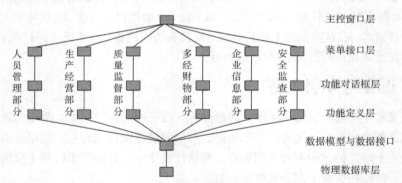

图 3-8　一个典型的企业信息化系统的正交架构

正交的模式一般可用于管理平台的创建。例如一个电信运营管理平台，其管理功能将包括日志管理、监控管理、告警管理、日常维护等方面的功能，这些功能相对独立，可独立进行开发，至于内部的结构可采用其他的模式、风格完成。

正交模式的好处体现在将整个系统由上而下对功能进行纵向划分，通过纵向的分割使得每一部分相对独立，便于独立式的开发或者累加式的开发。正交模式的弊是因为各个子系统之间相对独立，一旦需要数据共享则只能在最底层或者最上层进行共享。底层共享的层次较低，顶层共享则层次嵌套太多，效率不高。典型的正交模式不见得一定应用于整个系统的最上层，在较大的模块中也存在着正交模式的使用。

与正交模式相对应的是层次结构。正交模式从纵向方面对系统进行分割、细化，层次结构则从横向对系统进行分层。正如之前"调用返回模式"中所涉及的，层次结构的基础是调用与返回，其目标是通过利用多层结构对功能进行简化，使得整个系统从大而全的系统逐步转化为多层结构。

3.2.4　共享数据风格

在程序设计中，经常需要将现有数据存储到磁盘，供下一次使用或者供其他程序使用。这种共享数据的需求催生了共享数据的体系结构模式。共享数据的体系结构风格主要包括了数据库模式和黑板模式。其中，数据库模式可以类比大家对常用数据库系统的用法，即输入的语句决定了哪个操作被执行。例如，用户输入了 Select 的语句，那么数据库将执行查询的操作。当然，数据库模式比数据库系统的范畴更广，总的来说只要由输入流的事务类型确定具体动作执行的结构都称为数据库模式，具体的示意图如图 3-9 所示。

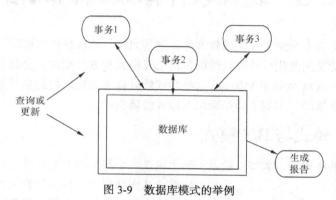

图 3-9　数据库模式的举例

如图 3-9 所示，通过不同的语句输入（如 Query、Update 等）决定了如何查询和更新数据的操作，这些数据都存储在中心数据单元之中。可以发现，数据库模式支持多个用户同时操作，这些操作可以是并发执行，大大提高了数据使用的效率。当然，当数据读、写冲突的时候需要采用锁进行保障。可以说，数据库模式可以降低各个客户端的耦合程度，每个客户端可以独立开发，客户端的软件质量不互相影响。

与数据库模式不同，黑板模式是另外一种共享数据的模式。黑板（Blackboard）模式，主要指系统根据中央数据单元当前的状态确定由哪个过程执行。为了更好地理解黑板模式，可借鉴实际生活中的黑板。想象一下，一个老师正在教室的黑板上写一个数学题目，老师要求学生根据这个题目给出解题的思路，学生所有的思路肯定是根据黑板上的数学题目而　展开。

以图 3-10 所示的拼图为例，一群人在一起拼图，那么当前的拼图状态决定着下一步大家选择哪块拼图块。如果人们首先选择最底下凸型的拼图，则下一块拼图必须与上一块拼图的凸凹对应。

在实际程序设计中，黑板模式也是一种经常被采用的风格，如图 3-11 所示。一般来说，使用 IF 等判断语句需要使用多次判断才能完成本例子中的多条件判定。同时，一旦条件发生变化还需重写相关的判断语句，也不利于程序的适用性。而采用了黑板模式的代码，则只需做查询二维表的操作，根据查表的结果调用表中对应的函数指针，即可完成多条件判定下的函数选择问题。显然，二维表也可以很容易地扩展到高维的形态，这样可以满足多条件的判定。

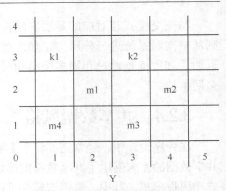

图 3-10　拼图例子（黑板模式举例）　　　　　　　图 3-11　黑板模式用于条件判断

3.3　现代软件体系结构风格

在 3.2 小节中为读者介绍了经典的软件体系结构风格，随着软件规模的不断增长，软件体系风格也随之演进。常见的现代软件体系结构包括 C/S 模式与 B/S 模式、公共对象请求代理技术、消息总线结构、基于 SOA 的体系架构等。这些现代软件体系结构风格的实质是在传统的体系结构风格的基础上发展起来的，用到了诸如调用返回等经典模式。

3.3.1　C/S 模式与 B/S 模式

在计算机发展的历史上，大型机阶段实际上也是一个典型的 C/S 模式，用户通过终端访问相关的大型机，从而获得大型机的计算能力。随着计算机的发展，用户在个人电脑上使用数据库管理程序，而在小型机等机器上放置相关数据库系统。在网络时代，用户通过各种客户端软件借助于局域网、互联网远端服务器上的服务。上述使用的模式一般称为客户端/服务器模式，典型的 CS 模式如图 3-12 所示。

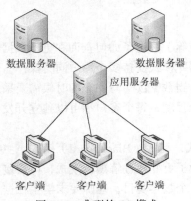

图 3-12　典型的 CS 模式

随着网络技术的发展，通过浏览器获取各种网页、服务成为了可能，随之出现了 B/S 模式。B/S 模式即浏览器/服务器模式，一般特指利用浏览器访问网络服务的形态。从某种意义上讲，如果将浏览器当成一个客户端的话，该模式也可以说成是 C/S 模式的特例。

B/S 模式虽说可认为是 C/S 模式的特例，却与 C/S 模式有较大的区别。C/S 模式是由于服务器与客户端资源的不对等，为进行资源共享而产生的。客户端需要通过服务器才能获取相关的资源，例如计算机发展初期，终端机的计算、存储能力较差，难以进行大规模的计算；B/S 模式则是网络时代的产物，个人电脑时代的个人终端已经具备了较强的处理能力，网速、带宽等因素也得到了一定解决，C/S 模式暴露出了终端升级难、客户端版本维护难等问题。另一方面，用户的终端个数增多，期待在多个终端上获得同样的服务，因此 B/S 模式成为了新的趋势。

B/S 和 C/S 模式的优缺点如下所述。

● 安装形态：B/S 模式仅需一个浏览器，一般较容易实现跨平台、跨终端；而 C/S 模式则需要在所有的终端上安装相应的程序，一般需对每个系统进行重新定制甚至开发。

- 展示手段：C/S 模式的展示手段相对高级，可利用 OpenGL、DirectX 等图形显示技术显示 3D 等复杂的形态；B/S 模式，由于嵌在浏览器之中，对显示加速、交互等方面有一定缺陷。目前 B/S 模式在展示手段方面正奋起直追，两者的差异正在减小。
- 网络的依赖程度：C/S 模式和 B/S 模式的操作一般都离不开网络。在网络断开之后，设计良好的 C/S 或 B/S 程序仍可进行简单的操作。C/S 模式的客户端部分较容易处理离线状态，而且客户端可对本地文件进行操作，因此当网络恢复时各种操作将可再次被同步到网络中。
- 开发难度：C/S 的客户端开发与调试比 B/S 模式容易，并且成熟。B/S 模式的调试需利用浏览器等调试功能进行跟踪。

实际上，C/S 模式和 B/S 模式并没有天然的隔阂。如图 3-13 所示，根据表示层、功能层、数据层的不同部署方式分别形成 B/S 和 C/S 的形态。传统意义上的 B/S 模式一般是指客户机只保留一个表示层，且使用 Web 浏览器进行访问。

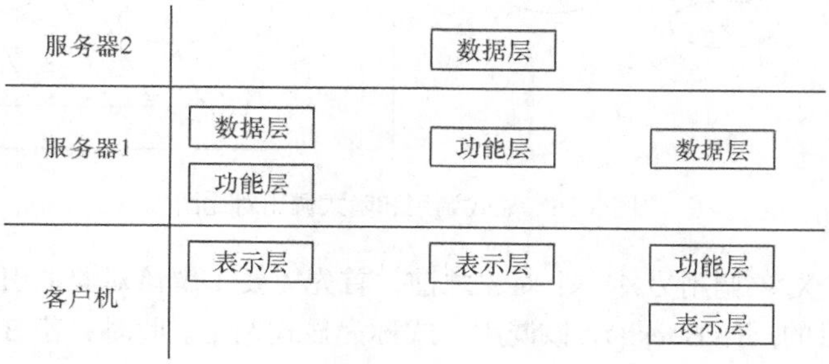

服务器2		数据层	
服务器1	数据层 功能层	功能层	数据层
客户机	表示层	表示层	功能层 表示层

图 3-13　C/S 模式中各个功能层的分布情况举例

目前的系统都可采用 B/S 或者 C/S 模式，但是对于实时性、动态展示要求较多的应用仍建议采用 C/S 模式，或者需要在本地进行缓存、需要本地相关支持的应用一般也采用 C/S 模式。一般架构的选择是根据用户的需求，如果用户需要广大用户进行访问，那么 B/S 模式由于不需要在每个终端上安装软件，较为适用。

B/S 和 C/S 混合使用的场景如图 3-14 所示。

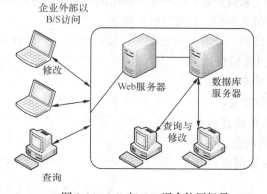

图 3-14　B/S 与 C/S 混合使用场景

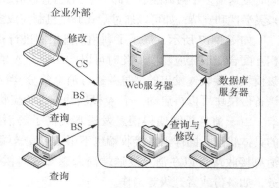

图 3-15　C/S 支持修改、B/S 支持查询的混合部署

一个企业建立相关信息系统，需要支持查询、删除、添加等功能。可使用两种不同方式进行 B/S 和 C/S 的混合使用，一种如图 3-14 所示，用户采用 B/S 模式对外开放相应功能，而对内部用

户支持客户端访问模式；另一种方式则是以 B/S 模式对外开放查询功能，若需对相关信息修改则采用 C/S 模式，如图 3-15 所示。

3.3.2　消息总线结构

在讲述消息总线之前，需要明确隐式调用和显式调用的概念。显式调用，即调用者掌握了被调用者的引用，并且直接进行调用；隐式调用，即调用者并没有直接获得被调用者的引用，而是通过一个事件空间作为中介，调用者将调用消息发送给事件空间，通过事件空间变相调用被调用者，调用者与被调用者之间并没有直接的关联关系，如图 3-16 所示。

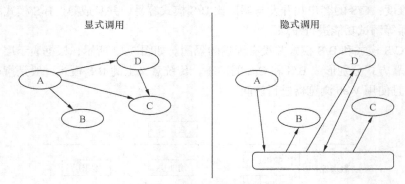

图 3-16　显式调用和隐式调用对比图

在系统中，一个对象调用另外一个对象之前，首先需要了解该对象的引用，然后通过对该引用的调用完成所需目的。如 B.test()，该调用方式称为显式调用。此时，若 B 发生改变，则该调用将失效。如果程序需要正确运行，需再次获取新的引用再调用，该操作需要程序员去维护。

与显式调用相比，隐式调用一般采用消息机制。例如程序 A，如果需要调用 B.test()，它不采用直接获取 B 引用的方式，而是将请求发送给相关消息中介，利用消息中介将请求转发给 B 并最终调用 B。这种调用方式与传统显式调用最大的区别在于，新的调用方式可保障调用者与被调用者解耦。因此，当被调用者出现故障或者其他问题时，调用者仍可发出请求，该请求可在被调用者修复之后继续进行调用。不仅如此，由于调用者与被调用者仅通过中介消息进行通信，因此该中介消息可以同时发送给多个被调用者，即一个消息可以驱动多个被调用者。这种隐式调用的机制还可为程序带来灵活性和支持，如可以通过隐式调用机制完成多机的备份、系统升级等操作。

如图 3-17 所示，展示了利用消息机制进行备份的一个典型示意图。正常流程中，A 与 B、C 相互配合完成相应功能。此时可以增加一个 A 消息备份模块，该模块也接收 A 发出的消息并进行消息备份。当 A 出现故障时，该备份模块可以再启动一个 A 模块并进行相应状态恢复。

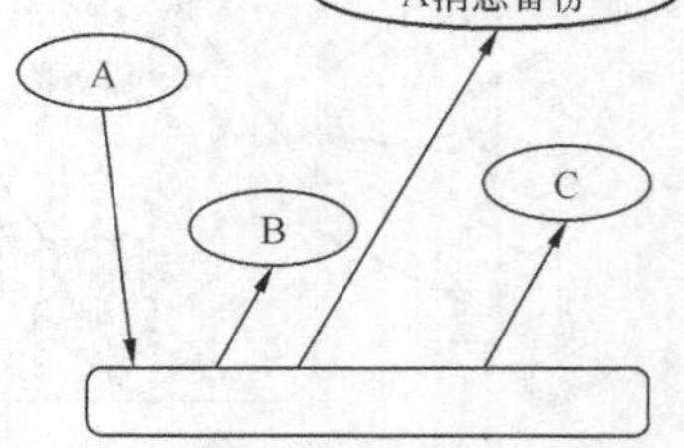

由于消息机制使得消息发送端无需了解消息最终接收端的具体状态，同样消息接收端也不用了解发送端的状态，因此消息接收端可以在消息发送端尚未感知的时候做出其他的服务，如备份或者升级等操作。

图 3-17　利用消息机制完成备份

消息机制的实现一般称为消息总线或者消息中间件，即一种支持消息订阅与发布的中间件的总称。在上述的隐性调用例子中，调用者也可以称为消息发布者，被调用者则称为消息订阅者。一般发布订阅结构的流程是，消息订阅者向消息中间件订阅关心的事件，消息发布者发布相关消息，消息中间件将根据发布的消息类型，将该消息转发到对应的消息订阅者，如果该消息具有多个消息订阅者，消息中间件保障该消息发送给多个订阅者，如图 3-18 所示。消息中间件，屏蔽了相关的订阅者与发布者之间的联系。

消息总线的实现使用了观察者模式的设计。观察者模式（Observer）完美地将观察者和被观察的对象分离开。举个例子，用户界面可以作为一个观察者，业务数据是被观察者，用户界面观察业务数据的变化，发现数据变化后，就显示在界面上。面向对象设计的一个原则是系统中的每个类将重点放在某一个功能上，而不是其他方面。一个对象只做一件事情，并且将它做好。观察者模式在模块之

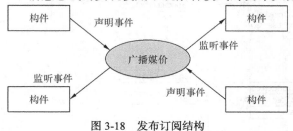

图 3-18　发布订阅结构

间划定了清晰的界限，提高了应用程序的可维护性和重用性。

观察者模式有很多实现方式，从根本上说，该模式必须包含两个角色，即观察者和被观察对象。在刚才的例子中，业务数据是被观察对象，用户界面是观察者。观察者和被观察者之间存在"观察"的逻辑关联，当被观察者发生改变的时候，观察者就会观察到这样的变化，并且做出相应的响应。如果在用户界面、业务数据之间使用这样的观察过程，可以确保界面和数据之间划清界限，假定应用程序的需求发生变化，需要修改界面的表现，只需要重新构建一个用户界面，业务数据不需要发生变化。

实现观察者模式有很多形式，比较直观的一种是使用"注册—通知—撤销注册"的形式。如图 3-19 所示，详细地描述了这样一种过程：观察者 1（Observer）将自己注册到被观察对象（Subject）中（图中 A1），被观察对象将观察者存放在一个容器（Container）里。被观察对象发生了某种变化，从容器中得到所有注册过的观察者，将变化通知观察者(图中 A2)。如果要撤销观察，观察者告诉被观察者要撤销观察，被观察者从容器中将观察者去除（图中 B1）。

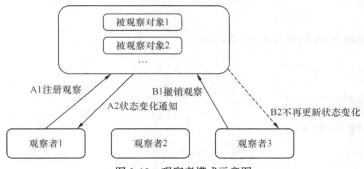

图 3-19　观察者模式示意图

观察者将自己注册到被观察者的容器中时，被观察者不应该过问观察者的具体类型，而是应该使用观察者的接口。这样的优点是：假定程序中还有别的观察者，那么只要这个观察者也是相同的接口即可实现。一个被观察者可以对应多个观察者，当被观察者发生变化的时候，它可以将消息一一通知给所有的观察者。基于接口，而不是具体的实现——这一点为程序提供了更大的灵活性。

典型的观察者模式的实现类图如图 3-20 所示。该类图中 Subject 和 Observer 为两个父类。其中 Subject 与 Observer 为一对多的关系，即 Subject 中可以保存所有关注它的 Observer 的引用。当

Subject 发生变化时，调用 notify 方法。notify 方法则通过遍历其内部保存的 Observer 列表，分别调用每个 Observer 的 update 方法，通知 Observer。

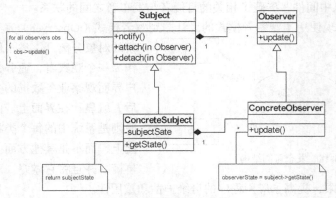

图 3-20　观察者模式类图

如程序 3-4 所示，展示了典型的观察者模式的实现。

程序 3-4　典型的观察者模式的实现

```java
//抽象观察者角色
        public interface Watcher {
            public void update(String str);
    }
//抽象主题角色，watched：被观察
public interface Watched
{
    public void addWatcher(Watcher watcher);
    public void removeWatcher(Watcher watcher);
    public void notifyWatchers(String str);

}
public class ConcreteWatcher implements Watcher
{

    @Override
    public void update(String str)
    {
        System.out.println(str);
    }

}
import java.util.ArrayList;
import java.util.List;

public class ConcreteWatched implements Watched
{
    // 存放观察者
    private List<Watcher> list = new ArrayList<Watcher>();

    @Override
    public void addWatcher(Watcher watcher)
    {
```

```
        list.add(watcher);
    }

    @Override
    public void removeWatcher(Watcher watcher)
    {
        list.remove(watcher);
    }

    @Override
    public void notifyWatchers(String str)
    {
        // 自动调用实际上是主题进行调用的
        for (Watcher watcher : list)
        {
            watcher.update(str);
        }
    }

}

public class Test
{
    public static void main(String[] args)
    {
        Watched girl = new ConcreteWatched();

        Watcher watcher1 = new ConcreteWatcher();
        Watcher watcher2 = new ConcreteWatcher();
        Watcher watcher3 = new ConcreteWatcher();

        girl.addWatcher(watcher1);
        girl.addWatcher(watcher2);
        girl.addWatcher(watcher3);

        girl.notifyWatchers("haha");
    }

}
```

3.3.3　公共对象请求代理技术

CORBA（Common Object Request Broker Architecture，公共对象请求代理体系结构 / 通用对象请求代理体系结构）是由 OMG 组织制定的一种标准的面向对象应用程序体系规范。或者说 CORBA 体系结构是对象管理组织（OMG）为解决分布式处理环境中，硬件和软件系统的互连而提出的一种解决方案。OMG 组织是一个国际性的非盈利组织，其职责是为应用开发提供一个公共框架，制定工业指南和对象管理规范，加快对象技术的发展。

CORBA 的核心是对象请求代理 ORB，它提供对象定位、对象激活和对象通信的透明机制。客户发出要求服务的请求，而对象则提供服务，ORB 把请求发送给对象、把输出值返回给客户。ORB 的服务对客户而言是透明的，客户不知道对象驻留在网络中何处、对象是如何通信、如何实现以及如何执行的，只要它保持有对某对象的对象引用，就可以向该对象发出服务请求。

与消息总线对应，公共对象代理技术则采用了远程调用的方式来实现跨越机器、操作系统的调用。公共对象代理（CORBA）是由 OMA 提出的一套通用远程调用机制，其基本架构描述如下。Stub 与 Skeleton 是 CORBA 中两个重要的概念，Stub 通过将用户的调用请求转化为相关 IIOP 请求，并将 IIOP 请求发送到对面的 Skeleton；Skeleton 做了与 Stub 相反的工作，将相关的 IIOP 请求包转化为调用请求，调用相关的 Servant 对象。该 Servant 对象即用户所写服务对象。由上面的描述可以了解，CORBA 实质上是通过 IIOP 将在不同机器的远程对象连续在一起，该调用方式也是 RPC 的一种典型操作方式，如图 3-21 所示。

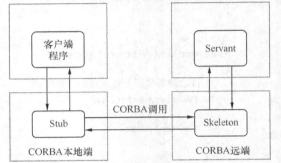

图 3-21　CORBA 中 Stub 与 Skeleton 的架构

CORBA 允许用户以两种不同的方式提出对象请求，具体如下所述。

① 静态调用。通过给定接口的存根（Stub），把该 Stub 的代码以及相关依赖库引入客户程序所在的工程之中。客户程序在使用静态调用时，需事先了解需要调用的接口类型。该调用方法最容易被人们所理解，因为使用 CORBA 对象就跟使用本地对象一样。

② 动态调用。动态调用不需要通过静态的 Stub 对象负责与远端对象进行沟通。它通过自主构造相应的 IIOP 包完成与远端的沟通。参照上图相当于图中的 Stub 对象也被省略，因此需要用户程序主动构造相应的 IIOP 包。用户仍然需要通过 ORB 提供的接口以构造相关的 IIOP 包。采用动态调用的方法，客户端程序无需事先编译 Stub 代码，相对静态调用有一定的灵活度，但对用户提出了更高的要求。

不管客户以哪一种形式提出请求，ORB 的任务是找出所要对象的位置，激活该对象，向对象传递此请求。对象执行所请求的服务后，把输出值返回给 ORB，然后再由 ORB 返回给客户。

在 CORBA 中，所有的对象可以处于不同的机器，因此有必要提供一个良好的命名服务，通过该命名服务提供系统中远程对象的注册、查找工作。当调用者需要调用一个远程对象时，用户需要查询命名服务，该命名服务返回远程对象的引用，调用者可以使用该远程对象引用生成一个本地端的 Stub 对象，通过该本地对象（本地代理）代表远程的远端对象。通过调用本地对象，达到调用远程目标的用途。如图 3-22 所示，展示了一般 CORBA 中间件提供的公共服务，包括命名服务、持久性、计时等服务。这些服务为用户开发 CORBA 程序提供了良好的支撑。可以说 CORBA 的这种公共服务也影响了后来的 Spring 框架，在 Spring 框架中也有类似的公共服务。

在 CORBA 设计之初还规范了一套以 CORBA 为接口类型的面向领域 CORBA IDL 接口，这些接口包括了医疗、电信、金融等领域。CORBA 的面向领域 API 得到了一定程度使用，目前金融领域的遗留系统仍有采用 CORBA 接口的。通过这些规范 CORBA 的领域 API 接口可帮助用户的业务快速完成服务端程序的搭建，同时也支持领域内多个应用的互联互通。以电信领域的 Parlay 接口为例，Parlay 接口规范了电信网中呼叫控制、多媒体会议、短消息、语音交互、多媒体信息等能力的接口标准。用户仅需采用同样版本的 Parlay 接口辅以类似的 CORBA 版本就可完成双方的互通。虽然 Parlay 接口最终并没有成功，但它的规范、开放接口的思想已经成为网络发展方向。

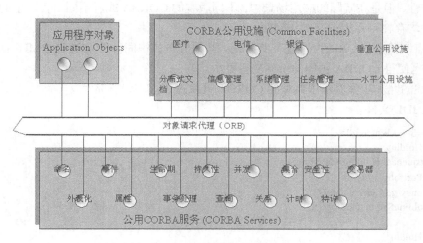

图 3-22　CORBA 的公共服务与领域接口示意图

一个典型的 CORBA 程序的开发接口可以参照如下流程。

- 定义 IDL 文件：采用 CORBA 规范的 IDL 语言定义子系统间的主要接口。该语言其实类似 Java 语言的接口定义，用户可快速掌握。
- 通过 IDL 到具体语言的映射：在写好的 IDL 文件基础上，使用 CORBA 中间件提供的 IDL 转化程序，将 IDL 文件转化为目标语言的 Stub 和 Skeleton 代码。
- 编写 Servant 对象：用户通过继承相应的 Skeleton 代码，实现自身的用户逻辑，而不管这个程序最终怎么被人调用。
- 服务端的绑定：将编写好的 Servant 对象注册到 ORB 之中，同时可以注册到命名服务之中。此时应该可以了解当前服务端的 URI 或命名服务的 URI 以及本服务程序在命名服务中的标识。
- 编写客户端对象：用户通过调用 Stub 对象编写客户端程序。客户端可能需要通过查找命名服务以创建本地的 Stub 对象。

由上述开发过程可知，使用 CORBA 开发分布式程序无需了解相关网络知识，只需了解 CORBA 的相应接口以及流程即可。所有的调用都以"本地"调用的形式进行。服务端程序对客户端程序位置透明，客户端程序无需事先了解服务端程序的真实位置，只需通过命名服务等获取服务端的逻辑地址，即可进行远程访问。

采用 CORBA 的方式，用户可按照开发单机应用的方式开发分布式系统，在需要进行分布的位置采用 CORBA 远程调用接口即可。但需遵循 CORBA 接口相对独立且内部耦合度高的原则，即保障 CORBA 对象仅在确实需要时被调用。一般基于 CORBA 的架构设计中，习惯将相关通用的管理服务等对外提供。例如在一个网络管理平台之中，可能把网络监控、网络日志等作为多个接口向上或者向外提供。依照这种方式进行 CORBA 的开发，可最大程度减少 CORBA 对系统架构的影响。

然而，CORBA 仍存在一系列的缺点，具体如下所述。

- CORBA 的编码采用了 ANS.1 的编码格式。ANS.1 编码属于二进制的编码，不利于人们的阅读和调试。人们需要使用专门的抓包工具才能对 ANS.1 的包进行解析。调试过程中，如果突然出现问题，开发人员难以直接根据日志进行分析和处理。
- 不同 CORBA 产品间的互操作仍存在一定兼容性问题，虽然理论上 CORBA 具有不错的互操作性，但是在实际的应用场景中，不同版本的 CORBA 或者不同语言产生的 CORBA 中间件均存在一系列的互操作问题。

这些缺点制约着 CORBA 的进一步发展，其他分布式中间件的发展如 RMI、DCOM、Web Service 等，也使得 CORBA 占据的份额变得更小。

下面所述的几个步骤展示了典型的 CORBA 开发过程。

① 定义 IDL 文件。

```
#include <StockWatch.idl>
interface Holding;
typedef sequence<Holding> HoldingSeq;
interface Portfolio { //证券
      money getCurrentValue();
      HoldingSeq getHodings();
}
interface Holding{    //控股
      unsigned long getNumberOfShares();
      Stock getStock();
}
interface Hello{
   void say_hello();
};
```

② 以接口 Hello 为例，使用 CORBA 工具生成相应的 Stub 和 Skeleton 代码。

- 打开命令窗口，转到 hello 目录下
- 键入：jidl --package hello   Hello.idl
- 编译后生成以下几个文件
  - ◆ Client 侧
    - Š HelloOperations.java：定义 public interface HelloOperations
    - Š Hello.java：定义接口 Interface Hello
    - Š _HelloStub.java：桩代码，定义了 class _HelloStub
    - Š HelloHelper.java：定义 public class HelloHelper 对象
  - ◆ Server 侧
    - Š HelloOperations.java：定义 public interface HelloOperations
    - Š HelloHolder.java：定义 public final class HelloHolder
    - Š HelloPOA.java：定义类 abstract public class HelloPOA

③ 编写 Server 端代码。

```
//继承相应 POA 类，做用户逻辑实现
 package hello;
 public class Hello_impl extends HelloPOA
 {
   public void   say_hello();
   {
       System.out.println("Hello World! ");
   }
 }
```

④ 将实现类绑定到 ORB 上，此处为简单起见最终将 CORBA 对象的引用写到了文件之中。

```
package hello;
public class Server
 {
```

```
static int run(ORB orb, String[] args) throws org.omg.CORBA.UserException
{
    // 获得 Root POA
    POA rootPOA =POAHelper.narrow(orb.resolve_initial_references("RootPOA"));
    // 获得 POA manager 的引用
    POAManager manager =     rootPOA.the_POAManager();
    // 创建实现对象
    Hello_impl helloImpl = new Hello_impl();
    Hello hello = helloImpl._this(orb);
    // Save reference
    try{
        String ref = orb.object_to_string(hello);
        String refFile = "Hello.ref";
        FileOutputStream file =new FileOutputStream(refFile);
        PrintWriter out = new java.io.PrintWriter(file);
        out.println(ref);
        out.flush();
        file.close();
    }catch(java.io.IOException ex){
        return 1;
    }
//激活 POA 管理器，以允许接受请求
    manager.activate();
//将控制权交给 ORB，并处于运行状态
    orb.run();
    return 0;}
```

⑤ 编写客户端实现代码。

```
org.omg.CORBA.Object obj = orb.string_to_object("relfile:/Hello.ref");
Hello hello = HelloHelper.narrow(obj);
hello.say_hello();
```

3.3.4 基于 SOA 的体系架构

SOA 并不是一个新概念，有人就将 CORBA 和 DCOM 等组件模型看成 SOA 架构的前身。早在 1996 年，Gartner Group 就已经提出了 SOA 的预言，不过那个时候仅仅是一个"预言"，当时的软件发展水平和信息化程度还不足以支撑这样的概念走进实质性应用阶段。到了近两年，SOA 的技术实现手段渐渐成熟了，在 BEA、IBM 等软件巨头的极力推动下，才得以慢慢风行起来。

关于 SOA，目前尚未有一个统一的、业界广泛接受的定义。一般认为 SOA 是面向服务的架构，是一个组件模型，它将应用程序的不同功能单元——服务(service)，通过服务间定义良好的接口和契约(contract)联系起来，接口采用中立的方式定义，独立于具体实现服务的硬件平台、操作系统和编程语言，使得构建在这样的系统中的服务可以使用统一和标准的方式进行通信。但无论如何诠释 SOA，它的核心思想是不变的，那就是服务，SOA 的重点是面向服务的。当然，这个服务包括企业的内部与外部的每一个业务细节，并把这些服务从复杂的环境中独立出来，使得各服务之间是可互操作、独立、模块化、位置明确、松耦合的，并且可相互调用，不依赖于其他系统的。

不需要关心具体实现细节的接口定义，外部用户使用服务时只需考虑服务提供的功能，这为系统的构建提供了松耦合的基础。松耦合系统的好处有两点，一是代码灵活，二是容易控制代码的影响范围，当组成整个应用程序的每个服务的内部结构和实现逐渐地发生改变时，只需保持接口的稳定性，系统仍可正常运行。而另一方面，紧耦合意味着应用程序的不同组件之间的接口与

其功能和结构是紧密相连的，当需要对部分或整个应用程序进行某种形式的更改时，就显得特别困难或者说代价很大。

松耦合的系统可根据业务需求定制相关的流程，这些流程所调用的服务已经相对固定，因此可快速形成不同功能要求的定制系统。面向服务的体系结构提供了将系统松耦合实现的概念模型。基于 SOA 的体系结构，其主要思想是采用面向服务的方式对系统进行构架。当然，各个服务内部可以采用面向对象的方式实现。SOA 系统原型的一个典型例子是通用对象请求代理体系结构（Common Object Request Broker Architecture，CORBA），它已经出现很长时间了，其定义的概念与 SOA 相似。

然而，现在 SOA 的实现已经有所不同了，因为它依赖于一些新的标准，这些标准基本上是以可扩展标记语言（eXtensible Markup Language，XML）为基础的。通过使用基于 XML 的语言（例如 Web 服务描述语言 WSDL）来描述接口，服务已经转到更动态且更灵活的接口系统中，非以前 CORBA 中的接口描述语言（Interface Definition Language，IDL）可比了，典型的 SOA 架构如图 3-23 所示。

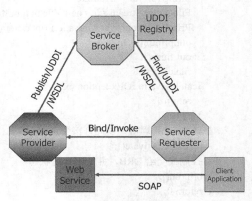

图 3-23　SOA 架构

Web 服务并不是实现 SOA 的唯一方式，但可以认为基于 Web 服务的 SOA 架构是目前最适合 SOA 架构需求的一种选择。下面我们在描述 SOA 架构的时候默认都使用 Web 服务相关的技术及词汇。

在 SOA 体系中，服务描述语言（WSDL）仅是其中很小的一部分，为了建立整个 SOA 的体系结构模型，还需对服务的发现、组合等提供完整的支持。

1. Web 服务组合概念

Web 服务组合是一系列相互独立的 Web 服务构件的聚集，是通过 Web 服务之间的接口集成，引入一定的逻辑控制结构，根据业务的需求将多个 Web 服务进行组合创建而形成新的 Web 服务。由于组合了多个可以完成不同功能的 Web 服务，Web 服务组合的功能更为强大。Web 服务组合也可以理解为将已有的 Web 服务进行更大粒度的封装，在该封装的内部定义了每一个 Web 服务的调用顺序，通过执行这一系列的 Web 服务，完成整个服务组合的功能。

根据 Web 服务组合的创建过程，可以将 Web 服务分为基本服务和组合服务两类。基本服务就是已经存在的 Web 服务，在云计算时代这些服务的具体体现就是发布在云上的 Web 接口，使用者只了解该 Web 服务的调用形式和功能作用，其内部实现对使用者来讲是透明的。组合服务就是将已有的 Web 服务进行合成，被组合的 Web 服务可能是基本服务，也有可能是已经被封装过的组合服务，在完成合成和封装后，将其以 Web 接口的形式发布到云上，供其他用户调用。

Web 服务组合必须要能够动态地发现满足需求的服务，同时能够依据服务组合内部的逻辑控制结构顺利地执行组合服务，并且能够在执行过程中进行事务处理。动态的应用特性要求 Web 服务组合必须具有高可靠性、高可用性和高适应性。Web 服务组合以服务增值为主要目标，其本质其实是在已有的 Web 服务上进行组件和扩展，是一种分布式的扩展组合过程。

Web 服务组合的方法根据其抽象的层次可以分为以下四种：硬编码模式，用特定的服务组合定义语言定义组合服务模式，模型驱动模式，根据目标推理服务组合方案模式，如图 3-24 所示。

根据 Web 服务组合中的子服务是否被绑定，可以将 Web 服务组合分为静态服务组合和动态服务组合两类。

图 3-24　Web 服务组合的层次

（1）静态 Web 服务组合

静态服务组合就是在组合业务流程开发设计阶段，已经将每一个子服务构件的提供者进行了指定，当业务流程执行到某一个子服务时，将会按照流程中既定的 Web 服务信息去进行调用和交互，在整个组合流程中子服务之间的上下文交互参数也都已经确定。静态的服务组合在执行过程中，当某一个具体的 Web 服务构件无法提供服务时，就会引起整个组合流程的执行失败，因此这样的服务组合方式特点是创建简单、执行效率高且便于维护，但是缺点是不灵活。

静态服务组合其实就是一个软件复用的过程，组合服务流程的开发人员根据应用的需求，将已有的 Web 服务进行组合创建，利用现有模块来实现新的功能。在组合服务的静态组合过程中，需要首先根据整个流程所需要完成的功能选择和定位合适的 Web 服务构件，因此需要创建并维护一个服务构件仓库，同时提供相应的构建搜索方法来供开发人员查找对应功能的服务构件具体信息。一般情况下，通过服务构件搜索查找到的服务往往多于一个，这就需要开发人员根据一定的策略选择最佳的服务构件。当确定每一部分的服务构件后，便可以通过组合流程设计语言将他们组装起来，进行必要的修改满足上下文的参数传递关系。

整个组合服务创建和调用的过程对于服务请求者来说是完全透明的，服务请求者就像调用一个基本 Web 服务一样调用 Web 组合服务即可。例如，一个旅行行程预定系统包括酒店预定查询、机票预定查询和信用卡信息查询等不同的服务，由于该行程预定系统每一项子服务的使用频率都很高，服务提供者将这些子服务构件进行事先组合明显要比每次客户请求时都去动态组合服务更为高效，也更符合实际的系统需求。通过一定的业务流程将各服务构件进行组合后，新创建的业务流程就可以存储到服务组件仓库中，作为新的服务提供给其他用户使用。

BPEL 是静态组合的典型描述语言。静态组合方式的优势就是可以引入循环或者判断等复杂的逻辑控制结构，来实现复杂的组合服务业务流程，非常适合 B2B 等服务之间结构关系比较复杂，但是执行的顺序和流程相对固定的业务。

（2）动态 Web 服务组合

动态服务组合是在执行过程中根据当前需求和所要调用的 Web 服务功能来动态地选择服务构件，并自动进行组合执行的过程。动态服务组合与静态服务组合的不同之处在于，在服务执行过程当中，每一个子服务构件的提供者甚至接口都尚未指定，可以动态选择服务的提供者，或者对上下文之间的服务参数进行动态匹配，在动态服务选择的过程中一般会结合 QoS 限定或者其他属性的约束。动态组合的最大特点是为整个流程的需求变化提供了很大的灵活性，但是缺点是管理复杂，动态参数和接口的匹配困难，不易实现。

动态 Web 服务组合技术能够根据环境和需求的变化，从组件库当中动态地选择服务构件完成相应服务，这对于那些内部包含众多需求可变的子功能的业务流程来讲十分重要。如果一个组合服务流程，无法预先定义好所有的服务构件及它们之间的工作流关系，而是要依据实际的用户需求来进行特定 Web 服务的选择和执行，那么就应当考虑使用动态 Web 服务组合技术来实现。

2. BPEL 简介

BPEL（Business Process Execution Language）也叫 WS-BPEL，或者 BPEL4WS，是 OASIS 组织在 2002 年推出的用来编排、组合和协调 Web 服务的规范标准语言。OASIS 于 2007 年 4 月正

式批准了最新的 WS-BPEL2.0 版本。

BPEL 继承了 XLANG 和 WSFL 的语言特点，但又没有这两种语言复杂繁琐，是一种集 Pi-calculus 和 Petri 网两者优势的高级抽象建模语言，同时支持面向图形的流程创建过程。为了满足应用程序和业务流程通过统一标准进行交互，充分发挥 Web 服务作为集成平台的需求，就必须要使用到业务流程的建模语言。BPEL 出现之前，广泛使用 WSDL 语言来支持无状态的交互，但往往业务流程的交互是一种长期执行的模型，而且交互过程可以同步也可以异步，因此 BPEL 的出现很好地满足了当今业务流程创建的需求。一个典型的 BPEL 流程示意图如图 3-25 所示。

BPEL 是一种高级的流程建模语言，建立于 Web Service 技术之上，因此与 WSDL、XML 等标准密切相关，图 3-26 所示是 BPEL 与所涉及技术标准之间的关系。

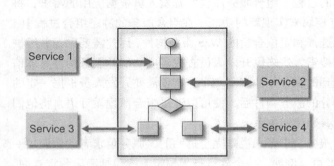

图 3-25　典型的 BPEL 流程示意图

图 3-26　BPEL 与相关 XML 技术的关系

各技术标准与 BPEL 之间的关系描述如下。

- XML：提供基础的数据规范标准。
- XPath：定位 XML 文档中的节点或者节点集。
- XML Schema：使用 XML 来定义其他标准的语法，定义 BPEL 中的输入输出变量。
- SOAP：为服务之间的消息提供封装的标准。
- WSDL：描述 BPEL 流程与各服务参与者之间的交互接口，每个 BPEL 流程都定义了一个或多个的 WSDL 服务，并且通过 WSDL 描述的接口与 Web 服务交互。
- J2EE,.Net 平台：通过 BPEL 构建的业务流程其运行环境既可以是 J2EE，也可以是 Microsoft 的 Net 平台，BPEL 是一个与具体平台执行环境无关的标准。
- Web 服务标准：BPEL 本身只关注于整个业务流程的逻辑结构控制、异常处理和事件处理等内容，其具体的服务发布和调用都是通过 Web 服务标准的执行平台来实现的。

BPEL 流程包含的基本元素及其作用如表 3-1 所示。

表 3-1　　　　　　　　　　　　　　BPEL 流程主要元素说明

元　素　名　称	元　素　作　用
变量（variables）	保存流程执行过程中的状态值
活动（activity）	BPEL 流程的基本单位，定义 BPEL 流程的基本行为
伙伴链接（partner link）	伙伴就是在 BPEL 流程中进行交互的 Web 服务，伙伴链接表示 Web 服务与 BPEL 流程之间的交互关系
相关集（correlation set）	将消息与会话进行关联的属性的集合

续表

元 素 名 称	元 素 作 用
事件处理程序（event handler）	并行处理业务流程执行过程中产生的事件
异常处理程序（fault handler）	捕获并且处理业务流程执行过程中出现的异常
补偿处理程序（compensation handler）	BPEL 流程对于撤销一个事务行为并将其数据恢复到执行之前的操作

下面对 BPEL 流程中经常使用的核心元素进行简单说明。

（1）变量

BPEL 流程中的变量可以用来保存流程的中间状态和数据信息。与程序设计语言中的变量类似，BPEL 变量分为全局变量和局部变量。在全局的流程作用域声明的变量为全局变量，在 scope 范围中声明的变量为局部变量，每个变量只在自己的声明的作用域内有效，脱离作用域后无效。BPEL 流程中的变量既可以声明成 WSDL 类型，也可以是 XML Schema 类型元素。

（2）活动

活动是 BPEL 流程中最常使用的元素，也是 BPEL 流程的核心元素，每一个 Web 服务调用或者步骤的执行都是一个活动。BPEL 中的活动可以分为基本活动和结构化活动两类。基本活动也称为原子活动，是不可再进行分割的执行步骤，直接执行某类具体功能。结构化活动是一类流程逻辑控制活动，为 BPEL 流程引入高级逻辑控制的功能，用于定义基本活动的执行步骤，说明数据流和事件处理的执行顺序，通过结构化活动组建的流程具有更强的灵活性。

各基本活动的标签、名称和主要功能如表 3-2 所示。

表 3-2　　　　　　　　　　　　　BPEL 标签与名称

基本活动标签	基本活动名称	基本活动功能
<invoke>	调用活动	在 BPEL 流程中调用伙伴链接
<receive>	事件接收活动	在流程中接收外部伙伴发回的数据，一般会直接保存在变量中，允许流程阻塞并等待消息到来
<assign>	变量赋值活动	在流程中更新变量的值
<reply>	应答活动	生成输入和输出操作的相应消息
<wait>	等待活动	使业务流程等待指定的时间间隔，或者一直等待到某一具体时刻
<throw>	抛出活动	抛出流程中遇到的异常
<empty>	空活动	不进行任何操作的活动
<terminate>	终止活动	立即终止某一流程的实例

各结构化活动的标签、名称和主要功能如表 3-3 所示。

表 3-3　　　　　　　　　　　　　结构化活动的标签说明

结构化活动标签	结构化活动名称	结构化活动功能
<sequence>	顺序活动	指定顺序执行的一系列 BPEL 活动
<while>	循环活动	指定循环执行的一系列 BPEL 活动
<flow>	并发活动	各活动并发执行，保持同步状态
<pick>	选择活动	在一组相互排斥的活动中等待一个事件发生，然后执行与其相关联的后续活动流程

（3）伙伴链接

BPEL 流程是由一系列的 Web 服务组合而成的，流程与服务是一种对等关系，它们之间的交互都是通过 Web 服务接口来实现的。这就意味着某一个具体的 Web 服务既可以调用 BPEL 流程中定义的服务，同时也可能就是 BPEL 流程中的某一个服务的提供者，伙伴链接就是在 BEPL 流程中描述这种交互关系的。伙伴链接使用 portType 来实现交互消息的接收，每一个 BPEL 流程可能包含多个伙伴链接，这由具体的流程逻辑来决定。如图 3-27 所示，给出了 BPEL 流程经由 portType 与其他外部的 Web 服务进行联系的实例。

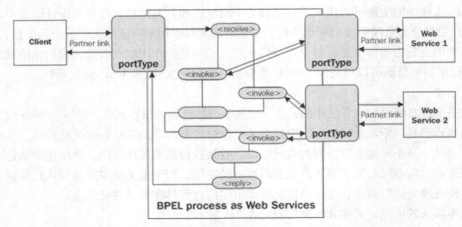

图 3-27　BPEL 伙伴链接、Portype 示意图

BPEL 作为一个业务流程描述语言，可以很好地与现今的 Web 服务架构和标准相结合，组合拼装已有的 Web 服务构建 BPEL 业务流程，因此得到了业界的广泛运用。BPEL 具有的优势如下所述。

（1）可重用性

BPEL 业务流程中调用的基本服务都是可以重用的服务，此外通过 BPEL 创建的新的业务流程对外也是一个封装好的 Web 服务，也可以被其他流程和使用者进行重用。

（2）松耦合性

BPEL 流程和其调用的 Web 服务之间是一种松耦合的关系，BPEL 并不与具体的 Web 服务来交互，而是通过消息和调用来与 Web 服务进行交互。BPEL 通过一致的 Web 接口对服务进行协调，只是定义了与流程控制相关的逻辑结构，而并不关心具体的功能，因此也不需要具体地指定到服务这个层次，具有松耦合的特性。

（3）开发敏捷

由于 BPEL 流程可以重用，又具有松耦合的特性，当业务流程的需求发生改变时，BPEL 流程可以快速地进行改变以适应新的变化，开发十分敏捷。

（4）有状态性

BPEL 流程中，可以通过变量来保存在交互过程中产生的数据，因此是一种可以将会话状态保存下来的流程建模语言。BPEL 流程在执行过程中，通过 portType 来调用外部的 Web 服务，由于这些服务并不是由 BPEL 流程所拥有，是一种松耦合式的接口调用，BPEL 与 Web 服务之间的交互过程有可能导致异常。例如 BPEL 流程调用的 Web 服务返回了错误的 WSDL 信息，或者 BPEL 活动执行过程中抛出了异常，或者网络交互条件不满足时导致了 BPEL 流程发生异常。针对这些异常，BPEL 有自身的异常处理机制。

　　BPEL 流程在<scope>结构中定义异常处理和事件处理，<scope>就是作用域，作用域可以任意嵌套，同时每个作用域的主要活动一般是<sequence>顺序活动或者<flow>并发活动。BPEL 的异常处理机制引入了<catch>活动和<catchall>活动。<catch>用来捕获 BPEL 流程需要处理的异常，通常在一个 BPEL 流程当中，会有不止一个<catch>活动来定义不同的捕获异常类型。<catch>活动的主要属性是 faultName 和 faultVariable，分别用来指定异常的名字以及处理异常数据的变量类型。<catchall>在一个 BPEL 流程中往往只有一个，用来捕获没有被指定的其他异常类型。BPEL 流程的异常捕获与高级程序设计语言中的 try、catch 结构十分类似，想要设计一个健壮稳定的 BPEL 流程，就需要在设计和组合阶段考虑到异常处理的情况。

　　同时在 BPEL 中，还可以通过<compensationHandler>的结构来定义补偿处理程序，并且针对流程的设计开发人员没有定义补偿处理的情况，BPEL 还提供了缺省的补偿处理程序。当流程正常执行完毕后，BPEL 的补偿处理程序才会开始执行，由<compensate>活动来调用补偿机制，通过 scope 属性指定由哪个作用域来执行补偿活动。

　　图 3-28 所示为一个典型的 BPEL 流程示意图。在该示意图中，存在两个分支，分支判断通过 if 标签，与实际编程类似。每个分支自成一套流程，分别调用不同的 Web 服务，从而达到相关业务目标。

3. BPMN 简介

　　BPMN 规范由标准化组织 BPMI（Business Process Modeling Integration）在 2004 年发布，它定义了一套用于定义各种建模符号的图形规范，通过图形化的表现形式为业务用户提供了直观形象的建模方法，以简化业务的开发，加强业务人员的沟通。2006 年 2 月，BPMN 规范被 OMG（Object Modeling Group）组织合并，在原有的定义基础上进行了新的扩展，使其更好地融入了可视化建模的发展趋势中。

　　BPMN 规范主要用于对流程模型元素进行定义，通过多元的模型元素搭建出有向图来实现活动的调用和语义的执行。BPMN 使用四种基本元素描述业务流程图，它们分别是流对象（Flow Object）、连接对象（Connecting Object）、泳道（Swimlanes）和人工信息（Artifacts），下面分别介绍这些建模符号和含义。

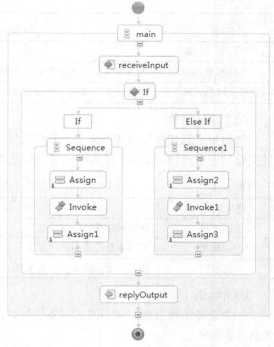

图 3-28　典型的 BPEL 流程图

　　（1）流对象

　　事件、活动和网关是组成 BPMN 的三要素。事件是业务的触发器或代表业务的执行结果；活动是业务的基本单元，描述必须做的工作种类；网关则是流程路径的汇合和分支。如表 3-4 ～表 3-6 所示，分别描述了这三种元素的分类和符号。

表 3-4   BPMN 事件元素

事件元素	描　　述	图形符号
开始事件	流程启动的触发器	◯
中间事件	处于开始事件和结束事件之间，触发下一个活动	◎
结束事件	流程结束的触发器	◯

除了表 3-4 中所列的三种常见事件元素外，通过在圆环中添加图标还可以表示不同的事件，如使用时钟来表示时间事件等。

表 3-5   BPMN 活动元素

活动元素	描　　述	图　形　符　号
任务	原子活动，单一的执行单元	Task
子流程	隐藏或显露深层业务流程细节	Sub-Process / Sub-Process Start Task End

表 3-6   BPMN 网关元素

网　关　元　素	描　　述	图形符号
互斥网关 XOR	互斥分支，只有一个分支可以被执行	◇ ⊗
并发网关 AND	并发分支，支持多个分支并行执行	✦

（2）连接对象

流对象是互相独立的业务元素，只有通过连接对象将它们按照一定的规则连接起来，才能描述完整的业务流程。表 3-7 所示显示了三种最常见的连接对象。

表 3-7   BPMN 连接对象

连　接　对　象	描　　述	图　形　符　号
顺序流	业务活动按顺序依次执行	———→
消息流	不同业务活动间的信息交互，如请求/响应	○– – – – –▷
关联	业务活动与附属信息的关联	··········

（3）泳道

一个业务流程可能对应不同的业务参与者，泳道可以隔离这些参与者并提供它们之间的交互，如表 3-8 所示。

表 3-8   BPMN 泳道

泳　　道	描　　述	图形符号
池	每条池代表流程中的一个参与者，不同的参与者会被划分到相邻的池中，通过消息流通信	Pool

续表

泳　道	描　　述	图形符号
道	道是池的子划分	Pool / Lang / Lang

（4）人工信息

人工信息作为业务流程的附属信息，通过备注的方式为业务人员提供便于理解的模型内容注释，如表 3-9 所示。

表 3-9　　　　　　　　　　　　　　　　BPMN 人工信息

人工信息	描　　述	图形符号
数据对象	通过关联对象与业务活动联系起来，表示指定活动需要的数据格式	
组	把流程中的活动分为不同的组织	
注释	以文本的形式提供附属信息，不参与流程的编译	Annotation

BPMN 业务流程的执行主要有两种方案，即转化为 BPEL 语言后由 BPEL 引擎间接执行或直接由 BPMN 引擎执行。由于前期 BPMN1.x 在执行语义上存在缺陷，在 BPMN2.0 规范出现之前没有引擎能够直接解析执行 BPMN 模型，因而出现了大量的 BPMN 到 BPEL 的转换算法。与 BPEL 不同，BPMN 在本质上是基于有向图的，更适合在抽象层次上设计和分析流程，现有的 BPMN 到 BPEL 的模型转换方法往往无法表现 BPMN 的丰富性，转化时需要对 BPMN 进行一定的限制。随着 BPMN2.0 规范的出现，一些厂商和社区借助该规范提供的 XML 序列化描述，提供了具备一定的执行语义支持功能的服务引擎。这些服务引擎通过对 BPMN 流程对应的有向图进行解析，获取各个节点在流程执行过程中被执行的先后顺序，并将这些节点转化为 BPMN2.0 中定义的语义操作，以实现 BPMN 模型的直接执行。

本书主要调研了 Activiti 开源 BPM 引擎，其核心是基于 Java 的轻量级 BPMN2.0 流程引擎。Activiti 项目由三种类型的组件组成，分别是专用工具、存储内容和协作工具。其中执行引擎位于存储内容部分，负责解析流程定义文件.bpmn20.xml，将其转化为纯粹的 Java 对象，供运行时使用。如图 3-29 所示为 Activiti 引擎组件关系图。

① Activiti Probe，管理及监控组件。该组件是一个在流程引擎运行过程中提供管理和监控的 Web 应用程序，包含对流程实例化的管理、数据库表的检视及日志查看。

② Activiti Explorer，任务管理组件。它也是一个 Web 应用程序，提供任务管理功能和对历史数据的统计分析，并能在此基础上提供报表。

③ Activiti Engine，执行引擎，是运行时的核心组件，可以直接运行原生的 BPMN2.0 流程定义。Activiti 引擎的底层是 PVM 流程虚拟机，根据 PVM 的设计原理，Activiti 引擎会将 BPMN 模型中的逻辑判断节点和业务流抽象为活动节点，每个节点会根据具体类型和属性的不同分配相应

的执行任务,当流程执行时流程实例会通过释放 TransitionStart Activiti 和 TransitionEnd Activiti 信号来启动和结束活动节点。

④ Activiti Cycle 是一种新类型的 BPM 组件,用于促进业务人员、开发人员和操作人员间的协作。该组件将三个独立的开发界面合并在同一个页面中, 不同角色的人员可以利用相关工具协同工作。

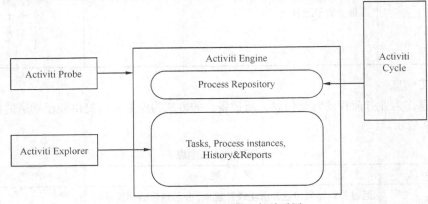

图 3-29　Activiti 引擎组件关系图

4. BPEL 和 BPMN 的比较

BPEL 和 BPMN 都是用于业务流程开发的标准规范,但两者间存在着显著的差别。

(1) 在业务流程中所处的生命周期不同。BPMN 的作用是从抽象角度设计业务流程,因此可以用于业务流程生命周期的各个阶段, 特别是业务分析和设计阶段。而 BPEL 侧重于实现业务流程, 它的关注点在业务实现的细节上,如服务接口、消息、变量等,这些细节通常在业务流程的建模阶段是不需要制定的。

(2) 针对的使用者不同。BPMN 是基于有向图的开发, 其更适合业务分析人员建立一套完整的业务流程建模方案。而 BPEL 的使用者则是技术分析人员和流程开发者, 他们需要对 BPEL 的语法有深入的了解。

通过比较分析,可以看出 BPEL 是一个底层的语言,它注重模型的细节方案; BPMN 则是一个高层的语言, 从全局角度自上而下定义业务流程。因此, 在业务流程的开发过程中, 需要根据开发者角色的不同以及流程模型的具体目的选择适合的建模工具。

3.3.5　基于 REST 的体系架构

表征性状态传输 (Representational State Transfer, REST) 是 Roy Fielding 博士在 2000 年的博士论文中提出来的一种软件架构。REST 架构作为三种主流的 Web 服务实现方案之一, 与 SOAP 以及 XML-RPC 相比,显得更为整洁。当前很多的网站或者 Web 服务都采用了 REST 架构的方式。典型的如亚马逊, 提供 REST 风格的 Web 服务用于图书查找。

REST 架构作为一个架构风格,并没有严格的标准,只要符合相应 REST 风格要求就可以被认为是采用了 REST 的风格。通常说一个架构是 REST,至少要具备如下的需求。

① 采用了 HTTP、URI、XML、JSON 等典型的协议或者标准。

② 所有的操作是针对资源,且资源可由 URI 进行定义。

③ 对资源的 CRUD 操作使用 PUT、POST、GET、DELETE 的操作。

④ 通过资源的某种表现形式如 XML、JSON 等对资源进行操作。

在满足上述基本要求的基础上, 还要求架构中必须存在服务器端的角色, 资源存在于服务器角色中。需要重点说明的是所谓的表征性状态传输，主要指通过 REST 请求，在请求内部携带相关状态，从而使作为 REST 服务的提供方暂时不用维护相关内部状态。这样使得系统的扩容、部署变得极为方便。而 REST 的调用者来维护相关的状态信息，通过相关状态信息的携带，使得服务端的持久化存储等状态也随之改变。因此，一个标准的 REST 架构，并不是单纯地将相关接口以 Restful 的方式提供即可。

符合 REST 设计风格的 Web API 称为 RESTful API。它从以下三个方面资源进行定义。

- 简短直观的资源地址：URI，比如 http://bupt.edu.cn/resources/。
- 传输的格式：Web 服务接受与返回的互联网媒体类型，包括 JSON、XML、YAML 等。
- 对资源的操作方式：Web 服务在该资源上所支持的一系列请求方法（比如 POST、GET、PUT 或 DELETE）。

如表 3-10 所示，列出了在实现 RESTful API 时 HTTP 请求方法的作用代码实例如程序 3-5、程序 3-6、程序 3-7 所示。

表 3-10　　　　　　　　　　HTTP 请求方法在 RESTful API 中的作用

资　　源	GET	PUT	POST	DELETE
一组资源的 URI，比如 http://example.com/resources/	列出 URI，以及该资源组中每个资源的详细信息（后者可选）	使用给定的一组资源替换当前整组资源	在本组资源中创建/追加一个新的资源。该操作往往返回新资源的 URL	删除整组资源
单个资源的 URI，比如 http://example.com/resources/12	获取指定的资源的详细信息，格式可以自选一个合适的网络媒体类型（比如 XML、JSON 等）	替换/创建指定的资源。并将其追加到相应的资源组中	把指定的资源当作一个资源组，并在其下创建/追加一个新的元素，使其隶属于当前资源	删除指定的元素

程序 3-5　典型 GET 及其返回值

```
GET / www.example.com/api/ HTTP/1.1
Accept: application/vnd.example.coolapp.apiIndex-v1+xml

Response:
HTTP/1.1 200 OK
Content-Type: application/vnd.example.coolapp.apiIndex-v1+xml
<apiIndex>
  <link>
    <description>Customers</description>
    <href>http://www.example.com/api/customers</href>
    <type>application/vnd.example.coolapp.customers-v1+xml</type>
  </link>
  <link>
    <description>Products</description>
    <href>http://www.example.com/api/products</href>
    <type>application/vnd.example.coolapp.products-v1+xml</type>
  </link>
  <link>
    <description>Carts</description>
    <href>http://www.example.com/api/carts</href>
    <type>application/vnd.example.coolapp.carts-v1+xml</type>
  </link>
  <link>
    <description>Orders</description>
```

```
    <href>http://www.example.com/api/orders</href>
    <type>application/vnd.example.coolapp.orders-v1+xml</type>
  </link>
  <link>
    <description>Sessions</description>
    <href>http://www.example.com/api/sessions</href>
    <type>application/vnd.example.coolapp.sessions-v1+xml</type>
  </link>
  <link>
    <description>API Help</description>
    <href>http://www.example.com/api/help</href>
    <type>text/html</type>
  </link>
</apiIndex>
```

程序 3-6　典型 OPTIONS 及其返回值

```
OPTIONS /api/products
Response:
HTTP/1.1 200 OK
ALLOW: HEAD,GET,OPTIONS
Content-Type:application/vnd.example.coolapp.options-v1+xml
Content-Length: 1032
<options>
  <methods>
    <method>
      <type>GET</type>
      <description>Retrieve a list of products</description>
      <parameters>
        <parameter>
          <name>Keyword</name>
          <type>string</type>
          <required>false</required>
        </parameter>
        <parameter>
          <name>MaxResults</name>
          <type>integer</type>
          <required>false</required>
        </parameter>
        <parameter>
          <name>StartIndex</name>
          <type>integer</type>
          <required>false</required>
        </parameter>
      </method>
  </methods>
  ...
</options>
```

程序 3-7　典型 GET 带关键词查询的示例

```
GET /api/products?Keyword=green%20widget

Response:
HTTP/1.1 200 OK
Content-Type:application/vnd.example.coolapp.product-v1+xml
Content-Length: 1032
```

```
<products>
    <resultInformation>
        <totalItems>3923</totalItems>
        <maxResults>15</maxResults>
        <maxBytes>10000</maxBytes>
        <startIndex>1</startIndex>
        <endIndex>15</endIndex>
    </resultInformation>
    <product>
        <id>12343</id>
        <description>389349 green widget with bells</description>
        <price currencyCode= "USD">3.56</price>
        <link>
            <description>Product 12343</description>
            <href>http://www.example.com/api/products/12343</href>
            <type>application/vnd.example.coolapp.product-v1+xml</type>
        </link>
    </product>
    <product>
        <id>2343</id>
        <description>2343 green widget copper clad</description>
        <price currencyCode="USD">4.93</price>
        <link>
            <description>Product 2343</description>
            <href>http://www.example.com/api/products/2343</href>
            <type>application/vnd.example.coolapp.product-v1+xml</type>
        </link>
    </product>
    ...
</products>
```

小　结

本章介绍了软件体系结构风格的基本概念，对软件体系结构的经典风格以及现代软件体系结构风格进行了相应的介绍。本章希望通过介绍软件体系结构风格使得读者对软件体系结构有直观的认识，能够好好理解本章中的实际案例，从而加深对相关风格的理解，便于进入下一章节的学习。

习　题

（1）请用 Java 语言实现一个典型的管道过滤器的示例代码，其中至少包括 3 个以上过滤器。并体验过滤器的动态替换对整体功能的影响。

（2）请自己实现如图 3-11 所示的黑板模式算法，并说明该算法与典型条件判断写法的区别。

（3）请使用 ActiveMQ，验证典型的消息中间件的使用和编程方法。

（4）请基于 JacOrb 实现典型的 Corba 桩代码和服务端代码。服务端的接口为 String helloword(String name)。

（5）请基于 Axis2 开发相关的 Web 服务，接口同第（4）题。

第4章
质量属性
Quality Attributes

第 3 章为读者介绍了软件体系结构风格，软件体系结构风格是通过多次实践之后得出的架构形态。本章将从微观角度来分析这些架构背后的驱动因素，即相关质量属性。

4.1　质量属性与功能属性

质量属性一般也称为非功能属性，与功能属性相对应。功能属性一般是指系统中需完成的相关能力、具备的功能。可以说，功能属性描述了系统的组成，是直接被开发人员所熟悉的。在软件开发过程中，传统的需求分析一般仅描述系统功能，例如用例图表现不同的功能场景，该功能场景构成了系统的主要能力。

非功能属性（质量属性）则可认为是附加在相关功能之上，实现和保障功能具备一定的质量要求。质量属性按照分类包括可用性、性能性、安全性、易用性、可修改性等。显然，脱离了功能属性描述质量属性将没有任何的意义，反之，一个功能属性没有质量保障，则很难被用户所接受或使用。例如，一个订票系统，如果经常不可用（可用性低），则难以完成人们的订票需求。

在系统工程和需求工程中，非功能需求（Non-Functional Requirement，NFR）确定了衡量的尺度，用于对系统运行的判断，而不是具体的系统行为。可以这样理解，非功能需求是指软件产品为满足用户业务需求（即功能需求）而必须具有且除功能需求以外的特性。比如设计一款手机，那么这个手机必须要满足的功能需求就包括打电话、发短信、手机上网等。但是，在设计的过程中，也同样不能忽略的是它是否易用（是否要仔细阅读说明书才可以使用）、它的性能（储存空间大小、电池寿命长短、待机时间长短）、它的外观（美观、时尚、大方，能否抓住消费者的心理）等，这些不能忽略的内容便构成了非功能需求。手机的特性类似软件的非功能需求，虽然与其功能不直接相关，但是都会左右消费者的选购。

传统的需求分析文档模板，一般也会涉及一部分非功能需求，例如需求文档一般要求需求分析人员给出相应的性能要求。需求文档模板中的用例图主要体现功能需求，而在需求文档模板中并无对非功能属性的描述定义。

4.2　质量属性定义及分类

质量属性特指软件系统在质量方面的要求。根据质量要求的种类，一般分为性能、可修改性、可用性、可伸缩性、可测试性等方面。如表 4-1 所示，给出了相关质量属性的简要说明。

表 4-1　　　　　　　　　　　　　　　质量属性列表

质量属性名	简 要 说 明
性能	软件系统及时提供相应服务的能力，一般体现为速度。平均响应时间度量，吞吐量是通过单位时间处理的交易数来度量；持续高速型是保持高速处理速度的能力
安全性	向合法用户提供服务；拒绝非授权用户使用；拒绝恶意攻击
易用性	软件系统容易使用的程度
可用性	系统无故障运行的能力
可伸缩性	当负荷增加时，软件维持原有服务水平的能力
互操作性	软件系统与其他系统交换数据或互相调用的难易程度
可靠性	软件系统在一定时间内无故障运行的能力
容错性	也称为健壮性、鲁棒性，指软件系统在用户进行了非法操作、相连的软硬件系统出现故障、其他非正常的情况发生时，仍能正常运行的能力
可修改性	软件系统在用户需求更改后，满足用户需求所需的变更程度
可测试性	软件系统对测试的支持程度

4.3　质量属性详解

下面就质量属性的可用性、可靠性、性能、安全性、可修改性和易同性进行详细的讲解。

1. 可用性

可用性是系统的平均可使用时间，一般采用可用时间的比例进行描述。该质量属性描述系统在一段时间内，可正常提供服务的时间比例。不同的行业、应用类型对可用性具有不同的等级要求。电信核心设备与一般的 Web 应用的可用性要求是有一定区别的。可用性对系统采用何种架构，采用什么硬件设备等具有较大的影响。因此，在开发系统时需明确系统自身的可用性要求，以便选择相关架构及硬件。例如，与可用性直接相关的架构，可能包括主备倒换的架构，而根据不同的可用性要求可以选择热备份、暖备份、冷备份等多种不同的架构细节。

可靠性和可用性是我们常见的 IT 系统衡量指标。可靠性是在给定的时间间隔和给定条件下，系统能正确执行其功能的概率。可用性(A)是指系统在执行任务的任意时刻能正常工作的概率。可用性可由以下公式进行说明：$A= MTTF/(MTTF+MTTR)\times100\%$，$MTTF+MTTR=MTBF$（Mean Time Between Failure）。

2. 可靠性

可靠性的量化指标是周期内系统平均无故障运行时间，可用性的量化指标是周期内系统无故障运行的总时间。一般提高可靠性的同时，也同时提高了可用性。提高可靠性需要强调减少系统中断（故障）的次数，提高可用性需要强调减少从灾难中恢复的时间。A 系统每年因故障中断 10 次，每次恢复平均要 20 分钟，B 系统每年因故障中断 2 次，每次需 5 小时恢复。则 A 系统可用性比 B 系统高，但可靠性比 B 系统差。要提高可靠性，可使用变更管理，UPS、RAID、Cluster、链路冗余等管理和技术手段减少系统宕机的可能性。要提高可用性，除提高可靠性外，还可以使用合理备份、业务连续性计划等方式来减少从灾难中恢复的时间。

3. 性能

简单地说，是系统对请求的响应时间。但是这个定义是不严谨的。性能需要系统处于正常的工作状态（环境、负载等）下进行衡量。准确的说法，需明确系统在多大的负载条件下，并是各个外部系统处于正常工作的状态，系统对某个具体请求类型的响应时间。例如非节假日期间，12306网站的访问性能可以控制在2~3秒内，然而在春节或者国庆等节假日前夕，12306网站几乎难以得以正常的响应。因此，单独描述12306网站的性能，需要增加一个访问量的限制。同时，在高峰期访问12306也需要分访问请求，对于车次查询等相对静态的数据查询，12306仍可以较快速度进行响应，然而对订票等复杂、动态的请求，12306响应很慢。为此，一般在描述性能时还需区分不同的请求类型。

4. 安全性

安全性是系统对正常、异常请求的防护能力。系统安全性是一个宏观概念，一般也需针对不同类型进行区分。例如，系统接入安全性、鉴权安全性、数据安全性、共享安全性等。针对不同的安全类型，需采用不同的安全机制进行防护。以接入安全性为例，一个Web系统一般需要在自身系统以外架构防火墙，对来自外部的请求进行筛选，这种外部防火墙正是考虑了接入安全性。鉴权安全性，以Web系统登录界面为例，在登录界面中利用用户、密码、安全码作为鉴权安全性的保障。鉴权安全码，根据不同的等级可以以多种形态存在，如模糊数字或字母组合、短信验证码、离线随机动态码等。数据安全性，例如对用户密码、银行卡号等采用MD5的密文存储。

5. 可修改性

可修改性是系统应对需求变更请求，所需的修改代价。系统需求、设计、实现及部署、维护阶段均可能由于各方面因素导致系统需要进行各种修改。一个设计良好的系统，一般在架构设计之初就考虑到未来变更点。衡量一个系统应对系统修改请求的修改代价称为修改性。为此，修改性与性能类似，需要说明可修改的范围，而后才能说明修改的难易程度。同时，修改性还与修改所处的时间段相关，在整个软件生命周期中修改的时间越早代价越低。例如在需求分析阶段，需求进行更改仅需修改需求文档即可，可根据新需求要求考虑整体设计；在设计阶段进行修改请求，则需修改设计的架构，重新明确架构的组成等；若在实现阶段修改，则代价较大，由于在设计时未考虑相关需求，修改可能涉及某些模块甚至子系统乃至系统的重写。

6. 易用性

易用性是衡量用户使用软件系统等的方便程度。易用性一般被设计人员所忽略，由于设计人员在设计程序时主要考虑如何把功能实现，对于如何设计人与机器的交互方式方面存在着缺陷。

4.4　各类质量属性分析举例

4.4.1　易用性举例

易用性是可用性的一个重要方面，指的是产品对用户来说意味着易于学习和使用、减轻记忆负担、使用的满意程度等。易用性包括易理解性、易学习性、易操作性、易吸引性等。产品易用性好，很有可能是因为产品功能少、界面简单，也可能是用户认知成本低等因素。

典型的易用性例子可以来源于人机交互案例。一个门把的设计就体现了易用性因素，如图4-1所示。

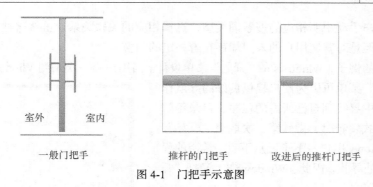

室外　室内

一般门把手　　　　　　　推杆的门把手　　　改进后的推杆门把手

图 4-1　门把手示意图

图 4-1 所示的左图为普通的门把手，很难直接给人们以推或者拉的提示。当门确实需要明确推拉方向时，很多门上会贴"推"或"拉"的标志。但是，人们基本上不会根据这个指示牌操作。反之，图 4-1 所示的中图的这个门把手给人以需要推的感觉。然而，这个门把手如果是贯穿整个门的，那么人们需要判断是推门的左侧还是右侧。为此，图 4-1 所示的右图给出了一个改进的方案，用户将直接判断推哪边，而不用有任何的提示信息。一个好的软件与门把手的设计是类似的，不需要用相应的提示信息，就可以让用户了解该软件的使用方法。用户在使用易用性差的门把手时，会出现很多误操作。例如，竖着的门把手，尽管已经明显地标示了是应该"推"还是应该"拉"，但是还是会有很多人忽略标示，按照自己的意愿拉门或者推门。设计师经过改进，将门把手横过来，用户在看到横着的门把手时，会自然而然的选择推门，但是，当门把手的长度与门的长度相近时，虽然美观，可用户会出现不知道该推门的哪一侧的困惑，设计师再次改进，将门把手长度缩短，放在远离门轴的一侧，终于设计出了易用性比较好的门把手。

在产品功能大致相似的情况下，产品的易用性成了衡量产品用户体验的重要标准之一。软件产品的易用性主要体现在用户界面（UI）和操作上。简洁、直观、漂亮、舒适的用户界面，可以让用户迅速地找到自己需要的功能并完成操作。较少的操作步骤、良好的用户引导和错误提示，也会提高产品易用性。例如，微信与手机 QQ 同为移动端的聊天工具，微信的聊天体验要远远好于手机 QQ，用微信聊天，打开微信就会显示最近聊天的列表，而且列表中每个联系人仅显示头像、用户昵称和最近说过的那句话，简洁清晰，用户可以快速找到好友并发送消息，不用在意他是否在线（因为根本就没有显示在线或离线的标志），这一点非常关键，用户没有心理压力。相比而言，虽然手机 QQ 在界面上已经很像微信，但在使用时用户会下意识地考虑对方是否在线，并且手机 QQ 的功能对于聊天工具而言过于冗余，不仅导致其界面布局复杂，更让用户觉得使用手机 QQ 耗费流量太多，因此现在更多的人选择更"轻"的微信，而不是手机 QQ。

不过，易用性也是因人而异的，用户的认知能力、知识背景、使用经验等都是不同的。比如苹果系统只有桌面，而安卓系统则既有桌面又有显示全部程序的页面。用的人觉得苹果系统把 APP 图标全部放在桌面，又可以分文件夹，在使用 APP 时很方便；但也会有人觉得把所有东西都放在桌面太乱，找起来也不方便，只把常用的放到桌面就可以了（跟使用电脑的习惯保持一致）。所以在考虑易用性的时候，既成的用户习惯也非常关键。

一些软件易用性例子，如谷歌搜索引擎。从谷歌搜索引擎诞生的那天起，谷歌搜索引擎的界面几乎没有进行太多的修改。用户只需将需要查询的词语或者句子放入搜索栏中（因为只有一个搜索栏也不存在用户输错地方的问题），单击"搜索"按钮即可搜索到需要的结果。虽然谷歌的后台技术已经进行了多次的更新，搜索结果比以往更为多样性及丰富，然而用户只需沿用老的搜索界面即可获得新的搜索呈现或者分类的结果。相反，同样是搜索工具，一些引文搜索工具没有那么智能，需要用户手动说明相应的搜索词类型，选择相应的关联关系。虽然这种方式对于高级用户有一定好处，但是对普通用户的入门却存在着一定的门槛。

另一个典型的例子，Windows 的"开始"菜单设计。当用户第一次来到 Windows 界面的时候，左下角的"开始"菜单可以为用户提供良好的导航作用，用户可以从中寻找到自己所需的程序、目录等。当 Windows 8 正式发布时，微软第一次取消"开始"菜单，使得 Windows 用户一下子无从下手，常用的程序、文件目录无处寻找。因此，Windows 8.1 又把"开始"菜单找回来了。

相信微软最初去除"开始"菜单的决定是通过深思熟虑的，并在 Windows 8 中增强了"开始"菜单，然而却没有达到预期的目标。

Windows 7 及以前版本的 Windows "开始"菜单如图 4-2 所示。用户通过单击桌面左下角的"开始"菜单可以访问到图中的界面。"开始"菜单提供如下功能：帮助用户查找最近程序列表、提供所有程序列表、提供搜索功能、提供计算机默认目录的访问、提供计算机管理入口等。用户可通过该界面快速访问所需的各个程序、目录等。

图 4-2　Windows 7 及以前版本的"开始"菜单

图 4-3 所示为 Windows 8 的"开始"界面，也就是 metro 页面，该界面也提供了所有程序列表。

图 4-3　Windows 8 的"开始"界面

程序列表被换成了块状的图标，目的用于减少误操作的可能性。用户可以管理块图标的大小，可以个性化地将程序分组，可以添加/删除程序图标。如果看不惯块状图标，Windows 8 还可以切换到程序列表的显示方式，且列表的排序也可以自己选择。还有，一些新闻类的应用可以在块状显示区域直接显示内容，让用户看到更新。控制面板、计算机等入口也可以自由添加到 Metro 页。用户设置、搜索功能和开关机也不必说，已经放在很显眼的位置上了，并且搜索展示界面变得更加友好。光从设计与复杂度角度来说，Windows 8 在程序列表上是完胜 Windows 7 的，Windows 8 的程序列表界面如图 4-4 所示。

另外，Windows 8 的 Metro 页面是独立于桌面的，一些平板的 APP，可直接在 Metro 页运行和关闭，无需切换到桌面。Windows 8 做这样的改动也是为了顺应 PC 机的发展趋势，当 PC 机的屏幕可以作为触屏时，Windows 8 的 Metro UI 将更能显现出它的意义和优势。综上所述，Windows 8 其实上是强化了"开始"菜单的。

图 4-4　Windows 8 的程序列表界面

但是，Windows 8 做了这么多优化，为什么还是会被吐槽不方便呢，最大的原因就是它隐藏掉了"开始"按钮，将切换到 Metro 页面的方式变为单击屏幕左、右下角，或者按 Windows 键。这种操作不够直观，而且颠覆了长达二十年的用户习惯，被吐槽是难免的，所以 Windows 8.1 也立刻回归了"开始"按钮。

在用户还没有形成使用 Metro 页的用户习惯时，想要打开没有快捷方式的程序是件很麻烦的事情。有"开始"菜单时，我们可以在"所有程序"中快速地找到目标程序，可是没了"开始"菜单，也不习惯用 Metro 页时，我们往往会去找程序的安装路径，然后才能打开，有时候还会忘记安装路径。这也显现出了另一个问题，就是桌面快捷方式和 Metro 页的 APP 列表其实是有竞争冲突的，用户习惯使用一个后就会放弃使用另一个。

4.4.2　可修改性举例

有个初级程序员需要开发一个用户级别管理系统，当时的需求是需要完成 3 个级别的开发，这 3 个级别分别为校长、院长、中心主任。该程序员不加思索便开始编码，很快第一个版本的程序完成了。

当第一个版本完成之后，新的需求要求支持 5 个级别。该程序员傻眼了，因为他最开始设计数据结构的时候并未考虑大于 3 的级别设计，且相关的数据库表也固定了，他只能对程序进行修改。很快，第二次需求变更要求每个级别支持多个不同的别名，比如院长与学校里面的各个处室同处于处级，当前级别系统相当于要求具备行政级别及具体机构两方面内容。该程序员只能对系统再进行大规模修改，近乎重新编码。第三次需求变更则要求每个用户可分属于不同的级别或机构，且每个机构内部还存在职务。比如，某一个处长，可能也归属于某个教研中心，他在该教研中心里是成员的身份。第三次需求又使得该程序员进行大量的修改。显然，若该程序员事先预期可能的需求变更，并在设计之初从架构上进行预留，则之后的更改代价将比较低。

以下是这三次的迭代代码（注意此代码并非好的代码，请读者在未来学习中避免此类代码）。

原始需求是 3 个职务，即校长、院长、中心主任，分别用 JobOneClass、JobTwoClass、JobThreeClass 描述，具体属性只是简单用 id 和 name 表示一下。DbClass 用于封装和数据库相关的操作，只列出建表的方法，传入参数是两个表项的名称。这里一个职务建一张表，如图 4-5 所示。

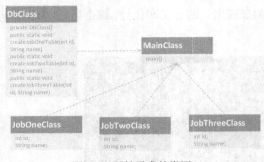

图 4-5　原始需求的类图

第一次需求变化为增加至 5 个职务，该次变化只是数量上的变化。因此，原来的设计可能会增加两个类，即 JobFourClass 和 JobFiveClass。相应的，需要增加两个新表的相关操作，如图 4-6 所示。

第二次需求变化为支持行政级别和具体机构，即要划分级别和增加归属。因此，原来的每个职务类都需要增加两个属性，即 level 和 organ。这样和数据库相关的方法也要增加对这两个属性的操作，如图 4-7 所示。

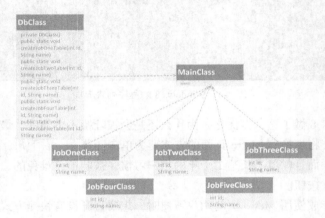

图 4-6　第一次需求变化后的类图

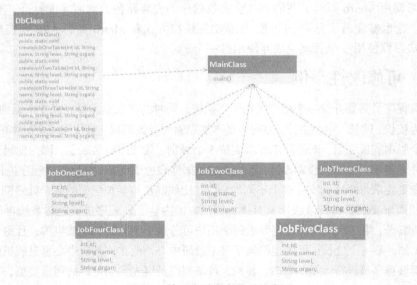

图 4-7　第二次需求变化后的类图

第三次需求变化为支持一个人的多重身份。由于原来的设计是按"身份"分类管理的，让一个"人"同时具备两个职务类的属性比较困难和复杂。因此要大改，将与职务相关的属性封装成一个类 OrganClass，且这个类是"人" PersonClass 的某项属性，如图 4-8 所示。

上述几个过程展示了应对需求变化后的类的变化，这几个类图都不是最佳的效果，包括第三次需求变化后的类图。如果此时要求每个同名的职位可能具备不同级别时，则第三次变化后的类图还需进行修改。产生上述修改性问题的原因在于开发人员未在架构上对可能发生变化的部分进行预留。作为开发人员，在分解模块时应采取预防措施来使将来修改造成的影响尽可能地局限在一个或少数几个类的内部。

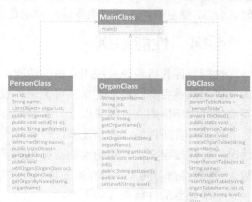

开发人员应该当遵循信息屏蔽原则，在设计时将可能发生变化的因素放在一起，即划分模块时将它们划为一个模块，隐含某个模块的内部。这样，将来这些因素发生变化时，只需要改这个被隐含的模块就够了，其他模块可不受影响。就本例来说，"人"是主体模块，其内可能包括"姓名"、"年龄"、"性别"等一般不变的信息项，也包括了"职务"这类可能变化或扩展的信息项。为此，预先将"职务"

图 4-8　第三次需求变化后的类图

划为一个模块，使之隐含在主体模块中，即变成"人"的属性之一。这样，当后续需要变更与"职务"相关的需求时，就只需更改这一个模块。此外，具体实现时，可采用接口设计，使用父类引用子类对象。这样，当 OrganClass 发生变化时，就只需要改子类 OrganClass，原调用处不必修改。

4.4.3　可用性举例

可用性在不同应用环境下具有显著差别。一个典型的例子，电信设备的可用性一般要求99.9999%，相当于要求一年之内仅有几个小时甚至更少的时间不可用。一般的网页应用则没有像电信级设备这么高的要求。实现不同级别可用性所需的代价也不一样，电信设备一般需要双机热备，而公告式的网页应用则甚至没有备份的设计，由此可见一个系统的可用性将直接影响该系统的设计原则。如表 4-2 所示，展示了可用性与每年失效时间的对应关系。

表 4-2　　　　可用性与每年失效时间对比表（时间跨度：年）

Availability	LostTime (houres)	LostTime (minutes)	LostTime (seconds)
60.00%	3504		
65.00%	3066		
70.00%	2628		
75.00%	2190		
85.00%	1314		
90.00%	876		
95.00%	438		
96.00%	350.4		
97.00%	262.8		
98.00%	175.2		
99.00%	87.6		
99.50%	43.8		
99.90%	8.76	525.6	
99.99%	0.876	52.6	3153.6
99.999%	0.0876	5.3	315.36
99.9999%	0.00876	0.5	31.536
99.99999%	0.000876	0.1	3.1536

根据上述表格容易发现若系统的可用性要求为 99.9999% 时，每年的宕机时间仅为 0.00876 小时，合 31 秒左右，这对整个系统的要求是非常苛刻的。

4.4.4　性能举例

性能是计算机系统及应用永恒的话题。我们常见的系统对性能也有不同的要求，例如针对航天飞机上调整姿势的性能要求，可能毫秒级别的响应都是不够的。而针对订票系统而言，用户对系统的性能期待则在秒级或以上。本书列出了日常常见系统的性能要求：

性能是有条件的，在描述系统性能时经常用到性能指标。性能指标需要根据每个系统不同的情况进行详细定义。常见的性能指标包括平均响应时间度量、吞吐量（通过单位时间处理的交易数）、性能维持时间（保持高速处理速度的能力）等。

一个硬盘的性能指标如下所示。

（1）主轴转速。硬盘的主轴转速是决定硬盘内部数据传输率的决定因素之一，它在很大程度上决定了硬盘的速度，同时也是区别硬盘档次的重要标志。从目前的情况来看，7 200r/min 的硬盘具有性价比高的优势，是国内市场上的主流产品，而 SCSI 硬盘的主轴转速已经达到 10 000r/min 甚至 15 000r/min 了，但由于价格原因让普通用户难以接受。

（2）寻道时间。该指标是指硬盘磁头移动到数据所在磁道所用的时间，单位为毫秒(ms)。平均寻道时间则为磁头移动到正中间的磁道需要的时间，注意它与平均访问时间的差别。硬盘的平均寻道时间越小性能则越高，现在一般选用平均寻道时间在 10ms 以下的硬盘。

（3）硬盘表面温度。该指标表示硬盘工作时产生的温度使硬盘密封壳温度上升的情况。这项指标厂家并不提供，一般只能在各种媒体的测试数据中看到。硬盘工作时产生的温度过高将影响薄膜式磁头的数据读取灵敏度，因此硬盘工作表面温度较低的硬盘有更稳定的数据读、写性能。

（4）道至道时间。该指标表示磁头从一个磁道转移至另一磁道的时间，单位为毫秒（ms）。

（5）全程访问时间。该指标指磁头开始移动直到最后找到所需要的数据块所用的全部时间，单位为毫秒(ms)。而平均访问时间指磁头找到指定数据的平均时间，单位为毫秒，通常是平均寻道时间和平均潜伏时间之和。现在不少硬盘广告之中所说的平均访问时间大部分都是用平均寻道时间所代替的。

（6）最大内部数据传输率。该指标名称也叫持续数据传输率(Sustained Transfer Rate)，单位为 Mb/s。它是指磁头至硬盘缓存间的最大数据传输率，一般取决于硬盘的盘片转速和盘片线密度(指同一磁道上的数据容量)。注意，在这项指标中常常使用 Mb/s 或 Mbps 为单位，这是兆位/秒的意思，如果需要转换成 MB/s(兆字节/秒)，就必须将 Mbps 数据除以 8(一字节 8 位数)。

例如，某硬盘给出的最大内部数据传输率为 683Mbps，如果按 MB/s 计算就约有 85.37MB/s 一个 Web 服务器的性能指标如下所述。

（1）事务（Transaction）。在 Web 性能测试中，一个事务表示一个"从用户发送请求→Web Server 接受到请求，进行处理→Web Server 向 DB 获取数据->生成用户的 object(页面)，返回给用户"的过程，一般的响应时间都是针对事务而言的。

（2）请求响应时间。请求响应时间指的是从客户端发起的一个请求开始，到客户端接收到从服务器端返回的响应结束，这个过程所耗费的时间。在某些工具中，响应通常会称为"TTLB"，即"Time To Last Byte"，意思是从发起一个请求开始，到客户端接收到最后一个字节的响应所耗费的时间，响应时间的单位一般为"秒"或者"毫秒"。问一个公式可以表示：响应时间 = 网络响应时间+应用程序响应时间。标准可参考国外的 3/5/10 原则。

① 在 3 秒钟之内，页面给予用户响应并有所显示，可认为是"很不错的"。

② 在 3～5 秒钟内，页面给予用户响应并有所显示，可认为是"好的"。

③ 在 5～10 秒钟内，页面给予用户响应并有所显示，可认为是"勉强接受的"。

④ 超过 10 秒就让人有点不耐烦了，用户很可能不会继续等待下去。

（3）事务响应时间。事务可能由一系列请求组成，事务的响应时间主要是针对用户而言，属于宏观上的概念，是为了向用户说明业务响应时间而提出的。例如，跨行取款事务的响应时间就是由一系列的请求组成的。事务响应时间是直接衡量系统性能的参数。

（4）并发用户数。并发一般分为两种情况，一种是严格意义上的并发，即所有的用户在同一时刻做同一件事情或者操作，这种操作一般指做同一类型的业务。比如在信用卡审批业务中，一定数目的用户在同一时刻对已经完成的审批业务进行提交；还有一种特例，即所有用户进行完全一样的操作，例如在信用卡审批业务中，所有的用户可以一起申请业务或者修改同一条记录。另外一种并发是广义范围的并发。这种并发与前一种并发的区别是，尽管多个用户对系统发出了请求或者进行了操作，但是这些请求或者操作可以是相同的，也可以是不同的。对整个系统而言，仍然有很多用户同时对系统进行操作，因此也属于并发的范畴。

可以看出，后一种并发是包含前一种并发的。而且后一种并发更接近用户的实际使用情况，因此对于大多数的系统，只有数量很少的用户进行"严格意义上的并发"。对于 Web 性能测试而言，这两种并发情况一般都需要进行测试，通常做法是先进行严格意义上的并发测试。严格意义上的用户并发一般发生在使用比较频繁的模块中，尽管发生的概率不是很大，但是一旦发生性能问题，后果很可能是致命的。严格意义上的并发测试往往和功能测试关联起来，因为并发功能遇到异常通常都是程序问题，这种测试也是健壮性和稳定性测试的一部分。

关于用户并发的数量，有两种常见的错误观点。一种错误观点是把并发用户数量理解为使用系统的全部用户的数量，理由是这些用户可能同时使用系统；还有一种比较接近正确的观点是把在线用户数量理解为并发用户数量，实际上在线用户也不一定会和其他用户发生并发，例如正在浏览网页的用户对服务器没有任何影响，但是，在线用户数量是计算并发用户数量的主要依据之一。

（5）吞吐量。指的是在一次性能测试过程中网络上传输的数据量的总和。吞吐量/传输时间就是吞吐率。

（6）TPS（Transaction Per Second）。每秒钟系统能够处理的交易或者事务的数量。它是衡量系统处理能力的重要指标。

（7）点击率。每秒钟用户向 Web 服务器提交的 HTTP 请求数。这个指标是 Web 应用特有的一个指标。Web 应用是"请求—响应"模式，用户发出一次申请，服务器就要处理一次，所以点击是 Web 应用能够处理的交易的最小单位。如果把每次点击定义为一个交易，点击率和 TPS 就是一个概念。容易看出，点击率越大，对服务器的压力越大。点击率只是一个性能参考指标，重要的是分析点击时产生的影响。需要注意的是，这里的点击并非指鼠标的一次单击操作，因为在一次单击操作中，客户端可能向服务器发出多个 HTTP 请求。

（8）资源利用率。指的是对不同的系统资源的使用程度，例如服务器的 CPU 利用率、磁盘利用率等。资源利用率是分析系统性能指标进而改善性能的主要依据，因此是 Web 性能测试工作的重点。

资源利用率主要针对 Web 服务器、操作系统、数据库服务器、网络等，是测试和分析瓶颈的主要参考。在 Web 性能测试中，根据需要采集相应的参数进行分析，如表 4-3～表 4-7 所示。

表 4-3　　　　　　通用指标（指 Web 应用服务器、数据库服务器必需测试项)

指　标	说　明
ProcessorTime	服务器 CPU 占用率，一般平均达到 70%时服务就接近饱和
Memory Available Mbyte	可用内存数，如果测试时发现内存有变化情况也要注意，如果是内存泄露则比较严重
Physics disk Time	物理磁盘读写时间情况

表 4-4　　　　　　　　　Web 服务器指标

指　标	说　明
Requests Per Second（Avg Rps）	平均每秒钟响应次数＝总请求时间/秒数
Avg time to last byte per terstion（mstes）	平均每秒业务脚本的迭代次数
Successful Rounds	成功的请求
Failed Requests	失败的请求
Successful Hits	成功的点击次数
Failed Hits	失败的点击次数
Hits Per Second	每秒点击次数
Successful Hits Per Second	每秒成功的点击次数
Failed Hits Per Second	每秒失败的点击次数
Attempted Connections	尝试链接数

表 4-5　　　　　　　　数据库服务器性能指标

指　标	说　明
User 0 Connections	用户连接数，也就是数据库的连接数量
Number of deadlocks	数据库死锁
Butter Cache hit	数据库 Cache 的命中情况

表 4-6　　　　　　　　　系统的瓶颈定义

性　能　项	命　令	指　标
CPU 限制	Vmstat	当%user+%sys 超过 80%时
磁盘 I/O 限制	Vmstat	当%iowait 超过 40%(AIX4.3.3 或更高版本)时
应用磁盘限制	Iostat	当%tm_act 超过 70%时
虚存空间少	Lsps，-a	当分页空间的活动率超过 70%时
换页限制	Iostat, stat	虚存逻辑卷%tm_act 超过 I/O(iostat)的 30%，激活的虚存率超过 CPU 数量(vmstat)的 10 倍时
系统失效	Vmstat, sar	页交换增大、CPU 等待并运行队列

表 4-7　　　　　　　　　稳定系统的资源状态

性　能　项	资　源	评　价
CPU 占用率	70%	好
	85%	坏
	90%+	很差

续表

性　能　项	资　　源	评　　价
盘 I/O	<30%	好
	<40%	坏
	<50%+	很差
网络	<30%带宽	好
运行队列	<2×CPU 数量	好
内存	没有页交换	好
	每个 CPU 每秒 10 个页交换	坏
	更多的页交换	很差

4.4.5　安全性举例

软件的安全性直接影响着软件是否可以被用户信任。特别是一些会涉及关键用户数据的软件，其安全性直接影响着用户的选择。下面用几个例子说明常见的软件安全性。

某软件采用明文存储用户密码，当用户数据库被无意地公布，则用户的用户名、密码等都将被公开。近几年出现大量的数据泄露表明了很多软件在存储用户密码时仍采用明文的方式。当然，并非简单地将用户密码以 MD5 值进行存储就可保证安全性，对于常用的密码，窃取者还可使用暴力破解方法进行 MD5 值的比对。

由于对用户密码的攻击十分普遍，为保障用户安全，经常使用两部验证的方法。以苹果的两步验证为例，如表 4-8（以下来自苹果官方说明）所示。

表 4-8　　　　　　　　　　　　　　Apple 两步安全验证

如何设置两步式验证？

1. 前往"我的 Apple ID"。
2. 选择"管理您的 Apple ID"，然后登录。
3. 选择"密码和账户安全"。
4. 在"两步式验证"下，选择"开始设置"，并按照屏幕上的说明操作。

它如何工作？

设置两步式验证时，您会注册一部或多部受信设备。受信设备由您控制，可以通过短信或"查找我的 iPhone"接收 4 位验证码。您至少需要提供一个支持短信功能的电话号码。

此后，每次在"我的 Apple ID"上登录以管理您的 Apple ID、登录到 iCloud、或通过新设备在 iTunes、iBooks 或 App Store 中购物时，都需要输入密码和 4 位验证码来验证您的身份，如下图所示。

You enter your Apple ID and password as usual.

We send a verification code to one of your devices.

You enter the code to verify your identity and complete sign in.

登录后，您便可以安全地访问账户或照常购物。若没有密码和验证码，您将无法访问账户。您还将收到包含 14 个字符的恢复密钥，请将其打印出来并妥善保存。如果您无法访问受信设备或忘记了密码，可使用恢复密钥来重新获取账户访问权限。

　　另一种安全性还体现在软件内部级别的控制。一个软件可能面向不同级别的用户并提供不同等级的服务。例如，一个系统中包括普通用户、超级用户等多个权限用户。用户操作仅限于具有该级别的安全性是需要开发人员进行保障的。

　　另外，软件的安全性与软件架构有一定关系。例如，有些软件将逻辑层、表示层、数据层代码都集中在一个模块之中，同学在学习 JSP 开发的时候会经常犯一个错误，即把 JSP 的表现层、逻辑层与数据操作相结合在一起，如程序 4-1 所示的例子，直接在逻辑层中调用 SQL 语句进行数据库操作。这样带来的安全隐患非常大，例如某高校的图书馆借阅系统采用了上述架构，结果由于 tomcat 的一些错误导致了 JSP 代码被下载，从而外部用户直接了解了数据库地址、用户名、密码，造成了极大的安全问题。可见，在软件架构中采用责任分离的方法，可有效地防止一些安全问题的出现。

程序 4-1　JSP 中嵌入相关代码的写法（不好的写法）

```
<%@ page language="java" import="java.util.*,java.sql.* " pageEncoding="utf-8"%>
<%@ page contentType="text/html;charset=utf-8"%>
<%
request.setCharacterEncoding("UTF-8");
response.setCharacterEncoding("UTF-8");
response.setContentType("text/html; charset=utf-8");
%>
<html>
<body>
<%
Connection con=null;
String url="jdbc:mysql://localhost/html_db?user=root&password=123456";
//html_db 为数据库名
Class.forName("org.gjt.mm.mysql.Driver").newInstance();//新建实例
Connection conn= DriverManager.getConnection(url);//建立连接
Statement
stmt=conn.createStatement(ResultSet.TYPE_SCROLL_SENSITIVE,ResultSet.CONCUR_UPDATABLE);
String sql="select * from person_tb";
ResultSet rs=stmt.executeQuery(sql);
while(rs.next()) {%>
ID：<%=rs.getString("id")%> </br>
姓名：<%=rs.getString("name")%></br>
性别：<%=rs.getString("sex")%></br>
年龄：<%=rs.getString("age")%></br></br>
<%}%>
<%out.print("恭喜你!数据库操作成功！");%>
<%
rs.close();
stmt.close();
conn.close();
%>
</br>
<input name="" type="button" onclick="location.href = 'index_test.jsp'" value="返回" />
</body>
</html>
```

4.4.6　可测试性举例

软件的可测试性是指软件发现故障并隔离、定位其故障的能力特性，以及在一定的时间和成本前提下进行测试设计、测试执行的能力。软件可测试性体现为一个计算机程序能够被测试的难易程度下面为常见的软件可测试性检查表。

（1）可操作性。一个软件与外界进行沟通是通过外界对其的操作，若其对外提供的操作显而易见则对其的测试也更加容易。

（2）可观察性。软件需对外提供相关的结果，这些结果需要能够被用户观察到，否则的话用户无法了解相关操作的结果。

① 每个输入有唯一的输出。

② 系统状态和变量可见，或在运行中可查询。

③ 过去的系统状态和变量可见，或在运行中可查询(如事务日志)。

④ 所有影响输出的因素都可见。

⑤ 容易识别错误输出。

⑥ 通过自测机制自动侦测内部错误。

⑦ 自动报告内部错误。

⑧ 可获取源代码。

（3）可控制性。可控制性体现为软件提供相应的控制方法，可以对软件的行为结果进行预期。

（4）可分解性。可将软件的复杂功能分解为一个一个简单的功能，这些简单功能可被用户进行了解。

（5）简单性。需要测试的内容越少，测试的速度越快。

（6）易理解性。可被用户得到的信息越多，进行的测试越灵巧。

可测性经常被人们所忽略，很多程序员在设计系统的时候，经常只重视功能的实现，却忽略了相关可测性的设计。例如，一个复杂的处理流程，需要能够为调试人员、运维人员提供良好的状态跟踪，否则当流程出错时，维护人员很难判断其中哪一步出现了问题。以典型的旅游规划流程为例，其流程包括了多个步骤（如宾馆预订、飞机火车票预订、门票预订等），每个步骤执行的时候，均需提供相关的状态感知。这种状态感知能力可以是简单的日志，也可以是可供调试的状态值。当旅行规划出错时，维护人员或者用户就可以快速了解当前出错的原因，从而找到解决的办法。

小　　结

本章介绍了软件体系结构的重要概念——质量属性。质量属性是隐藏在各种软件体系结构风格中的重要因素，它决定了某个软件体系结构风格或者战术的关注点。本章在描述质量属性时用了多个例子，希望读者从这些例子中理解相应的质量属性。

习　　题

（1）请说明软件系统中的质量属性一般包含哪几种？并分别说明每种的定义及关注点。

（2）请说明可用性与可靠性的区别？并举例说明。

（3）请根据自身经验和理解，举 1～2 个性能优化的例子。

（4）请针对可修改性，举 2～3 个例子。

第5章
质量属性场景及性能战术
Quality Attribute Scenarios and Performance Tactics

质量属性是影响体系结构设计的重要因素。为此，在设计一个系统之初，识别相关的质量属性是首要的任务。传统上，质量属性的识别一般靠开发人员的个人经验，以及对需求的理解。这种方式对设计人员的要求较高，且很容易漏掉一些质量属性。本章将为读者介绍一种基于质量属性场景的质量属性识别方法。

5.1 质量属性场景

5.1.1 质量属性场景的定义

质量属性场景（Quality Attribute Scenarios），顾名思义采用场景的方法将质量属性涉及、关注的内容进行分析和挖掘。典型的质量属性场景包括刺激源（Source）、刺激（Stimulus）、环境（Environment）、制品（Artifact）、响应（Response）、响应度量（Response Measure），如图 5-1 所示。

图 5-1　质量属性场景示意图

（1）制品。制品是中间的方框，可以是一个系统、一个进程、一个通信过程，简单地说，就是当前需要获取质量属性的软件或者硬件实体，也就是当前设计师或分析师需要设计或分析的对象。例如，制品可以是整个系统，也可以是系统中的某个模块。

（2）刺激源。一般指外部的输入，此处的外部是与制品相对应的。例如，当前制品是系统中的某个模块，则外部输入可能来自于系统的另外一个模块，也可以来自于系统外的模块或用户。

（3）刺激。一般特指影响制品的事件，该事件类型包括调用、消息、请求等类型。

（4）环境。指的是制品在收到刺激时整个制品所在系统的状态。比如，一个订票系统是处于访问量很小的工作状态，还是处于满负荷的工作状态。不同的"环境"对制品应对刺激有不同的反应，因此环境对于质量属性场景具有重要的意义。

（5）响应。顾名思义指的是制品接收到刺激之后所做的输出。此处的输出与程序的返回值还有一定的区别，含义上更为丰富。例如，程序的输出一般是相关的返回值，而此处的相应不仅包括返回值，还包括执行时间、执行的准确率等附加信息。

（6）响应度量。对响应进行度量。度量的方法是多样的，包括统计响应的时间、响应的准确性、响应所带来的影响等。例如，在性能的质量属性场景中，响应的度量将主要考虑制品的响应时间。

以上几个主要元素构成了质量属性场景。质量属性场景是一个通用方法，可在不同类型质量属性的识别中使用。

5.1.2 一般场景与具体场景

为了完整刻画相关的质量属性类型，质量属性场景还分为一般场景和具体场景。

一般场景是独立于系统，可能适合于任何系统的场景。简单地说，质量属性的一般场景是针对某个类型的质量属性的完整质量属性场景，它刻画了在这类型质量属性进行质量属性场景描述时可能使用的相关刺激源、制品、响应度量等的全集。通过对该质量属性一般场景的一次分析，可以得出某个具体质量属性场景的关系。

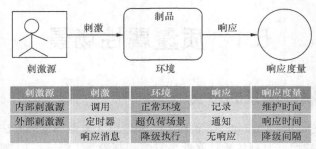

刺激源	刺激	环境	响应	响应度量
内部刺激源	调用	正常环境	记录	维护时间
外部刺激源	定时器	超负荷场景	通知	响应时间
	响应消息	降级执行	无响应	降级间隔

图 5-2　可用性的一般性场景举例

针对可用性的一般性场景，如图 5-2 所示。该图中刻画了可用性质量属性各种场景的可能性。例如，刺激源可以来自内部也可以来自外部，刺激可以是相关的调用事件，或者是计时器通知；而环境则说明系统当前的状态，该状态可以是正常运行状态，也可以是系统处于降级运行状态或者超负荷负载状态；响应，包括制品对外部的反馈，该反馈可以是正常的通知、记录，也可以是系统的不可用时的无响应；而具体的响应度量，则包括了响应的维修时间、响应时间等。

通过对该一般场景的分析，可以了解整个质量属性的各种可能条件，从而全面地对质量属性进行了解。

5.2　质量属性战术（Tactics）

质量属性战术是能够影响一个质量属性响应控制的设计决策，此处的战术一般也指多年来设计师一直在使用的方法，如图 5-3 所示。

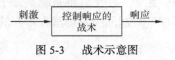

图 5-3　战术示意图

通过分析上述质量属性场景的定义，制品的设计方案可影响质量属性响应的度量。为此，所谓的质量属性战术，正是为控制响应而提出的。通过调整战术方案，使得在同样刺激条件下，得到更好的响应度量。很明显，相关战术将与具体质量属性场景息息相关。为此，每个战术都需根据具体的质量属性场景进行个别分析。在后续章节中将分别对各个不同的质量属性类别以及具体质量属性场景进行分析。

质量属性战术也体现着某种特定设计选项，所以当了解了具体的质量属性战术，该战术将对具体体系结构产生一定的影响。从某种意义上，战术可以被认为是设计的基本"模块"，通过不同战术的组合形成完整的体系结构。即体系结构也可以看成是融合了多种战术的设计总成。

由于每个战术面向某个具体的质量属性场景，多个战术之间还可能存在着冲突的情况。解决冲突的方法，一般是选择新的战术或者根据质量属性的重要性对战术进行选择。

5.3　性能的质量属性场景及战术

在软件工程发展的历史中，性能一直是促使系统架构发展的重要驱动力，并影响所有其他质量属性的发展。按照质量属性场景的定义，性能的一般场景如表 5-1 所示。

表 5-1　　　　　　　　　　　　　　　　性能的一般场景

场 景 元 素	可能的选项
刺激源	可以是内部模块、进程、子系统，也可以是外部系统
刺激	定期的调用、随机的调用消息、符合某种分布的事件流等
制品	软件系统本身、某个具体模块或子系统、进程或线程
环境	正常运行状态、高负荷运行状态、降级运行状态等
响应	返回计算结果、无响应、服务等级变化等
响应度量	反应时间、吞吐量、平均时延、丢失率、数据出错比例等

下面就性能的一般场景——场景元素进行详细的讲解。

- 性能的刺激源。可以来自内部也可以来自外部。外部的刺激源容易理解，即外在用户的正常访问，内部的刺激源则可能由系统内部其他模块发起或者由定时的进程发起。
- 性能的刺激则比较容易理解，就是请求或者事件。这些事件根据其自身特性又可分为周期性的事件、离散时间等类型。这些刺激类型决定了性能刺激的频度及强度等。
- 性能的制品。可以是系统、组件或者一个用户界面，取决了本性能质量属性场景的要求。
- 性能的环境。一般可以指当前系统的状态，系统是在低负荷正常状态还是超负荷降级运行状态等。
- 性能的响应。包括返回计算结果、更改系统服务等级等。
- 响应度量。则包括时延、吞吐量、请求丢失率、数据出错比例等。

此处的性能战术则主要控制制品（系统）对刺激的响应时间，最大限度地降低平均等待时间。等待时间一般指事件到达制品和制品对该时间生成响应的间隙时间。平均等待时间则是通过考察一段时间内制品处理时间的等待时间而获得的算术平均值。为降低制品的平均等待时间，首先需分析制约性能提升的主要影响因素。

系统对刺激的反应时间，可以从系统内部和系统外部因素进行分析。系统内部因素可归结为系统的资源消耗程度及资源争用等。资源消耗程度包括系统的 CPU、内存、硬盘、进程、线程以及特定的对象实体等多方面因素。例如，系统在 CPU 满负荷时的运行状态与系统在 CPU

轻载的情况下是有一定的差异的。再如，系统内存占满的时候，再来新的请求需要对内存也进行切换，将内存的一部分切换到缓存之中。频繁的请求带来频繁的内存页面切换也可能导致性能的下降。资源争用是另外一种常见的内部因素，当发生资源争用时，必然产生"锁"的关系。经验告诉我们，系统存在大量锁机制时，系统的性能将受到一定程度的影响。常见的锁可以分为写锁与读锁。写锁具有排他性，当写锁存在时，一般进程或者线程需要进行阻塞。另外，多个锁之间存在关联关系时，还可能会产生死锁。死锁的产生将冻结相关资源的使用，进而大幅降低所在系统的性能。

外部因素包括系统外部的请求特征（包括频度和强度）、系统外部依赖关系等。请求的频度直接影响性能，由于每个系统都具有一个理论的处理速度，当请求的频度大于最高处理速度时，该请求要么被放到队列之中，要么被抛弃。若此时请求的频度仍保持不变，队列中的数据将急剧膨胀，最终将导致队列的溢出，此时的系统可能将经历从反应时间增大到最终停止服务的阶段。另一方面，请求的强度也是影响系统性能的重要因素。请求的强度，是指需完成该请求的处理复杂度。请求强度越大，意味着该请求在系统处理需要耗费更多的时间。显然，一个系统处理不同请求所需消耗的时间是显著不同的。典型的 I/O 密集型的处理过程比一般的逻辑处理过程耗费更长的时间。为此，当外部用户发起高强度请求时，系统的响应时间可能随之增加，从而影响系统的性能。另外，系统外部依赖关系也是影响系统性能的因素。现今系统的开发大多需要使用外部资源。典型的外部资源包括数据库、外部网络服务、消息系统等。考察系统性能的过程，实质也是检验本系统所集成的所有模块及外部系统配合的水平。

一般的性能战术可以分为资源需求类战术、资源管理类战术、资源仲裁类战术。

5.3.1　资源需求类战术

在性能的一般场景中，外部事件是驱动整个场景的重要因素，事件的频度以及每个事件所需的处理资源是制约性能提升的两个重要因素。比如，事件频度为 10 个每秒时，系统的状态及响应时间，必然与频度为 10 000 个每秒时有一定的差异性。再如，单个事件处理时间为 10ms 和与 1 分钟相比显然所消耗的系统资源有显著不同。资源需求类的战术，其基本原理也正是通过调整上述两个因素而达到性能提升的目标。因此，资源需求类战术有三种，第一减少所处理事件的数量（降低事件频度）；第二降低单个事件的处理资源或减少处理事件所需的时间；第三控制现存资源的使用。

1. 降低事件频度

在降低事件频度方面，分为主动降低与被动降低两个方面。主动降低事件频率主要从更改设计角度考虑，通过分析原有事件产生来源，对可降低频率而又不影响应用功能的事件源进行更改，通过事件源自身的频率下降达到降低事件频度的目标。被动降低事件频率的方法，一般是在无法进行主动频率降低的时候才采用。

下面举一个主动降低事件频率的例子。某个网站需定时上报自身程序健康状态，为此设计人员写了一套心跳程序，最初设置频率为 0.2 秒报告一次心跳。经过一段时间的运行，发现心跳的接收程序要通过管理 20 个网站的心跳信息，0.2 秒的心跳上报速率给该接收程序带了较大的压力。在考虑了网站重启以及最大可忍受的宕机时间之后，将心跳频率调整为 20 秒。改进后的设计仍可完成预期目标，同时将频率降低了 100 倍，大大缓解了心跳接收程序的压力。

若上述例子中，心跳接收程序无法要求网站修改心跳的频率，那么可以使用被动降低事件频率的方法。心跳程序可以通过建立一个队列的方式，将网站的心跳信息存储在队列之中。

心跳程序进行处理的时候，采用同样的方式进行处理，例如对 1 000 个请求仅保留 50 个左右，虽然丢弃了大多数的请求，但是仍可正常处理相关的事件。

在被动降低频率的方法中，若此时心跳上报与接收的程序均无法进行修改，则可引入第三方程序或模块，如图 5-4 所示。引入的第三方程序接收原有 B 发给 A 的心跳信息，通过将该心跳信息进行过滤（降低采样率），并将该请求转发给 A。此时，对于 A（心跳接收方），认为该第三方程序为 B，且 B 降低了心跳速率。

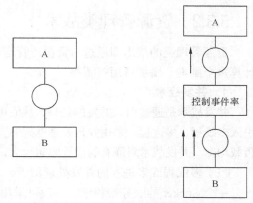

图 5-4 第三方程序用于降低事件频率

2. 降低单个事件的处理资源的方法

对给定的服务器资源，如果能够降低单个事件所需的处理资源，那么在给定时间范围内可提高处理时间的个数。降低事件的处理资源，一般采用提升计算效率以及减少计算开销等方法。提升计算效率，从算法角度上来看，即提升算法的效率。若从资源消耗角度来看的，则可采用资源兑换的方法，以一种资源换取另外一种资源。算法上的效率可降低算法的执行时间，从而降低整体的资源占用。以快速排序与冒泡排序为例，快速排序占用时间小，可快速将系统资源释放，从而整体占用资源少于冒泡排序。资源的兑换，以中间数据存储为例。一个学生管理系统，可能需要进行男生人数、女生人数的统计，传统做法可能需要随时从数据库获取数据，计算得出该值。这种计算方法可能耗费大量的数据库查询时间，采用资源兑换方法之后，可以将男生、女生人数存储在某个特定变量之中，只有系统发生插入或者更新操作的时候该值才可能被修改。利用存储资源兑换相关数据库查询的操作，降低了资源的使用，提升了单位事件的处理效率。

为降低事件处理资源，还可采用降低计算开销的方法，该方法主要体现在减少资源需求或者不必要的环节。例如，在系统中远程调用与本地调用所需的资源是不一样的。为减少计算开销可将不必要的远程方法调用改为本地调用。一种典型的做法，当用户需要使用一个简单的远程方法来完成本地工作时，如果本地可快速实现该远程方法，那么用户可调用在本地新实现的远程方法达到降低计算开销的目的。再如，系统中如果存在着仲裁者或者中介模块，为提高效率可考虑删除仲裁者或者中介的方式，或者通过降低仲裁者或者中介自身的计算开销，从而降低整体开销。

3. 控制资源使用的方法

除了上述两种方法之外，采用控制资源使用的方法也同样可以达到降低资源需求的目标。控制资源的使用，即通过强制限制相关执行时间或者执行方式从而达到降低资源消耗的目的。典型的强行限制执行时间的方法，可通过限制对事件的响应时间。该方法一般适用于具有迭代性质的方法，通过限制迭代次数，从而达到算法的快速返回。然而，该方法并不能使用于所有情况，一般使用该方法将导致算法精度的降低、算法准确性的偏差等后遗症。

控制程序执行方式，可以通过控制程序中的缓冲区、队列等方式进行控制。通过限制缓冲区的大小，可有效地控制请求的总数，从而保障程序的正常执行。若用户请求超过缓冲区的大小，可采用拒绝新服务等方式保证现有缓冲区内的请求正常执行。

5.3.2 资源管理类战术

资源管理类的战术即通过对资源的管理从而保障相关性能，一般包括并发战术、维持数据或计算多个副本、增加可用资源等。

1. 并发战术

并发战术是通过引入并发的处理，从而可在相同时间内完成更多的任务。具体的并发战术包括引入多线程、多进程、采用并行处理框架等。然而，采用并发战术需要特别考虑各种并发的同步及负载均衡。并发战术对原有的设计影响较大，需要在系统设计之初就进行预留或者设计。

（1）多线程或多进程的并发处理例子。

一个 Socket 的服务端程序，一般可采用多线程的处理方式，以一个线程固定监听某个端口，当外部用户发起 Socket 接之后，该连接会被分配到其他的线程进行处理。单线程处理代码如程序5-1 所示。

程序 5-1　单线程处理伪代码

```
while (true){
        通过 serverSocket 监听连接，获取 socket
        使用 socket 来进行接收数据、发送数据…
    }
```

serverSocket 监听到客户端的连接，进行数据传输时，其余的客户端是无法连接服务器的，如图 5-5 所示。Client1 连接 Server 时，Client2 是无法对 Server 进行访问的。Client2 只有在 Client1 完成访问后才能进行相关请求。

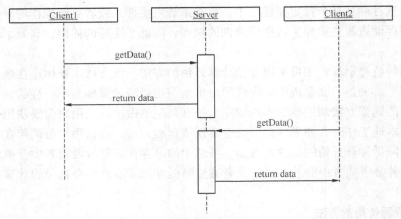

图 5-5　单线程 Server 的示意图

不采用并行时的示例代码如程序 5-2 所示。

程序 5-2　不采用并行的示例代码

```
public class socketServer {
    public static int PORT = 8080;
    public static void main(String[] agrs) throws IOException{
        ServerSocket s = new ServerSocket(PORT);
        //阻塞，直到客户端请求
        Socket socket = s.accept();
```

```
/******
* 与客户端进行交互
******/

    s.close();
    socket.close();
    }
}
```

在不采用多线程并发处理的 Socket 通信中，服务端程序首先负责监听某个端口，如果收到该端口客户端的连接请求则接收请求并接收客户端的消息，否则持续阻塞等待消息。不采用多线程并发的 Socket 通信可用于实现一对一的服务器与客户端的通信交互。

与单线程的方式不同，采用多线程的基本过程如程序 5-3 所示。

程序 5-3　多线程的一般处理机制

```
while (true){
        通过 serverSocket 监听连接，获取 socket
        建立线程，将 socket 传递给线程，在线程中进行数据的传输
}
```

serverSocket 在监听到客户端的连接后，立即将 Socket 传至新线程中处理，然后又可以进行新一轮的监听连接操作，使得服务器可以处理多个客户端的连接，属于标准的 C/S 模式，其工作流程如图 5-6 所示。

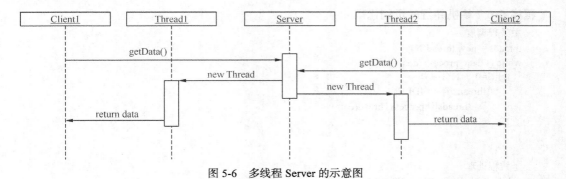

图 5-6　多线程 Server 的示意图

采用并行时的示例代码如程序 5-4 所示。

程序 5-4　采用并行处理的示例代码

```
public class socketServer {
    public static int PORT = 8080;
    public static void main(String[] agrs) throws IOException{
        ServerSocket s = new ServerSocket(PORT);
        //循环接收用户请求
        while(true){
            Socket socket = s.accept();
            //若接收到客户端请求，则新建线程
            new Thread(new DealingSocket(socket)).start();
        }
    }
    //处理 socket 线程
    static class DealingSocket implements Runnable{
```

```
            private Socket socket;
            public DealingSocket(Socket socket){
                    this.socket = socket;
            }
            public void run(){
                    try{
                        /*****
                         *  处理客户端请求
                         *****/
                            socket.close();
                    } catch(Exception e){
                            e.printStackTrace();
                    }}}}
```

在采用多线程并发处理的 Socket 通信中，使用主线程来固定监听某个端口，每当客户端发起连接请求，则新建线程来处理与该客户端之间的通信，并不会像一对一通信产生阻塞的现象，从而可以更加高效地处理并发式请求。

（2）处理图片文件的格式转化的例子。

纽约时报需要处理大量的图片文件，将这些文件进行格式转化。如果通过单台机器的多线程处理可能需要 1 个月甚至更长时间。这个案例中，纽约时报引入了云计算及并行计算框架，一次性申请了上百台服务器，这些服务器进行并行的文件格式转化，最终用几个小时完成了图片转化任务。如果纽约时报采用单机并行的示例代码如程序 5-5 所示。

程序 5-5   单机并行的示例代码

```
主线程调度
threads = new thread(N);
while (! data_process_done){
   for (i=0; i<N; i++){
       f(threads[i] == IDLE)
            threads[i].processThread(data);
   }
}


子线程处理
public void processThread(Data data){
        //处理图片文件
   }
```

在仅使用单台机器的多线程处理状态下，可采用多线程并行处理的方式，即创建 N 个线程，并循环判断，每当某个线程出现空闲，则为之分配一个新的任务去处理。假设总文件数是 X，则平均需要 X/N 的时间来完成文件的处理。

程序 5-6   采用多机并行的示例代码

```
处理服务器的伪代码
while(data = get_data_from_center()){
    process(data);          //创建处理数据的对象，使用上文中的不采用并行处理的代码
    request_next_data();
}
中心服务器的伪代码
init_data_list();           //初始化数据队列
while(!EOF){                //监听其他服务器发来的请求
```

```
    listen();
      if(receive_get_data_request)
        send_data (data, target_server);
    }
```

在使用多服务器并行执行的过程中，引入了多台服务器的概念，即设立中心服务器用来与数据处理服务器之间通信，数据处理服务器采用多线程并行执行的方式。若共有 M 台数据处理服务器，每个服务器最大承受 N 个进程并行处理，则平均需要 $X/(M \times N)$ 的时间来完成。具体过程如程序 5-6 所示。显然，每个服务器能够承受的进程个数相对固定，若要提高计算效率需提高 M 的大小，因此纽约时报向亚马逊申请了相关云计算服务器，用于快速完成上述处理任务，具体示意图如图 5-7 所示。通过一次性申请几百台服务器，可快速将计算量分散到各个服务器之中，从而快速完成计算任务。

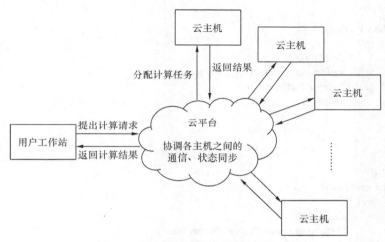

图 5-7　纽约时报采用云计算的示例图

（3）并行处理与串行处理的例子。

一个程序需要以下面的方式进行并行处理（即在整体处理流程中包括了多次的并行及串行处理）。在这种情况下，用户需要保障各个并行流程尽量消耗相同的时间，否则整个流程的处理时间将受到单个最长的处理时间影响，如图 5-8 所示。显然，在一个目标系统中，对相关的瓶颈进行规划，则可提高系统处理效率。

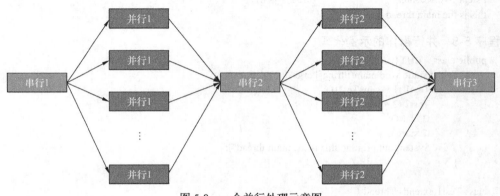

图 5-8　一个并行处理示意图

为了更好地说明串行与并行代码写法的区别，如程序 5-7、程序 5-8 所示，分别展示了相关串行、并行操作的示例代码，用来向读者展示串行与并行的不同程序实现方式。

程序 5-7　串行操作的示例代码

```java
public class LHT {
    public static void main(String[] args){
        Test1 t1 = new Test1();
        Test2 t2 = new Test2();
        t1.run();
        t2.run();
        System.out.println("this is the main thread");
    }
}


class Test1 {
    public void run(){
        try{
            sleep(1000);
            System.out.println("i slept one second");
        }catch(InterruptedException e){
            return;
        }

    }
}
class Test2 {
    public void run(){
        try{
            sleep(5000);
            System.out.println("i slept five seconds");
        }catch(InterruptedException e){
            return;
        }

    }
}
```

输出：

```
i slept one second              //1s 后输出
i slept five seconds            //5s 后输出
this is the main thread
```

程序 5-8　并行操作的示例代码

```java
public class    LHT{
    public static void main(String[] args){
        Test1 t1 = new Test1();
        Test2 t2 = new Test2();
        t1.start();
        t2.start();
        System.out.println("this is the main thread");
    }
}
class Test1 extends Thread {
    public void run(){
```

```
            try{
                    sleep(1000);
                    System.out.println("i slept one second");
            }catch(InterruptedException e){
                    return;
            }


        }
    }
    class Test2 extends Thread {
        public void run(){
            try{
                    sleep(5000);
                    System.out.println("i slept five seconds");
            }catch(InterruptedException e){
                    return;
            }


        }
    }
```

第一段代码在主函数中分别调用两个测试对象的 run 方法，Test1.run()运行完后，Test2.run()
才开始运行，最后才是主方法的输出语句；第二段代码 Test1、Test2 两个线程和主线程并行进行，
运行时间由短到长依次是 main、Test1、Test2，所以线程 Test2 作为并行线程中运行时间最长的线
程，影响了整个流程的运行效率，其他运行完成的线程需等待最长线程的完成。显然，此时线程
Test1 浪费了一段时间。若此时还有一些额外的操作需要运行，可放在 Test1 中运行，整个运行时
间将与第二段代码一样。

（4）并行计算中的负载均衡例子。

当多个请求被分配在不同的线程或者处理节点时，系统不能保障每个线程或节点具备同样的
处理量，因此可能导致某些节点处理量过大，而其他节点在闲置的情况。为保障各个节点、线程
具备类似的负载，负载均衡是必须考虑的重要问题。典型的负载均衡算法包括轮询、优先级、反
馈等方法。

我们现在有一个任务需要重复 60 次操作才能完成。现在由两个线程重复这 60 次工作，通过
设置优先级来实现负载分配，具体实现如程序 5-9 所示。

程序 5-9　利用 Java 线程优先级完成线程资源调度

```
    public class Test {
        public static void main(String[] args){
            LZ lz = new LZ();
            Test1 t1 = new Test1(lz);
            Test2 t2 = new Test2(lz);
            t1.setPriority(Thread.NORM_PRIORITY);//设置优先级为 5
            t2.setPriority(Thread.NORM_PRIORITY);//设置优先级为 5
//          t1.setPriority(Thread.NORM_PRIORITY);//设置优先级为 5
//          t2.setPriority(Thread.NORM_PRIORITY＋5);//设置优先级为 10
            t1.start();
            t2.start();
            System.out.println("this is the main thread");
        }}
    class LZ {
```

```
            //private int id;
            private int n = 0;
            public synchronized int put(){
                    if (n == 60){
                            System.out.println("Task is done! ");
                            return -1;
                    }else{
                            n++;
                    }
                    return n;
            }
            public int getn(){
                    return n;
            }
        }
class Test1 extends Thread {
        LZ lz = new LZ();
        Test1(LZ lz){
                this.lz = lz;
        }
        public void put(){
                while(lz.getn() != 60){
                        try{
                        this.sleep(1000);
        }catch(InterruptedException e){}
                        System.out.println("Text1 puts" + lz.put());
                        }
                if (lz.getn() == 60){
                        System.out.println("Task is done! ");
                        }}
        public void run(){
                put();
        }
}
class Test2 extends Thread {
        LZ lz = new LZ();
        Test2(LZ lz){
                this.lz = lz;
        }
        public void put(){
                while(lz.getn() != 60){
                        try{
                        this.sleep(1000);
                        }catch(InterruptedException e){}
                        System.out.println("-----Text2 puts " + lz.put());
                        }
                if (lz.getn() == 60){
                        System.out.println("Task is done! ");
                        }   }
        public void run(){
                put();
        }}
```

输出：

this is the main thread

Text1 puts 1
-----Text2 puts 2
-----Text2 puts 3
Text1 puts 4
-----Text2 puts 5
Text1 puts 6
Text1 puts 7
-----Text2 puts 8
Text1 puts 9
-----Text2 puts 10
-----Text2 puts 12
Text1 puts 11
Text1 puts 13
-----Text2 puts 14
Text1 puts 15
-----Text2 puts 16
-----Text2 puts 17
Text1 puts 18
Text1 puts 19
-----Text2 puts 20
Text1 puts 21
-----Text2 puts 22
-----Text2 puts 23
Text1 puts 24
Text1 puts 25
-----Text2 puts 26
Text1 puts 27
-----Text2 puts 28
Text1 puts 29
-----Text2 puts 30
-----Text2 puts 31
Text1 puts 32
-----Text2 puts 33
Text1 puts 34
-----Text2 puts 35
Text1 puts 36
-----Text2 puts 37
Text1 puts 38
-----Text2 puts 40
Text1 puts 39
-----Text2 puts 41
Text1 puts 42
-----Text2 puts 43
Text1 puts 44
-----Text2 puts 45
Text1 puts 46
-----Text2 puts 47
Text1 puts 48
-----Text2 puts 49
Text1 puts 50
Text1 puts 51
-----Text2 puts 52
Text1 puts 53
-----Text2 puts 54

-----Text2 puts 55
Text1 puts 56
-----Text2 puts 58
Text1 puts 57
-----Text2 puts 59
Task is done!
Text1 puts 60
Task is done!

可以看出设置两个并行的线程优先级相同,分得的时间片也差不多。设置 Test1 的优先级为 5、Test2 的优先级为 10 时,输出如程序 5-10 所示。

程序 5-10　设置不同优先级时的输出

```
this is the main thread
Text1 puts 2
Text1 puts 3
Text1 puts 4
Text1 puts 5
Text1 puts 6
Text1 puts 7
Text1 puts 8
Text1 puts 9
Text1 puts 10
-----Text2 puts 1
-----Text2 puts 12
-----Text2 puts 13
-----Text2 puts 14
-----Text2 puts 15
-----Text2 puts 16
……
-----Text2 puts 60
Task is done!
Text1 puts 11
Task is done!
```

可以看出优先级高的分得的负载较多。因此,在实际编程中可以通过设置优先级来实现负载均衡。

除优先级外,经常在并行处理系统中使用轮询算法。轮询算法的实现如程序 5-11 所示。假设有一组服务器 S = {S0, S1, …, Sn-1},一个指示变量 i 表示上一次选择的服务器,W(Si)表示服务器 Si 的权值。变量 i 被初始化为 $n-1$,其中 $n > 0$。当服务器的权值为零时,表示该服务器不可用而不被调度。

程序 5-11　一个标准轮询算法

```
j = i;
do {
        j = (j + 1) mod n;
        if (W(Sj) > 0) {
                i = j;
                return Si;
        }
} while (j != i);
return NULL;
```

　　轮询算法一般假设是所有的服务器性能都一样，然而现实中集群或分布式系统中的服务器性能差异很大，使用简单的轮询算法同样会存在负载不一致的问题。加权轮询算法可以解决服务器间性能不一的情况，它用相应的权值表示服务器的处理性能，服务器的缺省权值为 1。

　　假设有一组服务器 S={S0, S1, …, Sn-1}，W(Si)表示服务器 Si 的权值，一个指示变量 i 表示上一次选择的服务器，指示变量 cw 表示当前调度的权值，max(S)表示集合 S 中所有服务器的最大权值，gcd(S)表示集合 S 中所有服务器权值的最大公约数。变量 i 初始化为-1，cw 初始化为零。具体实现如程序 5-12 所示。

　　程序 5-12　加权轮询算法

```
while (true) {
    i = (i + 1) mod n;
    if (i == 0) {
        cw = cw - gcd(S);
        if (cw <= 0) {
            cw = max(S);
            if (cw == 0)
                return NULL;
        }
    }
    if (W(Si) >= cw)
        return Si;
}
```

2. 维持数据或计算多个副本战术

　　计算多个副本战术主要体现为在多个地方保持同一个计算内容，或者将一个计算内容分配给多个分离的模块进行处理。

　　在 C/S 模式中，由于服务器端需接收客户端的请求，并进行响应，因此服务器端的压力较大。当然，服务器端可采用并发战术以提高效率，但该战术并没有减少请求数。计算多个副本战术则另辟蹊径，在设计中将原本属于服务器端的一部分计算能力转移到客户端进行计算，从而降低服务器端的请求量或者复杂度。

　　例如一个学生信息管理系统，客户端向服务器端请求了所有学生的信息之后，当客户端需要计算学生的成绩或者男女信息统计时就没必要向服务器端请求，只需在客户端内部完成上述计算任务。同样，客户端可以承担其他简单的计算任务，从而降低客户端向服务器端的请求量。

　　数据副本战术即保持多份类似的数据，从而降低由于请求数据而带来的 I/O 开销。由于某个功能可能需要多个处理节点完成某个特定功能，或者系统中多个模块需要同时使用同一份数据，数据副本可有效地降低重复访问数据、频繁的数据传输等。其中，该战术的多份数据可以是完整的数据也可是部分的数据，具体取决于数据使用模块的需求。

　　（1）使用缓存。

　　缓存是典型数据副本战术的实例。操作系统将频繁使用的数据放在缓存中，从而加快处理速度。缓存的数据属于部分数据的范畴，因此缓存的数据仅是常用数据且这些数据可能被随时移除缓存。现代的 Web 程序中，Web 缓存也成为大中型网站的标配，将用户经常访问的静态页面、图片等置于缓存之中，从而保障网站的快速响应。

　　Web 缓存位于 Web 服务器（1 个或多个，内容源服务器）和客户端之间（1 个或多个）。缓存会根据进来的请求保存输出内容的副本，例如 html 页面、图片、文件（统称为副本），然后当下一个请求来到的时候，如果是相同的 URL，缓存直接使用副本响应访问请求，而不是向源服务器再次发送请求。使用缓存主要有以下两个原因。

- 减少相应延迟。因为请求从缓存服务器（离客户端更近）而不是源服务器被相应，这个过程耗时更少，让 Web 服务器看上去响应更快。
- 减少网络带宽消耗。当副本被重用时会减低客户端的带宽消耗。客户可以节省带宽费用，控制带宽的需求的增长，更易于管理。

以调用一静态页面请求为例，比较有无缓存的效率。

假设页面在数据库中以｛id：url｝的形式储存，调用页面只需找到对应页面的 id 即可，页面请求也直接以 id 请求；网站数据库中有 100 个静态页面，缓存可储存 10 个静态页面；将数据库和缓存都简化为类，并提供一些方法，服务器中已有同名实例化对象。如程序 5-13 所示，假设了当前需要进行操作的数据结构。

程序 5-13　需要操作的基本模型

```
Public class Page
{
Private int id;
Private string url;
}
Public class Database
{
    Public Page getPage(int id); //在数据库中根据 id 查找页面
}
Public class Cache
{
Public Page getCPage(int id); //在缓存中根据 id 查找页面，若不存在返回 null
Public void addCPage(Page Page); //在缓存中添加页面
Public void remove(); //在缓存中移除优先级最低的页面
Public void refresh(); //刷新缓存中页面的优先级，将最近使用的页面优先级提到最高
Public boolean checkfull(); //检查缓存页面数是否达到上限，满则返回 ture
}
```

若查找一个页面耗时一个单位时间，由假设可知数据库的 getPage 方法平均耗用 50 个单位，缓存是全满状态下平均耗时 5 个单位时间。

无缓存的代码如程序 5-14 所示。

程序 5-14　无缓存的代码

```
Findpage()
{
    Pageid=getrequest().getParameter("pageid"); //获取请求的页面 id
    result=Database.getPage(Pageid); //在数据库中查找页面

    Return success;
}
```

有缓存的代码如程序 5-15 所示。

程序 5-15　具备缓存的代码

```
Findpage()
{
    Pageid=getrequest().getParameter("pageid"); //获取请求的页面 id
```

```
Page resultPage=Cache.getCPage(Pageid);
If(resultPage)
{
    //读取页面并刷新优先级
    result=resultPage;
    Cache.refresh();
}
Else
{
    //在数据库中读取页面并将该页面添加到缓存中
    result=Database.getPage(Pageid);
    if(Cache.checkfull())
    {
        Cache.remove();
        Cache.addCPage(result);
    }
}
else
{
    Cache.addCPage(result);
}
}
Return success;
}
```

（2）本地缓存。

在 C/S 或 B/S 架构中，有些数据数据量小，但是访问十分频繁（例如国家标准行政区域数据），针对这种场景需要将数据放到应用的本地缓存中，以提升系统的访问效率，减少无谓的数据库访问（数据库访问占用数据库连接，同时网络消耗比较大）。但是有一点需要注意，就是缓存的占用空间以及缓存的失效策略。

以个人信息为例，对于个人电脑的使用者来讲，在本机上登录的用户一般变动不大，如果将用户信息缓存至本地，每次登录后显示个人信息时就无需再次查询服务器，只需在修改更新用户信息时再向服务器发送请求，这样会在一定程度上减小服务器负载、提高程序稳定性。沿用上例中对象的假设，具体代码如程序 5-16、程序 5-17、程序 5-18 所示。

程序 5-16　用户类代码

```
Public class user //用户类
{
    Private int id;
    Public string name;
}
```

以 B/S 架构登录后显示个人信息为例，无缓存代码如程序 5-17 所示。

程序 5-17　无缓存的示例代码

```
Showinfo()
{
    userid=getrequest().getParameter("userid");//获取请求的用户 id
    user=Database.getuser(userid);//在服务器数据库中查找用户，并返回用户对象
    result=user;
    return success;
}
```

有缓存代码如程序 5-18 所示，其中以浏览器本地缓存 COOKIE 为例。

程序 5-18　本地缓存的示例代码

```
//在登录验证时即将 user 的信息保存指 COOKIE 中
COOKIE['userid']=user.id;
COOKIE['username']=user.name;

//之后可直接在页面上显示，无须调用后台函数
```

按上述代码，用户每登录一次，有缓存即可比无缓存少向服务器发送一次请求，整体上提高了程序效率。

数据副本战术需解决各个数据副本间同步的问题。缓存的数据被操作之后，若没有及时更新相应的原始数据（如数据库中对应的值），可能导致数据不一致。即此时其他程序读取了原始数据，则系统对同一含义变量存在两个不同状态，最终将导致数据的混淆。第二个例子中，若一个客户端修改了缓存本地的数据，则需通知服务器，并由服务器将该更改更新至所有的客户端。显然，在这期间若其他客户端也修改了该数据则可能导致数据的不一致。针对数据副本的数据同步问题，一种解决方案可采用分布式锁的机制，当一个客户端需对某个数据进行修改时，申请相应的锁。该锁的保障至该数据的修改完成。在此期间，若其他用户需进行修改，则由于分布式锁的存在而阻塞。还有另外的解决方案即为每个客户端分配可修改的数据对象，保障每个客户端仅能修改指定的数据而非所有数据。

3．增加可用资源战术

资源管理中，增加可用资源也是一种解决方法，增加可用资源包括增加相关的 CPU、内存、网络等。虽然，增加可用资源战术很容易被考虑到，然而增加可用资源战术并不容易实施，例如以增加 CPU 为例，增加 CPU 资源不能直接带来成倍的计算速度的提升，程序中需对多 CPU 进行优化才能保障 CPU 资源的最佳利用。若程序仍以单线程的方式运行，则多 CPU 的优势无法体现。同样，增加网络资源也需同时对程序自身的网络 I/O 模块进行优化。现存大多数程序效率不高，程序无法有效利用所有可用网络带宽。因此，增加可用资源需要用户统筹安排及设计以达到较高的利用率。

增加可用资源战术还需考虑到程序的成本问题，由于程序开发的成本使得用户难以以大规模增加可用资源作为性能优化的战术。用户在选择此战术时，需衡量一下增加可用资源的成本与效益比较。

（1）增加 CPU 资源。

系统中的日志上报模块采用心跳的方式上报相关日志信息，由于心跳时间较短从而导致了接收心跳的模块难以承受。此时，若采用增加可用资源的方法，可在一段时间内缓解心跳接收模块的压力，然而却为未来带来不可控的成本及稳定性代价。

在本例中使用的增加可用资源的战术为增加 CPU 资源，增加 CPU 资源不能直接带来成倍的计算速度的提升，程序中需对多 CPU 进行优化才能保障 CPU 资源的最佳利用。本例中通过将单线程程序优化为多线程程序，从而实现了对多 CPU 的充分利用。

程序 5-19 所示，是没有采用并行模式的单线程示例代码。客户端以一定的间隔时间 heart Beat Time 向服务器端发送消息，服务器端以一定的间隔时间 acceptTime 接收客户端发来的心跳消息，并向客户端做出回复。双方均采用单线程可能会导致服务器端接收模块压力过大。

程序 5-19　单线程服务器例子

```
Client:
ClientThread clientThread = new ClientThread();
```

```
        clientThread.start();
        public class ClientThread implements Runnable {
            Socket clientSocket = new Socket(host, port);
            public void run() {
                while(true) {
                    try {
                        clientSocket.sendLogMessage();
                        Thread.sleep(heartBeatTime);
                    } catch (Exception e) {
                        e.printStackTrace();
                    }
                }
            }
        }
        Server:
        ServerThread serverThread = new ServerThread();
        serverThread.start();
        public class ServerThread implements Runnable {
            ServerSocket serverSocket = new ServerSocket(port);
            public void run() {
                try {
                    while(true) {
                        Socket s = serverSocket.accept();
                        s.sendReplyMessage();
                        Thread.sleep(acceptTime);
                    } catch (Exception e) {
                        e.printStackTrace();
                    }
                }
            }
        }
```

程序 5-20 所示为采用并行模式之后的多线程示例代码。客户端发送消息采用了多线程的战术，若有 n 个可用线程，则每个线程中发送消息的时间间隔变为了 n 倍的 heartBeatTime，减轻了客户端发送消息的压力，通过 n 个线程协同作用，依然保持心跳时间不变。服务器端也采用多线程来接收消息，增加 CPU 资源以后，可用线程会变多，若有 n 个可用线程，则服务器端接收消息的时间就变为了 n 倍的 acceptTime，大大减轻了接收模块的压力，同时通过多个线程协同作用还可以保证接收间隔不变。

程序 5-20　多线程服务器例子

```
        Client:
        MultiClientThread multiClientThread = new MultiClientThread();
        multiClientThread.start();

        public class MultiClientThread implements Runnable{

            public void run() {
                for (int i=0; i<n; i++) {
                    NewClientThread newClientThread = new NewClientThread();
                    newClientThread.start();
                    Thread.sleep(heartBeatTime);
                }
```

```
        }

    }

    public class NewClientThread implements Runnable {
        Socket clientSocket = new Socket(host, port);
        public void run() {
            while(true) {
                try {
                    clientSocket.sendLogMessage();
                    Thread.sleep(heartBeatTime*n);
                } catch (Exception e) {
                    e.printStackTrace();
                }
            }

        }
    }

Server:
MultiServerThread multiServerThread = new MultiServerThread();
multiServerThread.start();
public class MultiServerThread implements Runnable{

    public void run() {
        for (int i=0; i<n; i++) {
            NewServerThread newServerThread = new NewServerThread();
            newServerThread.start();
            Thread.sleep(acceptTime);
        }
    }

}

public class NewServerThread implements Runnable {
    ServerSocket serverSocket = new ServerSocket(port);
    public void run() {
        try {

            while(true) {
                Socket s = serverSocket.accept();
                s.sendReplyMessage();
                Thread.sleep(acceptTime*n);
            } catch (Exception e) {
                e.printStackTrace();
            }
        }
    }
}
```

在本例中通过增加 CPU 资源并使用多线程技术可以有效缓解发送模块和接收模块的压力。对于系统 CPU 资源富裕的情况可以采用本战术。使用本战术时需注意系统在对多个 CPU 资源进行调度的时候可能出现不稳定现象。

（2）增加可用资源。

某个 Web 服务器经过多次优化，在访问量大时反应较慢，且 CPU 及内存的利用率较高，经过检查后对 Web 程序的资源释放做了考虑，此时可增加可用资源的战术，更换较好的 CPU、加大内存，从而保障 Web 服务器的正常运转。

（3）单线程方式改造为多线程方式。

某 Web 应用，采用单线程的方式处理所有的请求。现将该服务器迁移至新服务器。服务器上具备 16 核 CPU，为提升相应 Web 处理速度，该 Web 应用需进行多线程的改造。

5.3.3　资源仲裁类战术

资源仲裁是另外一类优化战术，本类战术是在资源产生冲突时对资源进行调度的方法。判定资源冲突的标准可以包括以下几个方面。

- 是否使资源使用难以最优：由于争用，某些资源的利用效率低于预期的效率，无法达到最优。
- 是否使得重要的请求难以在预期时间内完成：由于冲突或争用，高优先级的请求信息处理的时间高于平均预期的时间。
- 是否使得资源使用数量超过常规要求：由于冲突等原因，导致完成某个具体任务所需的资源超过了常规完成该任务所需的资源个数或者占用时长。
- 是否使得平均等待时间较大：判定当前请求的平均处理时间以及请求在队列中的平均等待时间是否超出预期值。
- 是否使得吞吐量难以达到一定程度：收集和判定当前吞吐量是否达到了预期目标。
- 是否使得某种资源产生匮乏：监视某些特定资源，是否消耗速度过快且尚无恢复的迹象，可能在可预期的将来耗尽。

针对上述标准，资源仲裁的目的是达到如下目标。

① 最佳的资源使用。

② 重要请求的保障。

③ 最小化使用的资源数量。

④ 使请求平均等待时间最小。

⑤ 使系统吞吐量最大化。

⑥ 防止特定资源匮乏。

1. 先进先出战术

先进/先出方式是为保障用户请求处理的有序性，可利用队列等方式保障用户请求的处理顺序。在保证了处理的先后顺序之后，可一定程度上缓解由于用户请求随机到达所导致的资源冲突与争用。

（1）队列处理方式。

一个 socket 服务程序，接收外部的请求，然后操作某个数据库。当请求同时到来时，且这些请求对数据库同时进行操作，操作的结果将导致数据的争用，从而降低效率或者导致错误。若对所有的请求进行队列排序，请求虽然可同时到达，但却以队列方式进行处理，一次处理一个请求，从而避免了请求间的冲突。

（2）多队列处理方式。

由于上例中队列方式仅将所有的请求转化为单一队列，队列的处理效率并不高。在实际情况中，可对请求进行分类，将已知数据不冲突的请求并行处理。多队列可提高效率，同时队列本身保障冲突请求的按序执行。然而，采用分类多队列处理时，需关注请求间是否有关联关系，有关联关系的请求需在同一个队列内进行处理，否则将导致数据的不一致性。

2. 固定优先级策略

先进/先出的队列方式，保障了请求的有序执行，然而却忽略了请求的重要性，无法保障重要请求的执行时效。固定优先级策略的提出就是为了解决这个问题。本策略为请求标注相关的优先级，该优先级的标注方法可依据请求的终端用户级别、请求自身类别等方面。用户级别可根据系统需求定义多个级别。请求类别的优先级，一般主要考虑该请求类别对系统的重要程度、所需完成的时限、速率要求等。请求对系统的重要程度，一般考虑请求的语义重要性，例如报告错误信息的请求的重要性高于一般请求。影响系统行为重大变化的请求类型，其重要程度也高于一般请求。若请求具备强烈的时限要求，其优先级也将高于普通的请求。总之，在采用固定优先级策略时，用户需统筹考虑系统的各种请求，并为其分配合理的级别，该级别一经分配便不能随意进行更改，且作为调度的唯一衡量标准。在定义完级别之后，固定级别调度策略将在原有队列调度的基础上，着重考虑高优先级的请求。当高优先级请求到达时，该请求将被插入到队列中比它级别低的请求之前。系统执行队列时，将优先执行该请求。

（1）队列优先级任务管理的例子。

系统中包括 3 个级别（高、中、低）。各个请求进入系统之后，检查当前请求与队列中请求的级别关系，若当前请求高于队列最末的请求，则当前请求检查与倒数第二个请求的级别关系，直至当前请求不高于队列中请求为至，将当前请求插入中队列中对应位置。例如，若队列中仅有"低"级别的请求，则到来的"中"级请求将直接被插入队头优先执行。相应的，若队列中存在着一定"高"级别的请求，则"中"级请求将被插入到"高"级别之后执行，但优先于"低"级别请求执行。

（2）多队列的优先级任务管理的例子。

虽然与例子 1 的前提类似，但是实现方式可不一样。根据系统中的级别个数建立多个队列，每个队列分别存储不同级别的请求。系统执行时先检查较高级别队列，若较高级别队列不为空，则优先级别该队列，直至队列为空，而后再继续执行下一个级别队列。若在执行下一级别的队列时发现高级别队列又存在请求时，则将继续执行高级别队列。例如，"高"级别的队列刚被执行完，此时执行了两个"中"级的请求后发现"高"级别队列又有请求，则"高"级别队列将再次被优先执行。

下面两个例子的实现主要是对资源管理战术的资源仲裁方式的应用。通过资源仲裁方式，我们能控制系统任务的执行，根据不同仲裁策略，我们可最大化系统资源利用，或让高级别任务得到更快的响应速度。程序 5-21、程序 5-22 所示分别是上述两个例子的实现代码。

程序 5-21　队列的优先级任务管理实现

```
Class MulitiPriorityShedule{
    Private:
            MYPROCESS MultiPriorityQueue          //优先级队列
            Int tail                              //队尾位置
            Int head                              //队列头位置
    private:
        void    MPQSRunProcess(MYPROCESS);    //运行进程
    public:
    MultiPriorityQueueSchedule();
```

```
bool    MPQSAppendProcess(MYPROCESS);    //将进程加入对应的优先级队列中
    void    MPQSExecute();                //主函数
}
MultiPriorityQueueSchedule:: MPQSAppendProcess(MYPROCESS){
    Int index;
    /*将新进程加到队列尾*/
    MultiPriorityQueue[tail+1] = MYPROCESS
    /*从队列尾开始，比较当前位置与后面位置进程优先级，将优先级高的前移*/
    for(index = tail ;index>=0;index--){
    bool result = compare(MultiPriorityQueue[index+1], MultiPriorityQueue[index]);
    if(result)
    swap(MultiPriorityQueue[index], MultiPriorityQueue[index+1])
    }
    Tail = tail+1
}
MultiPriorityQueueSchedule：: MPQSExecute（）{
    /*执行队列头进程，并将队列头后移*/
    while(head!=tail){
    MPQSRunProcess(MultiPriorityQueue[head]);
    Head ++
    }
}/*主函数*/
```

程序 5-22   多队列的优先级任务管理实现（3 类优先级队列）

```
#define QUEUESIZE 3    //队列大小，高中低优先级各一个，共三个
Typrdrf struct Request{
    Char* RequestName;        //请求名称
    Int EstimateUsedTime    //执行时间
    Int priority            //优先级，数字越小优先级越高
    Request *next
} REQUEST

Class MulitiPriorityShedule{
    Private:
            REQUEST MultiPriorityQueue [3]        //三种优先级队列
    private:
    MYPROCESS    MPQSSelectProcess();        //选择运行进程
    void                MPQSRunProcess(MYPROCESS);    //运行进程
public:
    MultiPriorityQueueSchedule();
    bool                MPQSAppendProcess(MYPROCESS);    //将进程加入对应的优先级队列中
    void                MPQSExecute();                    //主函数
}

MultiPriorityQueueSchedule::MultiPriorityQueueSchedule(){
    for(int i=0;i<QUEUESIZE;i++)
    {
            MultiPriorityQueue[i] = NULL;
    }
}    /*构造函数*/
bool MultiPriorityQueueSchedule::MPQSAppendProcess(MYPROCESS myproc)
{
    if (myproc->Priority >= QUEUESIZE)
```

```
        {
            return false;
        }
        myproc->next = MultiPriorityQueue[myproc->Priority];
        MultiPriorityQueue[myproc->Priority] = myproc;
        return true;
    }    /*在多优先级队列中加入进程*/
MYPROCESS MultiPriorityQueueSchedule::MPQSSelectProcess()
{
int SearchNum ;
/*从高优先级队列开始，遍历优先级队列，返回遍历到的第一个进程*/
    for(SearchNum = 0; SearchNum < QUEUESIZE; SearchNum++ )
        {
            if (MultiPriorityQueue[SearchNum] != NULL)
            {
                return MultiPriorityQueue[SearchNum];
            }
        }
        return NULL;

    }    /*选择运行进程*/
void MultiPriorityQueueSchedule::MPQSRunProcess(MYPROCESS myproc)
{
    if(myproc == NULL)
        return;
    run myproc
    free myproc

    }    /*运行进程*/
void MultiPriorityQueueSchedule::MPQSExecute()
{
    MYPROCESS myproc;
    do {
        myproc=MPQSSelectProcess();
        MPQSRunProcess(myproc);
    } while(myproc!=NULL);
    }    /*主函数*/
```

以上两例子是对优先级队列的两种不同实现方式,通过利用资源仲裁方式的优先级队列管理,我们能保证系统较高级别的任务总能被优先响应并处理，能保证高威胁的系统异常任务能被尽早响应并执行，从而极大地提高系统的可靠性，也能保证高级别任务的用户能获得更好的体验。但是这种资源仲裁方式不一定能保证系统资源最大化，对系统资源利用率不高。本例子的本质其实是抢占式优先队列，不能有效兼顾任务之间的公平，可能存在由于资源被优先调度而"饿死"的低优先级任务。因此需要根据系统不同的应用场景，采用不同的资源仲裁策略。

3. 动态优先级战术

动态优先级是在固定优先级策略之后提出的，是在固定优先级的基础上进行的改进。固定优先级虽然能够保障高优先级请求的快速执行，却对低优先级的请求不公平。更有甚者，低优先级请求可能由于高优先级请求的不断进入，最终难以被执行，甚至出现"饿死"的情况。为保障低优先级可在系统中公平执行，动态优先级在固定优先级的基础上将请求在队列的时间等因素考虑进去，从而保障各个级别的公平执行。

轮转是动态优先级的一种形式。所谓轮转即考虑请求在队列的时间作为加权，从而变相提升队列中请求的等级。轮转的实现方式有多种，一种是借鉴操作系统的轮转，一种是简单加权轮转。

操作系统的轮转，是为每个请求提供一个时间片，请求若能在该时间片完成则完成，若不能完成则被放到队尾。但由于该请求在下次执行前在系统所待的时间较长，因此下次执行的时间片将较第一次执行长。这种轮转的方式保障了在给定速率请求的前提下，每个请求都可以在预期的时间内被执行。

例如，系统中有 100 个请求，每个请求分配 2 秒时间片。大部分请求可在 2 秒钟完成，少数请求需要 5～8 秒钟。当第一次执行时，大多数请求被执行完毕。需较长时间的请求则在第二次执行时被调整时间片为 4 秒，在第二次执行中大多数请求也被执行完毕。同时，若需保障高优先级的请求，也可根据不同等级请求定义不同默认长度的时间片。这样在一定的时间范围内，各个级别的请求均可得到满足。

另外一种简单加权轮转，则是在固定优先级策略基础上，定时对系统队列中的请求级别进行动态调整，从而保障低优先级的请求在一定时间内肯定会被执行。

例如，系统仍存在 3 个级别（高、中、低），且系统以一个统一一队列执行这些请求。另外，系统每隔 5 秒对所有请求提升 0.5 个等级，即"低"等级的请求在 10 秒之后将具备"中"级别等级。此时"中"级请求到达，则该请求将被排列在 10 秒以前到达的"低"等级请求之后。因此，低等级的请求不至于被"饿死"。当然，这种调度方法内部也存在着一系列变化的可能，例如用户可对各个级别随时间变化采用不同的参数，或者对某些特定请求给予特殊的奖励或惩罚。这种实现方式可根据不同系统需求动态地进行调整。

4. 时限优先级最早优先战术

时限时间最早优先，是另外一种调度方法，重点考察请求的最后时限。由于前几种算法仅从优先级对请求进行调度并不能保障相关请求执行的结束时间，因此需要一种新的机制保障请求在其需要的时间内完成。本策略的基本思路是针对请求的时限进行排序，将最先需完成的请求放到队列的前部，而将"不着急"的请求放到队列的末尾。当然，请求的时限优先排序实际上不仅要考虑请求的时限要求，还需考虑队列内部的排队时间、该请求的可能执行时间等多方面因素。

时限时间最早优先算法的简单实现可以与固定优先级类似，只不过当前的优先级不是事先指定，而是由时限、执行时间、内部队列排队时间、当前时间等多因素加权而成的权值，如程序 5-23 所示。

程序 5-23　时间优先的算法伪代码

```
public class Work {
        private int weight;
        private int needTime;
        private int workTime;
        private String nowTime;
        public setter/getter();
}
public class test {
        public static void main(String[] args) {
                Scanner sc = new Scanner(System.in);
                System.out.println("输入要创建的作业条数");
                int num = sc.nextInt();
```

```
        List<Work> list = new ArrayList<Work>();
                for(int i=0;i<num;i++){
                        Date date =new Date();
                        SimpleDateFormat sdf =new SimpleDateFormat("HH:mm:ss");
                        String time=sdf.format(date);
                        Work work = new Work();
                        work.setNeedTime(sc.nextInt());
                        work.setNowTime(time);
                        work.setWorkTime(0);
                        PrioCreate(work);//根据 work 中的属性来计算 work 中的 weight 的值；
                        InsertPrio(work,list);//根据 work 中的 weight 的值来把作业插入到队列的位置
(weight 的值越大，其放在的位置就越靠前)
                }
        }
}
private static void InsertPrio(Work work, List<Work> list) {
        for(int i=0;i<list.size();i++){
                if(list.get(i).getWeight() < work.getWeight()){
                        list.add(i,work);
                }
        }
}
private static void PrioCreate(Work work) {
        //根据 work 中的 needTime,nowTime,workTime 的加权的值来计算 weight 的值
        int weight = work.getNeedTime() * 2 + work.getWorkTime() * 9;
        work.setWeight(weight);
}
```

5. 静态调度

静态调度，指的是在系统上线前事先离线分配相关资源的调度方法。该方法可以认为是最简单的调度方式，但实质该方法也需建立在对系统熟知与理解的基础上。好的静态调度方法可以反映系统各个部分的关系，并且为关键功能提供资源的预留。不好的静态调度则可能导致系统一部分模块资源匮乏，另一部分模块则拥有大量空余的资源。

例如，一个系统中外部用户与内部用户或者不同级别的外部用户所用的资源可进行静态分配，保障 VIP 用户随时可访问系统，而普通用户可能需要进行排队访问。此处的静态分配保障了 VIP 用户的资源可用性。再如：火车票订票系统，火车站直属网点的访问资源与 12306 网站的资源可静态进行分配，从而保障火车票直属网点面向不会上网人群售票的需求。当然，静态调度也可以随着整个系统的运行，在一段时间后进行调整，该调整也应该是离线进行调整。若该调整变为在线调整，则已经不属于静态调度的范畴。静态调度的策略调整需要大量的数据支撑，目前采用静态调度的系统一般都有分析团队或者方法以支撑静态调度的调整。比如，一个网站将 40%的资源分配给 VIP 用户，经过一段时间的运行，网站运维人员发现 VIP 用户对系统的资源占用仅为 15%左右。然后，网站可通过静态调度的调整将 VIP 用户的资源预留进行更改，从而使得系统运行更为平稳及高效。

在火车票订票系统中设置两种用户，使用 12306 的网络用户以及不使用 12306 的普通用户（包括火车票代售点以及火车站售票处），反映到程序里就是相应的两种类型的进程，为保证每个人都有票可购，要求普通用户的进程优先级就要高于网络用户，普通用户可以随时访问系统而网络用户就需要排队访问，这样的静态分配保证了普通用户的资源可用性。火车票资源是有限的，假定某车票总票数 s，根据过往站点售票和网络售票情况，可以得到往期站点售票比例为

p，根据趋势可分析得到站点售票可能浮动比例为 q。可提前为站点分配车票数量 $s \times pq$，为网络分配车票数量 $s \times (1-pq)$。为最大程度上保障不会上网人群能顺利买到火车票，设计如下调度算法。当网络售票先售空，则不再面向网络售票。当站点预分配票先售空时，余下的网络票被所有购票方式共享，同时为避免网络预分配资源被全部抢占，此时网络优先级高于站点售票。大致算法如程序 5-24 所示。

程序 5-24　静态调度例子

```
//为了简洁描述算法，忽略 setter 和 getter
class ticketPoor{
    //火车票资源池
    private int offlineNum = s*pq;
    private int onLineNum = s*(1-pq);
}

class writtingList{
    //买票请求队列
    private int offlineRequest = 0;
    private int onLineRequest = 0;
}

class staticSchedule{
    void ticketSchedult(){
        while(offlineNum!=0 || onLineNum!=0){
            if(request from offline)
                offlineRequest++;
            if(request from online)
                onlineRequest++;
            if(onLineNum!=0 && offlineNum!=0){
            //均有票时，消耗各自资源
                while(onlineRequest !=0 && onLineNum !=0){
                    onLineNum--;
                    onlineRequest--;
                }
                while(offlineRequest !=0 && offLineNum !=0){
                    offLineNum--;
                    offlineRequest--;
                }
            }
            else if(onLineNum==0){
                //网络预分配票售完，则拒绝网络请求
                reject online request;
            }
            else if(onLineNum!=0 && offlineNum==0){
                //网点预分配票售完，网络预分配票未售完
                while(onlineRequest !=0 && onLineNum !=0){
                    //优先分配给线上
                    onLineNum--;
                    onlineRequest--;
                }
                while(offlineRequest !=0 && onLineNum !=0){
                    //再把线上资源和线下共享
                    onLineNum--;
```

```
                                    offlineRequest--;
                        }
                }
        }
        reject all request;
    }
}
```

小 结

　　本章首先介绍了质量属性场景及战术的相关定义，接下来分析了性能的质量属性场景以及相关战术。性能战术分为资源需求类、资源管理类、资源仲裁类三个大类，每类的战术均有多个子战术。在描述每个战术时，采用了多个实际例子进行说明。读者在阅读本章时，需针对每个战术的例子，仿照代码在实际开发工具中进行重现，只有通过这种方式才能增强对本章的理解。

习 题

　　（1）请用自己的话描述一下质量属性场景包含哪些要素？
　　（2）请说明一般质量属性场景是什么？
　　（3）请选择一个资源需求类战术并进行实现。
　　（4）请自行采用 Java 或 C++实现服务器端多线程。
　　（5）请在 Java 中实现动态优先级调度算法。

第6章

可用性的质量属性场景及战术
Quality Attributes Scenarios and Tactics for Availability

上一章介绍了质量属性场景的相关定义，以及性能的质量属性场景及战术。本章将对可用性的关注点、一般场景以及战术等进行详细论述。

6.1　可用性的关注点

性能保障了系统可在一定时间内对请求进行响应，但不能保障该系统正常运行。一个系统的可用性是系统的基本要求之一。所谓可用性是指系统可正常执行时间的比例，一般利用算式"系统平均工作时间/（系统工作时间+系统错误时间+系统维修时间）"来表示。其中，系统按照预定规划的停机、停止服务时间不算在内。

显然，关注一个系统的可用性可以从了解系统故障开始。可用性与系统故障及其引发的后果有关。当系统不再提供其规范中所说明的服务时，就出现了系统故障，系统用户（人或其他系统）可以察觉到此类故障。

故障与错误是经常容易被混淆的两个概念，故障、错误、BUG之间是有区别的。软件由代码构成，代码由于人为因素写错了或者考虑不周全，成为了错误。有错误的软件存在一定缺陷，该缺陷在某种情况下可以转化为故障。产生了故障，人们就认为系统出BUG了。错误是最原始的驱动力，一个错误不一定导致故障，因此错误不见得被人们察觉。但是，一旦错误变为故障，人们是可以通过软件的外在表现而察觉。故障是系统出错后导致系统不正常工作的结果，故障从某种意义上来说属于现象。即通过故障这种现象，人们可以知道软件存在BUG，最终找到相关错误点，并对错误代码进行修复。BUG是被激发出来的错误，是故障的总称，因此一个系统实际存在的错误数比BUG数要多，因为只有被激发出来的错误才能成为BUG。

在本节中，重点考察故障，即已经对系统产生影响且可以被用户观测到的错误。因此如何发现故障、了解故障的特性成为首要任务。通过以下几点可以对故障进行完整的理解，也有利于了解可用性相关需求。

- 如何检测系统故障：系统故障可被外界观测，为最小程度影响系统的正常执行。需了解系统当前的状态，一般可采用Ping等战术用于获取系统故障状态。
- 系统故障发生的频度：故障发生的频度直接影响着系统的可用程度。了解故障发生的频率可帮助定位和解决系统故障。

- 出现故障时会发生什么情况：完整记录故障出现后对系统的影响，可帮助用户采取故障避免、恢复的措施。
- 允许系统有多长时间的非正常运行：了解系统可降级执行的最长时间，该时间有利于用户选择相应的故障恢复策略。
- 如何防止故障的发生：故障避免是提升可用性的重要措施。
- 故障发生时要进行哪种通知：当故障不可避免，至少需要让管理员、用户得到一定的提示。

6.2　可用性的一般场景

可用性的一般场景列表如表 6-1 所示。

表 6-1　　　　　　　　　　　可用性一般场景列表

场 景 元 素	可能的选项
刺激源	可以是内部模块、进程、子系统，也可以是外部系统
刺激	一些错误的调用、特意的不响应消息或者错误的消息输入、正常的调用
制品	通信信道、持久化存储、软件系统本身、某个具体模块或子系统、进程或线程
环境	正常运行状态、降级运行状态等
响应	记录相关错误、通知用户或管理员、正常运行等
响应度量	失效的时间间隔、降级模式中的维修时间等

可用性的质量属性场景图如图 6-1 所示。

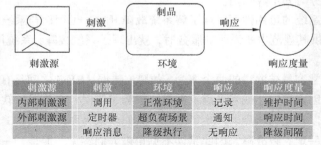

图 6-1　可用性的质量属性场景图

可用性的质量属性场景包括以下因子。

- 刺激源：刺激源可能来自内部或者外部。内部的刺激源可能来自其他的模块、进程、定时器等。外部的刺激可能来自用户、外部系统等。
- 刺激：刺激指外部的调用，包括针对错误位置的请求，或者正常请求。
- 制品：系统的进程、模块、子系统、系统等。
- 环境：当前系统所处的状态，包括正常运行状态、降级运行状态等。
- 响应：包括对该请求的记录、通知信息、相关运行的结果或者系统无响应等状态。
- 响应度量：包括系统维修时间、系统可用时间、系统可用性比例、降级的时间间隔等。

以 12306 网站为例，平常用户基本上可在该网站上进行正常的订票操作，该网站的可用性比较高。但节假日之前的 12306 网站，有时候可能由于用户访问量过大，系统处于过载状态，用户的响应时间较长。甚至在初期的 12306 网站上出现了无法响应用户请求的现象。从质量属性场景上看，最初的崩溃现象，直接影响到该系统的可用性。目前的 12306 网站在处于过载的情况下，仍可在一定程度上处理用户请求，其可用性有了一定的提升。

6.3　可用性战术

与性能战术类似，可用性战术的目的是为了提升系统可用性，通过战术阻止错误发展为故障，或者至少可以将故障控制在可管理的范畴之内，并使恢复成为可能。具体的战术示意图如图 6-2 所示。

可用性战术根据其目的可以分为以下三种。

- 错误检测（Fault Detection）。
- 错误恢复（Fault Recovery）。
- 错误预防（Fault Prevention）。

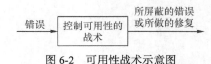

图 6-2　可用性战术示意图

6.3.1　错误检测战术

为提升系统的可用性，错误检测战术在错误发生时就对错误进行定位，从而为后续的错误恢复、预防等提供良好的基础。

1. Ping 与 Echo 战术

Ping 与 Echo 是进行错误检测最常用的方法。具体方法是由外部模块向需要检查的模块发起请求（Ping 消息），被检测模块需向请求方返回相关状态信息（Echo 消息），使得 Ping 的请求方了解被检测模块的状态。若被检测方无法在预期的时间内返回相关的 Echo 信息，请求方可根据策略再进行几次 Ping 请求或者可立即上报当前出错信息。

具体的图例如图 6-3 所示。

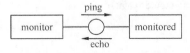

图 6-3　Ping 与 Echo 示意图

图中监测组件发出一个 ping 命令，并希望在预定义的时间内收到一个来自被审查对象（monitored）的响应。相应的服务器端回复一个 Echo 信息来判断系统是否正常运行，这个战术一般用于分布式模块之间的状态监测。

实际的 Ping 和 Echo 的流程如程序 6-1、程序 6-2 所示。

程序 6-1　Ping 伪代码示例

Ping 的伪代码：

```
public class Client{
    public void ping(Strig ip){
    Socket socket = null;
        StringBuilder sb = new StringBuilder();
        try {
            socket = new Socket(ip,10003);
            OutputStreamWriter osw = new            OutputStreamWriter(socket.getOutputStream());
            osw.write("组件的地址");
================以下为示例=====正常实现需用一个新的线程========
            InputStreamReader isr = new InputStreamReader(socket.getInputStream());
            String state = isr.read();
```

```
            if("200".equals (state)){
                    System.out.println ("访问的组件存在");
            }else if("404".equals(state)){
                System.out.println("访问的组件不存在");
                }
```

```
        } catch (Exception e) {
                System.out.println ("socket 连接错误！");
        } finally {
                try {
                        socket.close();
                } catch (IOException e) {
                        System.out.println ("socket 关闭错误！");
                }
        }
    }
}
```

程序 6-2　Echo 伪代码示例

被监测端的 Echo 伪代码：

```
public class ServerSocket{
    public void echo(){
            ServerSocket ss = new ServerSocket(10003);
            Socket socket = ss.accept();
            InputStreamReader isr = new       InputStreamReader (socket.getInputStream());
            String address = isr.read();
            String state = new String();
            If(address 存在){
                state = "200"
                }else{
                state = "404";
                }
            OutputStreamWriter osw = new OutputStreamWriter(socket.getOutputStream());
            Osw.write(state);
            socket.close();
        }
        }
}
```

Ping 是由客户端向服务器端发送，它的作用和网络中的 ping 命令类似，监测服务器端的组件是否正常运行。Echo 就是服务器端向客户端发送该组件的状态，例如在上面的代码中如果服务器端发送的状态码是 200 表示组件存在，如果状态码是 404 说明组件不存在。另外，如果在规定的时间内没有返回信息，我们则认为该组件不存在。如果纯粹的 Ping/Echo 监测的组件是整个服务器端的程序，则上述例子不用提供状态码，只需回复任意消息即可。

2．Heartbeat 战术

Heartbeat 与 Ping 的战术类似，Heartbeat 也是一种典型的错误检测战术，但是 Heartbeat 的发起方是被检测者自身，通过定期发送 Heartbeat 消息向外界表明当前模块处于正常运行的状态。因为 Heartbeat 一般固定时间间隔，类似人的心跳，所以被称为心跳消息。Heartbeat 战术与 Ping/Echo 战术很容易混淆，Hearbeat 架构示意图如图 6-4 所示。与 Ping 示意图类似，右侧为被检测的节点。不同的地方在于，右侧节点主动上报心跳信息，而不是等待左侧节点的主动询问。

在具体实现上，右侧节点主动向左侧节点上报相关心跳信息，如左侧节点启动情况、判定计时器是否超时、判定右侧系统是否失效等，如图 6-5 所示。

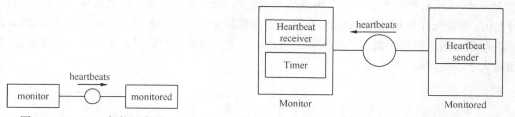

图 6-4　Heartbeat 架构示意图　　　　　　　　图 6-5　标准 Heartbeat 的模块图

Heartbeat 的通信过程其实有点类似 Ping 的发送过程，当左侧节点对右侧节点进行心跳监测时，右侧节点对左侧节点定期发送 heartbeat 消息（该消息类似 Ping 消息的发送）。左侧节点需在每次接收 Heartbeat 消息时停止上一个定时器的工作，同时开启新的定时器。理想情况下，若定时器超时，说明右侧节点可能出现故障，左侧节点需进行下一步的诊断工作。若需进行诊断工作，则上图将增加相应的模块，如图 6-6 所示。图中增加了相应的 Ping 和 Echo 的支持模块，这些模块在 Heartbeat 消息超时时被调用，即当计时器超时，左侧模块将发送 Ping 消息，同时启动新的计时器等待 Echo 的到来。若在超时前接收到了 Echo 消息，则说明右侧模块并没有失效，反之则判断右侧模块失效。

Heartbeat 与 Ping 经常配合使用达到最优的效果。在正常情况下，通过 Heartbeat 消息监测系统的状态，当 Heartbeat 消息消失后，可利用 Ping 消息做二次确认，若 Ping 消息也没有得到反馈，此时可判定相关模块出现故障。如图 6-7 所示，备份复件需要检测主复件的状态信息，所以主复件向备份复件定时发送 Heartbeat 消息用于告知备份复件相关状态信息。备份复件在收到每个 Heartbeat 消息之后，启动新的计时器，若计时器超时仍未收到下一个 Heartbeat 消息，则备份复件进入确认阶段。备份复件发送 Ping 消息，并且启动新的计时器，若在新的计时器超时仍未收到主复件的 Echo 信息，则说明主复件故障，然后备份复件代替主复件接管所有工作，所有的客户机将与原来的备件复件进行通信。此时，需要通知管理人员主备切换的消息，便于管理人员设置新的备件，以保障未来的正常切换。

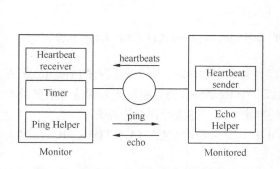 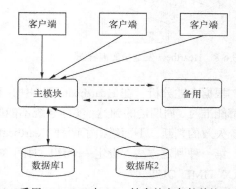

图 6-6　Heartbeat 与 Ping 混合使用的示意图　　图 6-7　采用 Heartbeat 与 Ping 结合的主备件替换示意图

如图 6-8 所示，展示了一个典型的 Heartbeat 发送端的流程图，包括了获取控制端的地址，该地址的获取一般通过配置文件或者通过某个公共数据存储获得，需包括相应的 IP 地址以及端口号。与该地址同时获得的还包括心跳的频率、后续处理策略等。在获得相关的参数之后，Heartbeat

发送端开始向控制端发送相关的心跳信息，直至心跳需要终结的时候。

如图 6-9 所示，展示了 Heartbeat 接收端的典型流程，该流程有两个主要的分支。一个是正常接收 Heartbeat 消息的流程，另一个则是超时未收到 Heartbeat 消息的处理流程。在整个接收端流程开始时，需首先注册相关的计时器，在计时器未被触发时收到心跳消息为正常的 Heartbeat 消息，若计时器超时则进行超时流程。在实际的设计中，考虑到网络的延时，相应的计时器的超时时间会稍微大于心跳间隔。

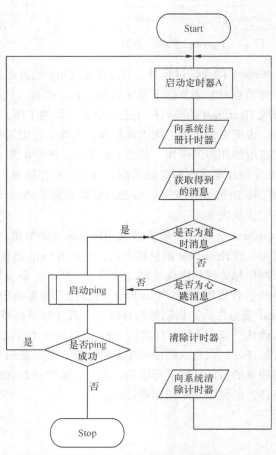

图 6-8　Heartbeat 发送端的流程图　　　　图 6-9　监控端的 Heartbeat 流程（接收端典型流程）

根据上述分析，在 Heartbeat 战术中由于网络存在着一定的延时，并不是所有的 Heartbeat 消息都能准时、周期性的到达，实际系统不能简单地以一个 Heartbeat 消息超时或未到达为依据做出系统失效的判断。下面给出了两种 Heartbeat 消息的判定方法，并进行详细的说明。

第一种判定方法。设定一个超时时间 TIME_OUT 与最大超时次数 MAX_TIME_OUT，建议 MAX_TIME_OUT = 3。

- 判定系失效方法：在发送消息之后的 3 次超时计数过程中，只要接收到回应，就判定系统未失效。
- 如果在发送消息之后的 3 次超时计数过程中监听组件都没有收到回应，判定系统失效。

具体实现如程序 6-3 所示。

程序 6-3　判定超时的伪代码

```
boolean isFailed(Node node){//传入方法的参数为一个节点 Node
    int MAX_TIME_OUT = 3;//设定最大超时次数为 3
    int TIME_OUT = 5000;//设定超时时间为 5000ms
    while(KeyboardListener()!='s' ){//按 s 停止监听
        for(int i = 1;i <= MAX_TIME_OUT;i++){//循环结束时经历了三个 TIME_OUT 时间
            wait(TIME_OUT);//等待超时时间
            if(node.response != NULL){//如果收到 heartbeat 消息
                return false;//判定系统未失效
        }
        return true;// MAX_TIME_OUT 次未收到消息，判定系统失效
    }
}
```

第二种判定方法。参考 TCP 的超时重传机制，让监听组件具有发送 ACK 消息的功能，ACK 消息带有序号，监听组件发送 ACK 消息之后，响应组件接收到 ACK 消息后才发回 Heartbeat 消息，Heartbeat 消息也带有序号，且应与对应的 ACK 消息的序号相同。另外设定一个超时时间 TIME_OUT 和一个最大无响应次数 MAX_NO_RESPONSE，建议 MAX_NO_RESPONSE = 3。

- 判定系统未失效方法：连续 3 次发送 ACK 消息之后至少有 1 次得到相同序号的 Heartbeat 消息响应，判定系统未失效。
- 判定系统失效方法：连续 3 次发送 ACK 消息之后在 TIME_OUT 时间内无相同序号的 Heartbeat 消息响应，判定系统失效。

具体实现代码如程序 6-4 所示。

程序 6-4　三次重发的伪代码

```
boolean isFailed(Node node){//传入方法的参数为一个节点 Node
    int TIME_OUT = 5000;//设定超时时间为 5000ms
    int MAX_NO_RESPONSE = 3;//设定最大无响应次数为 3
    while(KeyboardListener()!='s' ){ //按 s 停止监听
    for(i=1;i<=MAX_NO_RESPONSE;i++){
    send(ACK);//发送 ACK 消息
    wait(TIME_OUT);//等待超时时间
    if(node.response != NULL&&node.response.seq == ACK.seq ){
    //如果获取到 Heartbeat 消息
                        return false; //判定系统未失效
    }
    return true;// MAX_NO_RESPONSE 次未收到消息，判定系统失效
    }
}
```

除了上述两种方式之外，一般在高可用性要求的系统中还采用冗余通信信道的方法。

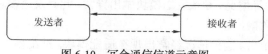

图 6-10　冗余通信信道示意图

如图 6-10 所示，冗余通信信道的方式需在发送端与接收端有两条独立的通信路径，平常工作过程中检测主通信链路工作状态的同时也检测备用通信链路状态，如果主链路失效了，可暂时通

过备用通信链路通信，并把这一状态报告给系统管理员，修复已经失效的链路。两条链路同时使用避免了由一条链路故障引起的数据发送的中断。如程序 6-5 所示，展示了冗余通信信道的一个典型示例代码。

程序 6-5　冗余通信信道伪代码

首先为了保证冗余通信，需要两个线程。线程 1 用于正常发送消息，线程 2 用于维护相关链路
线程 1 的伪代码：

```
while（true）{
    if(现在主通道是正常的)
        通过主通道发送消息
    else
        获取当前正常的通道的句柄
        发送消息
}
```

线程 2 的处理流程：

实质是多个 Heartbeat 的监控端的代码。
分别同时监控主通道和备用通道。
当主通道出错时，上报管理员，同时为线程 1 提供当前可用的备用通道句柄

基于上述分析，Heartbeat 消息的传递实质是建立了一个稳定的数据通道，该通道不仅可以用于传送 Heartbeat 消息，还可被用于携带相关的数据信息，例如 ATM 机可将相关的日志信息通过 Heartbeat 消息上报给控制中心。同 Heartbeat 信息携带日志信息的方式不仅高效地利用了现有通道，还有利于快速定位故障。例如，Heartbeat 消息突然消失，控制中心由于之前已经采集了相关日志信息，可通过对日志信息的分析了解出错前 ATM 机的状态信息，从而使维修人员到达现场之前对相关故障有了一定的了解。

3. Exception 战术

异常，是程序出错后上报的消息。针对异常信息一般需要对应的异常处理程序对其进行异常处理，异常处理程序一般与抛出异常的程序同属一个进程或者线程。现代的程序语言一般都内嵌了异常及处理机制。以 Java 为例，异常机制以 Exception 作为父类形成一套体系。所有的异常都需要继承 Exception。

异常是在运行时被发现并且抛出。针对抛出的异常，一般有多种处理方式，包括：异常捕获后记录；异常捕获后对该异常进行恢复处理，并让流程重新执行产生异常的代码；异常捕获后，将异常记录并抛出包装过的异常。

- 异常捕获后记录，这种异常处理方式最常见。适用于该异常并不严重、不影响正常执行的情况，因此只需将该异常捕获、记录，程序仍可正常向下执行。例如，一个计算器程序，当发生除 0 异常时，该计算器只需记录一下，并向下执行（重新开始其他计算任务）。
- 异常恢复，并重新执行。采用这种处理方式的原因可能是产生异常的代码段是系统必要的代码段，需要在异常之后重新执行。例如，一个程序需要发送相关的数据到外部的一个网站，由于网络异常等情况，导致发送模块抛出异常，此时发送模块将启动异常恢复的过程，并尝试再次发送数据。
- 异常捕获后重新抛出。这种情况经常出现在适配模块。适配模块是连接上层调用模块与底层服务模块的中介，它对上代表服务模块，对下代表调用模块。当调用模块调用适配模块后，适配模块调用服务模块，而若服务模块抛出相关异常时，适配模块有必要将该异常传递给上层的服务模块。适配模块重新抛出异常的方式，还可分为全新异常、原异常等多种

方式。全新异常是指，当适配模块向上报异常时，将原异常的形态、语义进行修改，并以更接近人可理解的语言重新组织异常。一般系统中，采用全新异常有利于上层模块更好地理解底层异常的语义。然而，采用全新异常也将带来新的问题。即全新异常的语义可能与原异常存在差异，丢失了相关细节信息等，因此一般也建议全新异常需携带原异常信息。

如程序 6-6 所示，代码包括了上面描述的异常捕获记录、异常恢复及异常重新抛出，展示了异常捕获并记录的代码，该代码通过 catch 捕获相关的异常。接着在 catch 代码段中记录相关异常信息。本代码将相关的异常信息写入了文件，也可根据用户需求将异常信息写入数据库、远端存储或者发送到远端服务器。

程序 6-6　异常捕获并记录的示例代码

```
try{
    ……//要运行的代码
}catch (Exception e) {//捕获到异常
    new File ("要写入的文件 URL");
    fileWrite = new FileWriter(file, true);
    writer = new PrintWriter(fileWrite);
    writer.append (写入的文件的日志格式);
    writer.append(e.toString());//把异常提示写进文件
    e.printStackTrace(writer);//把异常的内容写入文件
    writer.close();//关闭 writer
}
finally{
    out.(显示信息)
}
```

异常恢复的典型场景是数据库操作时的事务出错流程。在进行数据库操作时，可以通过提交事务来进行相应的数据库操作，在这个过程中可以设置保存点，当事务执行发生错误时，可以rollback（回滚）到保存点（部分回滚），也可以回滚整个事务。这样程序会对发生错误的部分重新执行一遍。如程序 6-7 所示，展示了事务操作的典型流程。当用户提交事务时发生异常，该异常将被捕获，捕获之后用户可选择进行回滚，本例中可以选择回滚到保存点，若没有相应的保存点，则将本次操作全部回滚。

程序 6-7　异常恢复的示例代码（数据库例子）

```
try{
    conn=Connection  to  DB  using  username  and password;   //连接数据库
    conn.setAutoCommit(false);   //禁止自动提交事务
    SQL_Statement1    //SQL 语句
    SQL_Statement2
    save TRANSACTION saveName //设置保存点
    SQL_Statement3
    SQL_Statement4
    conn.commit TRANSACTION Transaction_Name    //提交事务
}catch(Exception e){   //捕获异常
    out.( "提示信息");
    try{
        ROLLBACK TRANSACTION saveName   //回滚到保存点
    }catch(Exception e1){
        ROLLBACK TRANSACTION topTransactionName     //回滚到最上层的事务
```

```
    }
  }
  finally{
      out.( "提示性语句")
  }
```

异常恢复一般需要当前的程序十分明确如何处理相关异常。而在很多情况下，当前的程序代码段对需要处理的异常并不十分了解，因此需要将异常抛出（throw），将异常处理的责任转移到调用者。一般来说，异常重新抛出的做法是把捕获到的异常包装成自定义异常类，或者其他异常类，重新使用抛出。如程序 6-8 所示，通过定义 MyException 类，该类继承 Exception 或它的派生类。在程序使用时，在需要抛出异常的地方实例化 MyException 类的对象，并将其抛出即可。需要注意的是，MyException 类最好自身携带原有的异常信息。

程序 6-8　异常重新抛出示例代码

```
try{
    method();   //要执行的方法或语句
}
catch (Exception e) {//捕获到异常
    myException=new MyException(包装内容);//包装成自定义异常类
    throw myException;   //重新抛出异常
}
public class MyException extends Exception{//自定义异常类
    T var1
    T var2
    ……
      public MyException(T var1, T var2,……){
          this.setVar1(var1);
              this.setVar1(var2);
      }}
```

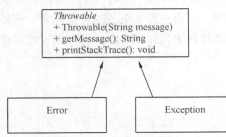

图 6-11　Java 错误与异常体系

上述例子中均使用了 Java 语言进行代码示例，下面简单介绍一下 Java 的异常处理机制。图 6-11 所示为 Java 的错误与异常体系示意图。

Java 的异常体系继承 Throwable 接口，在该接口的基础上包含了 Error 和 Exception 两个主要的种类，其中与本节所相关的 Exception 是所有异常的基类。用户可以在 Exception 类的基础上自行派生出相关的自定义异常类。正是由于 Java 在语言层级就设计了这样的异常基类以及相关异常的关键词，Java 的异常处理机制存在着众多的优势。

- Java 异常处理机制给错误进行了统一的分类，通过扩展 Exception 类或其子类来实现，从而避免了相同的错误可能在不同的方法中具有不同的错误信息。在不同的方法中出现相同的错误时，只需要抛出相同的异常即可。
- 可以相对准确地定位到导致程序出错的源代码位置，并获得详细的错误信息。通过异常类可以给异常更为详细、对用户更为有用的错误信息，以便于用户进行跟踪和调试程序。
- 使正确的返回结果与错误信息分离，降低了程序的复杂度，调用者无需对返回结果进行更多的了解。

- 强制调用者进行异常处理，提高程序的质量。当一个方法声明需要抛出一个异常时，那么调用者必须使用 try…catch 块对异常进行处理，当然调用者也可以让异常继续往上一层抛出。

在使用相关异常的时候，应该注意以下几个问题。

- 异常的范围尽量小。
- 异常重新抛出时最好携带相关原始异常信息。

针对第一个问题，开发人员在写异常捕获代码时经常将异常的范围扩大化，例如利用一个 Exception 类的异常捕获所有的异常。这种写法的确可以帮助开发人员简单地处理异常，然而却忽视了不同异常的差异。如程序 6-9 所示，包含了 FileNotFoundException 和 IOException 两个异常，若使用一个 Exception 进行捕获可能就无法明确地对相关异常进行处理。因此，建议使用程序 6-9 所示的异常细化方法，针对每个异常进行单独捕获。

程序 6-9　使用多个异常细化相关的范围

```
public void method1()
{
    FileInputStream aFile;
    try
    {
        aFile = new FileInputStream(...);
        int aChar = aFile.read();
        //...
    }
    catch(FileNotFoundException x)
    {
        // ...
    }
    catch(IOException x)
    {
        // ...
    }
}}
```

与捕获异常相对应，主动抛出异常也需要进行细化。如程序 6-10 所示，展示了主动抛出多个异常的写法。在这个写法中，定义了多个异常，并分别进行抛出。这样异常接收者可根据异常的种类直接进行相应处理。

程序 6-10　主动抛出多个异常

```
public void withdraw(float anAmount) throws InsufficientFundsException
{
    if (anAmount<0.0)
        throw new IllegalArgumentException("Cannot withdraw negative amt");
    if (anAmount>balance)
        throw new InsuffientFundsException("Not enough cash");
    balance = balance - anAmount;
}
```

在重新抛出异常时，除了需要注意多个异常的区分，还需要注意将相关的异常信息携带给上层。否则当上层收到该异常信息时，不明确具体底层的详细异常信息，则难以进行处理。如程序 6-11 所示，其中的 throw y，若这个 y 对象不包含原有信息，则外部用户无法确切知道原有 x 对象的信息。

程序 6-11　重新抛出时需要携带原有异常

```
public void addURL(String urlText) throws MalformedURLException
{
```

```
try
{
        URL    aURL = new URL(urlText);
        // ...
}
catch(MalformedURLException x)
{
        // determine that the exception cannot be handled here
        throw y;
}
}
```

除了以上异常所需要注意的地方，在实际的系统设计中还需注意的是：在设计一个系统时，设计该系统的异常体系也是一个重要的工作，却经常被人们忽略。好的异常架构可帮助用户快速定位错误原因；差的异常体系则可能文不达意，误导用户的分析方向。

6.3.2 错误恢复战术

错误恢复是在错误检测的基础上对错误进行恢复的一类操作的总称。错误恢复战术主要在发现错误之后，通过纠正错误、重新计算等形式对错误进行恢复的一系列操作。这些战术保障错误能够在演变为真正故障之前被消灭掉。

1. Voting 战术

Voting 即表决战术。表决战术是通过多个相同功能的程序同时运行同样数据，针对每个程序的输出结果进行判断，取多数的结果为最终结果。图 6-12 所示为表决战术的示意图。

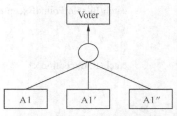

运行在冗余处理器上的每个进程（A1 等）都具有相等的输入，它们计算发送给表决者的一个简单的输出值。如果表决者检测到某个单处理器的异常行为，那么就终止这一行为。通过这种表决的架构，可在出错的节点少于一半时保持处理结果的准确性。

图 6-12 表决战术的示意图

表决战术应用时，需要注意以下几点。

- 表决采用多个相同功能的程序，而非多个同一程序。若采用同一个程序，则可能由于程序的同一处缺陷，导致所有的程序都出错。例如，某个程序在编写的时候由于程序员疏忽，未检测某个除零的异常。如果采用这个程序的多个副本进行表决，则可能在同一个时刻所有程序都抛出异常，表决无法继续进行。因此，一般要求表决器的这几个输入程序由不同的开发人员分别完成，从而减少无法表决的可能性。
- 尽可能采用不同品牌或架构的机器运行各个程序。与不采用同一个程序的原因类似，可能会由于 x86 或者 ARM 架构中某个隐含的 BUG 导致程序在运行某个系统调用时出现严重系统错误，从而导致表决无法进行。
- 程序的个数是奇数而非偶数。表决器需一次性出结果，因此表决器模式中的程序是奇数才能保障出现稳定的结果。
- 若有可能，采用不同算法完成同一个任务，比同一个算法思想的不同实现要好。

Voting 战术应用场景较为广泛，具体如下所述。

- 可以通过配合多个专家系统共同协作解决问题，以提高可靠性。
- 表决系统还可以结合多个分类器，应用在模式识别领域中，提升识别的准确性。

- 表决系统可用在分布式系统的人工排除问题中，通过表决器可快速定位错误的模块。
- 通常用在控制系统中，用于纠正算法的错误操作或处理器的故障。
- 用于复杂的数据处理计算，提升计算的准确性。例如快速傅里叶变换或者卷积、相关函数的计算、航路计算、威胁计算以及应对策略计算等。

Voting 运行在冗余处理器上的每个进程都具有相等的输入，它们计算的值都发给表决者，表决者发现异常则终止进程。

代码启动了 Num 个进程，每个进程中运行着相同的函数，由主进程发送给每个子进程中方法相同的参数，确保它们具有相同的输入；同时，定义一个数据类型用来保存表决的结果，根据每个进程得到的最后结果进行表决；最后将表决结果进行排序，这样后续处理可以方便地取投票最多的结果，也可以方便地终止那些投票少的进程。一般情况下，在输入数据后，N 个模块分别对数据进行处理，得到 N 个结果，交由表决算法处理。然后对输出结果进行计数，若最多相同结果数唯一，则输出该结果值；若最多相同结果数不唯一，则输出无法表决。

可以看到，表决可能使系统无法输出任何一个计算结果，也就是说输入数据之后系统并没有输出数据而是输出无法表决。对于这种情况，如果我们希望系统给出一个输出结果值，那么有以下两种方式。

（1）在多个最多相同个数的输出结果中随机选择一个作为输出结果值。

（2）对所有最多相同个数的输出结果进行排序，取中间值作为输出结果值。

这样，我们一定可以得到一个输出结果，但是并不具有较高的正确率和安全系数。因此对于不同的实际情况，应该针对不同的系统和环境进行具体分析，来选择合适的表决算法，以得到更好的输出。

如程序 6-12 所示，展示了 Voting 判定伪代码，该伪代码主要将相应的结果存储到相应的列表中，对各个结果进行表决，最后取表决结果靠前的结果。需要说明的是，该伪代码并未判定是否超过半数，实际操作中可以对该算法进行再次优化。

程序 6-12　Voting 判定伪代码

```
main() {
    int num=N;    //定义冗余组件的个数
    T c1,c2;    //传给冗余组件相同的输入
    Thread_Name threads[num];    //冗余组件数组
    //启动 N 个线程，每个线程里运行一个方法，给每个方法一样的参数
    for(i=0;i<num;i++){
        threads[i]=new Thread_Name ("threadName" c1,c2);    //创建线程
        threads[i].run();    //启动线程
    }
    //counters 用来保存表决的结果
    List<Counter> counters=new ArrayList<Counter>();
    for(i=1;i<=num;i++){
        r=threads[i].getRetResult();
        j=0;
        //每拿到一个新的线程，取它的运行结果，在 counters 中查找
        //是否有这个结果，如果有，则把线程的名字加到相应对象中，
        //如果没有，则在 counters 中新建一个对象
        while(j<counters.size()&&counters.get(j).getResult()!=r) {
            j++;
        }
```

```
            if(j<counters.size()){///已经存在了这个结果，把投票数加 1
                counters.get(j).add(threads[i].ThreadName());
            }
            else {//counters 中还没有这个结果，新建对象，加入 counters
                counters.add(new Counter(r));
            }
        }
        //将 counters 按照里面表决数的大小排序，方便程序做后续处理
        for (i=1;i<counters.size;i++){
            T temp=counters[i].Num;
            for(j=i-1;j>=0&&counters[j].Num>temp;j--){
                counters.set(j+1, counters[i]);
            }
            counters.set(j+1, counters.[i]);
        }
    }
class Thread_Name    implements Runnable{    //线程类
    T retResult;    //计算结果，即要返回给主线程的值
    T c1,c2;      //接收的参数
    String threadName;    //线程名
    public Thread_Name (String name,T c1,T c2){//构造方法
        this.setThreadName(name);
        this.c1=c1;
        this.c2=c2;
    }
    @Override      //重写 run 方法
    public void run() {
        retResult=c1 op c2;    //获得参数的计算结果
    }
}
public class Counter {    //表决类
    T result;    //线程运行出的结果 R
    List<String> threads;    //能运行出结果 R 的线程名
    int num;    //运行出结果 R 的线程数
    public Counter(T result){    //构造方法
        this.result=result;
        threads=new ArrayList<String>();
    }
    public void add(String thread){    //投票数加 1
        threads.add(thread);
        num++;
    }
}
```

上述表决伪代码可帮助用户快速建立表决器，然而实际输出的结果可能较为复杂，为了对上述算法进行优化，我们可将输出结果进行归一化处理后进行表决。如程序 6-13 所示，展示了输出结果归一化的过程。该归一化的过程可采用 MD5 等算法对重要的参数值的合值进行 MD5 的 checksum 计算。

程序 6-13　输出结果的归一化

```
RessultCheckSum p1(// the same arguments )
{
    RessultCheckSum checkSum =null;
```

```
    // algorithm1 process
    ...
    checkSum = ...;
    ...
    return checkSum;
}
RessultCheckSum p2(// the same arguments)
{
    RessultCheckSum checkSum =null;
    // algorithm2 process
    ...
     checkSum = ...;
    ....
    return checkSum;
}
RessultCheckSum p3(// the same arguments)
{
    RessultCheckSum checkSum =null;
    // algorithm3 process
    ...
    checkSum = ...;
    ...
     return checkSum;
}
```

2. 主动冗余

主动冗余是一种高可靠性的设计，与表决器的方式类似，但不通过表决取得结果。如图 6-13 所示，主动冗余战术针对关键模块以双备份的方式运行。B 与 B' 同时接收 C 的请求并且进行同样的操作。但是，只有 B 向 A 发送处理完的结果。相当于 B' 的处理结果在平常状态下将被丢弃。此时，若 B 出现故障，则 B' 将直接接替 B 的工作。由于 B' 的运行状况与 B 几乎一致，B' 可快速接替 B 的工作。B 和 B' 的这种工作模式就是一种主动冗余的方式。

主动冗余一般应用于对系统可靠性要求非常高的情况，且其工作代价也比较高。从硬件成本上来看，需要双份系统的硬件要求，从软件上看，需要一套高效的心跳监测和倒换机制，以及状态同步的机制。

主动冗余中所有冗余组件在启动的时候同步，以并行的方式对时间作出响应，因而它们都处在相同的状态。通常，作出响应的第一个组件的结果被采用，其他响应被丢弃。

组件间的同步是通过将传递给被冗余组件的全部消息发送给所有冗余组件。发生错误时，使用该战术的系统停机时间通常是几毫秒。恢复时间就是组件间的切换时间，因为冗余组件间状态一致，各组件接收到的都是最新的消息，并且拥有之前的所有状态。此处的冗余组件一般是指模块，但实际还可能包括通信链路。在可用性要求非常高的分布式系统中，如通信核心网，冗余组件包括通信路径。

如何自动判定切换的时机是主动冗余中重要的机制，在实际系统中一般有两种实现方式。一种是主备节点间设有交换运行状态的通信通道，由它们自行协商何时进行主备切换，可以称为自控方式。另一种是基于一个中心的冗余控制器，冗余控制器分别与主备节点通信，并决定何时进行主备切换，可以称为集控方式。自控方式的实现形式主要靠备用节点与主用节点之间的心跳以及 ping 信息保障。集控方式则如图 6-14 所示，节点 1、节点 2 同时处理所有信息，某个时刻由节点 1 作为主用节点、节点 2 作为备用节点。它们所有心跳信息上报给控制器，控制器根据相关心跳信息判断主备切换的时机。

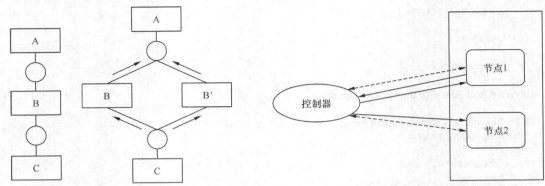

图 6-13　主动冗余图　　　　　　　　图 6-14　集控方式的主动冗余示意图

主动冗余的优点体现为切换时间非常短，数据和计算都热备。因为备份是最新的，所以恢复所需要的时间就是切换时间。热启动系统在其运行期间由于所有模块都处于激活状态，并且同时运行相同的任务，一旦担任主要输出任务的模块发生错误或者故障，则其他任何一个冗余模块都可以立即切换为主模块，接替发生故障的模块，而不需要经过大量的数据交换的时间。因此，热启动的切换速度很快，基本上不会影响整个系统的正常运行。

但是缺点却是资源消耗成倍增加。由于系统运行期间所有模块均处于激活状态，并执行相同的任务，虽然它们的运行结果并不需要输出，但是为了保证所有模块运行的一致性，必须保持它们的正常运行，这就造成资源的极大浪费。

如程序 6-14 所示，展示了典型的主动冗余伪代码。代码共设置了两个计算模块 call1 和 call2。在程序过程中，call1 和 call2 会被并行处理，根据当前哪个模块是主模块直接返回该模块返回值，另外一个模块的返回值将被丢弃。若此时某个模块出现问题，则直接返回另外模块的输出。

程序 6-14　主动冗余示意伪代码

```
void main(){
    //将 call1, call2 分别放入统一的列表 calculateList
    calculateList={call1,call2}
    Param p = getinput();   //输入的参数
    for(int i=0;i<calculateList.Length;i++){
        //设置每个计算模块的参数
    }
    //启动两个线程分别对 call1 和 call2 进行计算
    startThread(call1);
    startThread(call2);
    //等待结果
    //等待结果需要有超时机制，在超时时默认为未返回的失效
    waitforResult(call1,call2)
    if (timeout)
        return 返回 call 的结果即可
    //判断当前的主模块
    if(call1ISMain)
        //如果是 call1 则返回 call1 的结果
        return call1Result;
        //如果此时需要进行主动冗余则直接返回 call2Result
    else return call2Result;
}
```

3. 被动冗余

被动冗余与主动冗余不同，被动冗余的冗余模块并不用同时进行计算工作。在"主程序"进行工作时，组件将当前的状态信息备份一份到"备用程序"所在的服务器之上。此时备用程序并不进行相应的操作，只有当"主程序"出现问题时，备用程序才接替工作。备用程序接替工作的过程，实质是将主程序的状态恢复到备用程序的过程。当备用程序具备了主程序的状态之后，备用程序将接替主程序进行工作。因此与主动冗余相比，被动冗余的反应时间较慢，但一般也在秒级，被动冗余的示意图如图 6-15 所示。

被动冗余可以采用 1+1 的冗余方式，也可以采用 $n+1$ 或者 $n+k$ 的冗余方式，从冗余的经济性上看，被动冗余具备一定的优势。另外，被动冗余的"被动"并非指该冗余只能被动启动。其实，采用被动冗余的系统经常还可进行主动的冗余切换。通过这种主动的被动冗余切换可以方便系统进行定期检查，降低整体的宕机时间。

例如，某系统一般可稳定 10 天，然后需要一次完全的重启。在没有采用被动冗余机制之前，每隔 10 天需要进行一次完整的停机检测及维护。而在采用了被动冗余机制之后，系统管理员可每隔 9 天对系统进行一次倒换，从而做到停机检测但系统服务正常。

再举个例子，某系统之前采用主动冗余的方式，系统中包括 5 台主机与 5 台备机。采用被动冗余之后，系统可减少为 5 台主机与 1～2 台备机。大大减少了备机的个数，且仍可保持一定的系统可用性。

被动式冗余主要由服务的请求者实现，基于失败重试原理在可用的服务提供者之间进行重试，直到找到一个可用的提供者。一个组件（主组件）对事件作出响应，并通知其他组件（备用组件）它们必须进行的状态更新。同步是主组件的责任，它可以通过对备用组件的原子广播来保证同步。当系统发生错误时，首先要确保备用组件的状态是最新的。该战术依赖于备用组件对工作进行可靠接管。

它的优点是其实现相对于主动冗余简单，组件在主组件发生请求时才会更新备份，而不用像主动冗余那样一直进行计算。它的缺点则是实现虽然简单但是有很大的局限性，这体现在要求冗余节点只能是作为信息的处理者，完全作为 C/S 架构中的 S，而不可能作为信息的发起者，这类冗余在事务处理系统（MIS）中比较合适，因为这类系统总是响应用户的操作，而很少会有自动收集信息并处理的业务，而对于控制系统之类的系统则不适合。同时，它的响应时间较主动冗余慢，主要体现在状态同步所消耗的时间。另外，由于状态的同步可能造成数据的不完整，主组件可能在失败时尚未将相关数据同步，或者某些数据同步过程中容易出现冲突。

如程序 6-15 所示，展示了典型的被动冗余的伪代码，在该伪代码中主进程在正常运行过程中不断地将状态数据备份到备份进程所在的服务器。当出现故障时，备用进程进行状态同步接管，主进程工作。当正式接管后，将自身设置为主进程，并通知管理员刚才发生倒换。管理员接收到该消息后，需进行相关配置，典型的包括设置新的备用进程。

程序 6-15　典型的被动冗余的伪代码

```
//定义了 MainProcess，BackUPProcess
//MainProcess 正常运行中
//每隔一段时间将数据备份到 BackUPProcess 的服务器
 doBackUP(time)
//如果 MainProcess 出现问题
If Error{
```

```
//BackUPProcess 接管工作，首先同步状态
BackUPProcess.getBack();
//BackUPProcess 正式接管工作
BackUPProcess.start()
//设置自己为主进程
SetMainProcess(BackUPProcess)
//通知管理员
AlterTOAdmin()(
}
```

4. 备件（Spare）

此处的备件是狭义的备件概念。备件是比被动冗余还低级别的错误恢复方法。被动冗余中，备用机器仍不断地收集相关状态信息；而在备件的方法中，备用机器将不再实时收集相关状态，备用机器甚至可以不启动。只有等到系统出现故障或错误时，备用机器才被启动，启动之后接替主机的工作。因此备件的响应时间又比被动冗余来得长，一般在分钟级别。

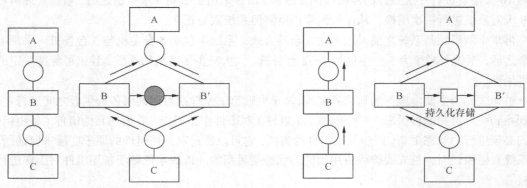

图 6-15　被动冗余示意图　　　　　　　　图 6-16　备件的示意图

备件的倒换过程，如图 6-16 所示。主机在运行过程中，将相关的状态信息直接存储到持久化存储之中（如数据库、分布式文件系统等）。当主机失效时，备用机器被启动，备用机器从持久化存储中读取主机所存储的相关状态信息，并且将这些状态信息恢复到运行状态，继续响应相关后续请求。需要注意的是，备件可能在不同机器上启动，也可能在同一台机器启动，因此上面所说的备用机器、主机也可能是备用进程、主进程。

在实际生活中，备件是经常被人们所使用的，只不过人们未意识到而已，例如备用的螺丝、电池等。当手机没电时，通过更换电池使得手机继续工作，此时电池也被称为备件。可以发现，备件也可以是通用的模块，该模块最初与系统关系不大，只有当备件被放置到系统时，才与系统产生联系。典型的备件系统伪代码如程序 6-16 所示。

程序 6-16　备件实现的伪代码

```
system.run()       //系统正常运行
if  system.hasError()        //发生了异常或者错误
        if  system.findBackUPComp（）//寻找可使用的备件
                system.startBackUPComp()    //如果找到的话使用备件支撑系统工作
        else
                system.end()    //        如果找不到，系统将会终止服务
```

备件系统的优点包括以下几点。

- 以现有的系统为依托，不需要任何时间或科研投入，可以立即实现。
- 配置、安装、使用简单，无需额外的培训、设计等。
- 使用备件系统，从理论上来讲，系统的故障率可以接近为零。

备件系统的缺点包括以下几个方面。

- 投入成本较大，需要购买额外的系统，以及增加该系统后的后期维护成本等。
- 完全独立的系统并不存在，所以备件系统最大的缺点在于相互独立的配置之间会互相影响（尤其是依靠人的备件系统）。

5. Shadow 操作

Shadow 操作主要是指一个模块出错之后，可以以一种降级的方式运行，这种降级的方式可以支持原有少数功能，却不支持所有的功能；或者仍然支持所有的功能，但是功能提供的服务质量下降了。典型的 Shadow 操作，如大家熟悉的 Windows 的安全模式。当 Windows 系统出现严重错误时，Windows 系统重启之后可能进入安全模式，即此处所讲的 Shadow 模式。在 Windows 安全模式，系统将只加载必要的运行库，因此避免了由于用户安装程序所导致的系统稳定性问题。用户在 Shadow 模式下仍可进行相关的程序安装、系统配置等功能，等待配置完毕后，用户可重新启动系统进入正常模式。需要注意的是，Shadow 模式下所做的操作也会被合并到正常模式之中。

在实际系统中，Shadow 操作一般可分为功能减少的降级执行以及质量下降的降级执行两种。例如，上述例子中的 Windows 安全模式属于功能减少的降级执行；而对于一般网站在不正常运行时，可能采用提高响应时间、仅接纳高级用户等质量下降的降级执行方式。那么怎么才能实现响应的 Shadow 模式呢？功能减少的降级执行，只需改变系统内部的执行逻辑，将一些功能隐藏起来，使得外部用户无法访问该功能；质量下降的降级执行则包括更改系统配置、减少队列长度等方法。

实现 Shadow 操作与系统配置及程序架构都有关系。以程序配置实现 Shadow 操作的方式，如一些网站在负载量较大的时候暂停一些非必要性的服务，从而保障核心服务获得更多的执行资源。

6. 状态再同步

主动、被动冗余和备件战术要求组件在提供服务之前，要更新其状态，这种操作称为状态再同步。状态再同步是保障各个备用模块能够正常处理后续请求的关键操作，状态再同步的难度主要取决于状态的多寡、频率等因素。显然，更新 1 000 个状态的难度远大于更新 100 个状态，状态更新的时间频度也成为状态再同步的重要因素。

为达到较好的状态再同步，在设计之初就需考虑状态的集中性。若一个系统的状态仅存在于某几个特定的类或者数据结构之中，则恢复起来相对容易。反之，若干系统的状态分散在过多的类、数据结构之中，必然导致状态再同步的复杂性。图 6-17 展示了典型的状态再同步的过程。

例如某个系统中，状态分布在 20 个不同类里面，系统的状态再同步需考虑 20 个类的状态以及相关的状态关联关系。若对该系统进行重构，将相应状态集中到 5 个类中，则该系统的状态再同步的难度将大大降低。

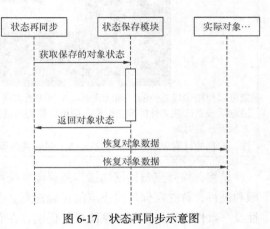

图 6-17　状态再同步示意图

7. 检查点/回滚

检查点与回滚是一种常见的基础战术。所谓检查点与回滚实质是对系统状态进行标记，当系统出问题时，可将系统恢复到之前标记的正确状态。从而保障系统的正确执行。

系统在标注检查点时，将保留检查点的快照。例如，Mac 系统的 Time Machine 功能将整个磁盘当前的状态进行保存，该快照相当于保留了系统此刻的所有信息。当未来系统出现问题，或者需要将本机系统恢复到其他机器时，可选择某一个快照进行恢复。这个恢复过程就称之为回滚。显然，回滚之后系统将恢复到快照之时的系统状态，快照之后所有的更改将被清除。

表 6-2 所示为苹果官方给出的 Time Machine 的恢复界面以及相关具体操作。在实际的操作中，用户可选择到某个时间点的系统、文件进行恢复。这些时间点就是本文所说的检查点，而对于数据的恢复即回滚。

再如，在机房管理中经常存在"影子系统"的概念。当一些人使用了机房机器之后，为防止对机器系统的恶意修改，所有操作将在重启之后被清除。即所有系统启动时均是以制造快照的那个系统为主，系统所有的操作将在关机、重启之后被回滚。

在网页应用中，有时候由于外部的攻击或者自身服务器故障，导致网页应用数据或文件缺失，此时经常将备份的系统恢复到服务器之中，这种操作也属于检查点与回滚的范畴。此时的检查点相当于备份点，回滚即系统恢复的操作。

表 6-2　　　　　　　　　　　　时间机器恢复数据的例子

从 Time Machine 备份恢复数据

通过 Time Machine，您可以"回到过去"以恢复文件、文件的版本或整个系统。确保您的备份驱动器已连接和安装。如果没有，Time Machine 会警告您"找不到当前的 Time Machine 备份磁盘。"。

恢复特定文件或文件夹

从 Time Machine 菜单中选取进入 Time Machine，系统将显示恢复界面。您可以真实地看到您的窗口似乎"回到过去某个时间的状态"。

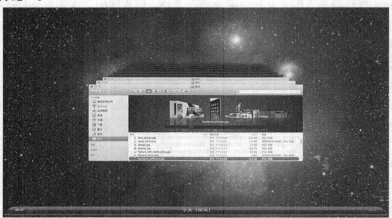

您可以使用窗口右侧的时间线找到某个过去的时间点。时间线会显示备份驱动器上所有备份的时间。如果不知道删除或更改某文件的确切时间，则可以使用向后箭头，让 Time Machine 自动"穿越时光"，以显示该文件夹上次更改的时间。

注：粉色的日期表示数据位于 Time Machine 备份设备上。白色的日期表示数据位于 Mac 上。

显然，检查点与回滚的操作是保障系统可用性的重要战术之一。为保障检查点与回滚战术的顺利进行，首先需保障检查点的正确建立。若检查点建立得不完整，则系统恢复时很难保障完整性及一致性，这样恢复的系统可能仍然存在着一系列问题。因此，在建立检查点时需要确保检查点可以如实地反映当前系统的状态。一般来说，建立检查点之后需要与原系统进行比对。同时，在比对完成之后需要对检查点进行冻结。经常可能发生的情况是，建立完检查点且对比完成，检查点却在之后的操作中被篡改，从而使得系统的恢复仍存在问题。为保障检查点的不可篡改，可以采用计算 MD5 值或者将存储介质变为只读等方法。回滚时，首先需要检查检查点数据的完整性和一致性，在回滚时应该保障系统无法进行其他操作，否则可能破坏系统回滚点。

为解决上述问题，在数据库操作中连续进行几个操作，而这几个操作需要合在一起作为一次原子操作（即要么一起成功，要么一起失败），一般称之为一个事务。在实际编程中，需声明事务开始的时刻、事务完成的时刻，以及回滚的操作。

6.3.3　错误预防战术

无论是错误检测战术，还是错误恢复等战术，都是发生在错误已经产生的前提下。显然，若可以将错误消灭在发生之前，则对系统的影响最小，错误预防战术正是在这个前提下诞生的。

一般的错误预防战术包括从服务中删除、重启，事务，进程监视器等。

1. 从服务中删除战术

从服务中删除或者重启，是指在预测到某个子系统或者模块即将发生错误时，主动将其终止或者利用其他的模块临时接替该模块的工作。例如，某个模块一般在 10 个小时后出错，那么系统可能在第九个小时将其替换到另外一个新启动的模块，同时将原模块重启，从而保障系统的可用性。这种做法非常常见，主要是由于代码质量问题，很多模块随着运行时间的增长，其所占用的内存等不断增长，若任其发展下去，模块将因为内存溢出而中止。因此，在其内存消耗过大之前将其中止并重启，可保障该模块继续正常执行。

2. 事务（一般概念）

事务，就是绑定了几个有序的步骤，这几个步骤需要一起完成或者一起失败。如果一个步骤失败，可以使用事务来防止任何数据受到影响。事务一般用于数据库的多条操作。另外，也可以使用事务来防止访问相同数据的几个同时线程之间发生冲突。在现代的程序中，分布式事务也是研究的重点之一。在 Web 应用中也存在着类似的概念，例如一次付款的操作，可能涉及付款方、银行以及收款方多次的操作，最终结果只有完全成功或者完全失败。

关于事务的介绍很容易让人想起数据库的事务，确实数据库的事务是最容易理解且直观的。在本节的介绍中，笔者将从数据库事务、分布式事务等多个方面阐述事务。

（1）数据库事务

数据库事务（Database Transaction），是指作为单个逻辑工作单元执行的一系列操作，要么完全地执行，要么完全地不执行。例如银行转账工作，从一个账号扣款并使另一个账号增款，这两个操作要么都执行，要么都不执行。所以，应该把它们看成一个事务。事务是数据库维护数据一致性的单位，在每个事务结束时，都能保持数据一致性。

在事务中，经常提及 ACID，所谓的 ACID 是原子性（Atomicity）、一致性（Consistency）、隔离性（Isolation）和持久性（Durability）的缩写。

- 原子性。即不可分割性，事务要么全部被执行，要么就全部不被执行。当事务中有步骤执行失败时，事务回滚，数据恢复到事务执行前的状态。
- 一致性。事务的执行使得数据从一种正确状态转换成另一种正确状态。
- 隔离性。在事务正确提交之前，不允许把该事务对数据的任何改变提供给任何其他事务，即在事务正确提交之前，它可能的结果不应显示给任何其他事务。

- 持久性。事务正确提交后，其结果将被永久保存，即使在事务提交后有了其他故障，事务的处理结果也会得到保存。

为了更好地理解事务实施过程中的细节，事务可被细分为几个状态，如图 6-18 所示。

- 活动状态：事务的最初状态，事务声明开始或开始执行时就处于此状态。

- 部分提交状态：事务至少有一个事件被执行，就处于此状态，一直到最后一个事件执行完都处于这个状态。

- 失败状态：事务某个事件执行过程中出错，或者事务提交的语句出错，状态就被切换到失败状态。

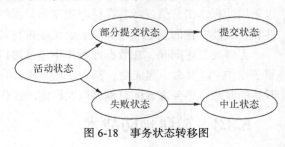

图 6-18　事务状态转移图

- 中止状态：事务回滚并且数据被恢复到事务开始执行前的状态。

- 提交状态：事务真正被提交，而且提交成功。

针对上述事务状态，一般在编程过程中采用相应的关键词进行标注。以下是典型的事务语句。

- 开始事务：BEGIN TRANSACTION。

- 提交事务：COMMIT TRANSACTION。

- 回滚事务：ROLLBACK TRANSACTION。

同时，为了更好地保证事务回滚的效率，提出了保存点的概念。保存点即在事务的执行中可以提供执行标记，根据该标记可回滚该标记之后的操作所产生的影响。典型的保存点的语句如下所示。

- SAVE TRANSACTION TESTSAVE（保存点名称，如 TESTSAVE）——自定义保存点的名称和位置。

- ROLLBACK TRANSACTION TESTSAVE——回滚到自定义的保存点 TESTSAVE 处。

（2）事务的锁分类

事务实质是隔离了相关冲突的操作，事务的锁模式包括以下几种。

- 共享锁：共享锁（S 锁）允许并发事务在封闭式并发控制下读取（SELECT）资源。资源上存在共享锁（S 锁）时，任何其他事务都不能修改数据。读取操作一完成，就立即释放资源上的共享锁（S 锁），除非将事务隔离级别设置为可重复读或更高级别，或者在事务持续时间内用锁定提示保留共享锁（S 锁）。

- 排他锁：排他锁（X 锁）可以防止并发事务对资源进行访问。排他锁不与其他任何锁兼容。使用排他锁（X 锁）时，任何其他事务都无法修改数据；仅在使用 NOLOCK 提示或未提交读隔离级别时才会进行读取操作。

- 更新锁（U 锁）：更新锁是共享锁和排他锁的杂交。更新锁意味着在做一个更新时，一个共享锁在扫描完成符合条件的数据后可能会转化成排他锁。

死锁也是在事务中可能碰到的一种锁形式。多数情况下，可以认为如果一个资源被锁定，它总会在以后某个时间被释放。而死锁发生在当多个事务访问同一资源时，其中每个事务拥有的锁都是其他事务所需的，由此造成每个事务都无法继续下去。简单地说，事务 T1 等待事务 T2 释放它的资源，事务 T2 又等待事务 T1 释放它的资源，这样互相等待就形成死锁。

死锁的发生必须具备以下四个必要条件。

- 互斥条件：指事务对所分配到的资源进行排他性使用，即在一段时间内某资源只由一个事务占用。如果此时还有其他事务请求资源，则请求者只能等待，直至占有资源的事务用毕释放。

- 请求和保持条件：指事务已经保持至少一个资源，但又提出了新的资源请求，而该资源已被其他事务占有，此时请求事务阻塞，但又对自己已获得的其他资源保持不放。
- 不剥夺条件：指事务已获得的资源，在未使用完之前不能被剥夺，只能在使用完时由自己释放。
- 环路等待条件：指在发生死锁时，必然存在一个事务——资源的环形链，即事务集合{T0，T1，T2，……，Tn}中的 T0 正在等待一个 T1 占用的资源，T1 正在等待 T2 占用的资源，……，Tn 正在等待已被 T0 占用的资源。

一般来说，避免死锁的方法包括如下几种方式。

- 按同一顺序访问对象。从而保障对象在某一个时刻不被锁定或交叉锁定。
- 避免事务中的用户交互。用户交互可能导致资源的互相请求，从而导致死锁。
- 保持事务简短，并在一个批处理中。一个事务如果对各种资源需求过多，发生死锁的可能性也会增大。

3. 事务（JTA）

JTA，即 Java Transaction API（Java 事务编程接口）。JTA 为 J2EE 平台提供了分布式事务服务。分布式事务（Distributed Transaction）包括事务管理器（Transaction Manager）和一个或多个支持 XA 协议的资源管理器（Resource Manager）。我们可以将资源管理器看做任意类型的持久化数据存储，事务管理器承担着所有事务参与单元的协调与控制。JTA 事务有效地屏蔽了底层事务资源，使应用可以以透明的方式参入事务处理中。

（1）JTA 结构

如图 6-19 所示，体现了 JTA 主要类图，Java Transaction API 由三部分组成。

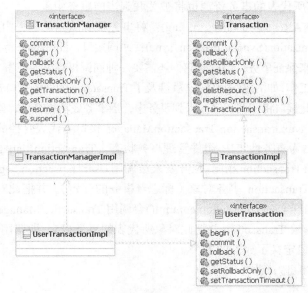

图 6-19　JTA 主要类图

① UserTransaction：高层的应用事务划分接口，供客户程序使用。
② TransactionManager：高层的事务管理器接口，供应用服务器使用。
③ XAResource：X/Open XA 协议的标准 Java 映射，供事务性资源管理器使用。

其中 Javax.transaction.UserTransaction 接口使得应用程序能够编程控制事务边界。这个接口可以由 Java 客户端程序或者 EJB 来使用，定义了如下的方法。

- begin()：开始一个分布式事务（在后台 TransactionManager 会创建一个 Transaction 事务对象并把此对象通过 ThreadLocale 关联到当前线程上）。
- commit()：提交事务（在后台 TransactionManager 会从当前线程下取出事务对象并把此对象所代表的事务提交）。
- rollback()：回滚事务（在后台 TransactionManager 会从当前线程下取出事务对象并把此对象所代表的事务回滚）。
- getStatus()：返回关联到当前线程的分布式事务的状态（Status 对象里边定义了所有的事务状态，感兴趣的读者可以参考 API 文档）。
- setRollbackOnly()：标识关联到当前线程的分布式事务将被回滚。

Transaction 接口代表了一个物理意义上的事务，在开发人员调用 UserTransaction.begin()方法时 TransactionManager 会创建一个 Transaction 事务对象（标志着事务的开始），并把此对象通过 ThreadLocale 关联到当前线程。UserTransaction 接口中的 commit()、rollback()，getStatus()等方法都将最终委托给 Transaction 类的对应方法执行。Transaction 接口定义了如下的方法。

- commit()：协调不同的事务资源共同完成事务的提交。
- rollback()：协调不同的事务资源共同完成事务的回滚。
- setRollbackOnly()：标识关联到当前线程的分布式事务将被回滚。
- getStatus()：返回关联到当前线程的分布式事务的状态。
- enListResource(XAResource xaRes,int flag)：将事务资源加入到当前的事务中（在上述示例中，在对数据库 A 操作时，其所代表的事务资源将被关联到当前事务中，同样在对数据库 B 操作时其所代表的事务资源也将被关联到当前事务中）。
- delistResourc(XAResource xaRes,int flag)：将事务资源从当前事务中删除。
- registerSynchronization(Synchronization sync)：回调接口，Hibernate 等 ORM 工具都有自己的事务控制机制来保证事务，但同时它们还需要一种回调机制以便在事务完成时得到通知从而触发一些处理工作，如清除缓存等。这就涉及了 Transaction 的回调接口 registerSynchronization。工具可以通过此接口将回调程序注入到事务中，当事务成功提交后，回调程序将被激活。

应用服务器使用 javax.transaction.TransactionManager 接口来代表受控的应用程序控制事务的边界。例如，EJB 容器为事务性 EJB 组件管理事务状态。TransactionManager 中的大部分事务方法与 UserTransaction 和 Transaction 相同。在开发人员调用 UserTransaction.begin()方法时 TransactionManager 会创建一个 Transaction 事务对象（标志着事务的开始），并把此对象通过 ThreadLocale 关联到当前线程上。同样 UserTransaction.commit()会调用 TransactionManager.commit()方法，将从当前线程下取出事务对象 Transaction 并把此对象所代表的事务提交，即调用 Transaction.commit()。TransactionManager 接口定义了如下的方法。

- begin()：开始事务。
- commit()：提交事务。
- rollback()：回滚事务。
- getStatus()：返回当前事务状态。
- setRollbackOnly()：标识关联到当前线程的分布式事务将被回滚。
- getTransaction()：返回关联到当前线程的事务。
- setTransactionTimeout(int seconds)：设置事务超时时间。

- resume(Transaction tobj)：继续当前线程关联的事务。
- suspend()：挂起当前线程关联的事务。

Javax.transaction.xa.XAResource 接口是基于 X/Open CAE 规范（分布式事务处理，XA 规范）工业标准 XA 接口的 Java 映射。XAResource 接口定义了分布式事务处理环境（DTP）中资源管理器和事务管理器之间是如何交互的。资源管理器的资源适配器实现了 XAResource 接口，将事务同事务资源联系起来，类似关系数据库的一个连接。

在使用分布式事务之前，为了区分事务使之不发生混淆，必须实现一个 Xid 类用来标识事务，可以把 Xid 想象成事务的一个标志符，每次在新事务创建时都会为事务分配一个 Xid，Xid 包含三个元素，即 formatID、gtrid（全局事务标识符）和 bqual（分支修饰词标识符）。formatID 通常是零，这意味着你将使用 OSI CCR（Open Systems Interconnection Commitment,Concurrency 和 Recovery 标准）来命名；如果你要使用另外一种格式，那么 formatID 应该大于零，-1 值意味着 Xid 为无效。gtrid 和 bqual 分别包含 64 个字节二进制码来标识全局事务和分支事务，唯一的要求是 gtrid 和 bqual 必须是全局唯一的。

XA 连接与非 XA 连接不同。一定要记住 XA 连接参与了 JTA 事务。这意味着 XA 连接不支持 JDBC 的自动提交功能。同时，应用程序一定不要对 XA 连接调用 java.sql.Connection.commit（）或者 java.sql.Connection.rollback（）。

（2）JTA 实例

JTA 最重要的功能是为 J2EE 平台提供了分布式事务服务。这保证了系统可以处理多数据源的分布式事务。JTA 可以支持本地事务也可以支持分布式事务。

首先观察一下 Java 本地事务的处理。本地事务紧密依赖于底层资源管理器（例如数据库连接），事务处理局限在当前事务资源内。此种事务处理方式不存在对应用服务器的依赖，因而部署灵活却无法支持多数据源的分布式事务。如程序 6-17 所示，是处理本地事务的一个实例。

程序 6-17　本地事务的示例代码

```
public void transferAccount() {
        Connection conn = null;
        Statement stmt = null;
        try{

                conn = getDataSource().getConnection();
                // 将自动提交设置为 false
                //若设置为 true 则数据库将会把每一次数据更新认定为一个事务并自动提交
                conn.setAutoCommit(false);

                stmt = conn.createStatement();
                // 将 A 账户中的金额减少 500
                stmt.execute("\
update t_account set amount = amount - 500 where account_id = 'A' ");
                // 将 B 账户中的金额增加 500
                stmt.execute("\
update t_account set amount = amount + 500 where account_id = 'B' ");

                // 提交事务
        conn.commit();
                // 事务提交：转账的两步操作同时成功
        } catch(SQLException sqle){
                try{
                        // 发生异常，回滚在本事务中的操作
```

```
                               conn.rollback();
                               // 事务回滚：转账的两步操作完全撤销
                               stmt.close();
                               conn.close();
                       }catch(Exception ignore){

                       }
                       sql.printStackTrace();
               }
       }
```

JTA 允许应用程序执行分布式事务处理——在两个或多个网络计算机资源上访问并且更新数据。JDBC 驱动程序的 JTA 支持极大地增强了数据访问能力。程序 6-18 所示是 JTA 分布式事务处理的实例。

程序 6-18 分布式事务处理的示例代码

```
public void transferAccount() {

                       UserTransaction userTx = null;
                       Connection connA = null;
                       Statement stmtA = null;

                       Connection connB = null;
                       Statement stmtB = null;

                       try{
                               // 获得 Transaction 管理对象
                                       userTx = (UserTransaction)getContext().lookup("\
                                       java:comp/UserTransaction");
                               // 从数据库 A 中取得数据库连接
                                       connA = getDataSourceA().getConnection();

                               // 从数据库 B 中取得数据库连接
                                       connB = getDataSourceB().getConnection();

               // 启动事务

                               userTx.begin();

                               // 将 A 账户中的金额减少 500
                               stmtA = connA.createStatement();
                               stmtA.execute("
update t_account set amount = amount - 500 where account_id = 'A' ");

                               // 将 B 账户中的金额增加 500
                               stmtB = connB.createStatement();
                               stmtB.execute("\
update t_account set amount = amount + 500 where account_id = 'B' ");

                               // 提交事务
                               userTx.commit();
                               // 事务提交：转账的两步操作同时成功（数据库 A 和数据库 B 中的数据被
同时更新）
                       } catch(SQLException sqle){

                               try{
                                       // 发生异常，回滚在本事务中的操作
                       userTx.rollback();
```

```
                                        // 事务回滚：转账的两步操作完全撤销
                                        //( 数据库 A 和数据库 B 中的数据更新被同时撤销)

                                        stmt.close();
                                        conn.close();
                                            ...
                                        }catch(Exception ignore){

                                        }
                                        sqle.printStackTrace();

                        } catch(Exception ne){
                                e.printStackTrace();
                        }
            }
```

4. 事务（Spring）

Spring 的事务管理通过 org.springframework.transaction.PlatformactionManager 接口表示，如程序 6-19 所示。

程序 6-19　平台事务管理器接口

```
public interface PlatformTransactionManager {
    TransactionStatus getTransaction(TransactionDefinition definition)
        throws TransactionException;
    void commit(TransactionStatus status) throws TransactionException;
        void rollback(TransactionStatus status) throws TransactionException;
}
```

PlatformTransactionManager 是一个服务提供商接口（SPI），针对不同类型的底层事务框架，Spring 提供了不同的 PlatFormTransactionManager 实现版本，在使用过程中选择适当的实现版本管理底层事务框架即可，常见的有以下几种。

- JDBC org.springframework.jdbc.datasource.DataSourceTransactionManager
- JTA org.springframework.transaction.jta.JtaTransactionManager
- Hibernate org.springframework.orm.hibernate3.HibernateTransactionManager

PlatFormTransactionManager 中 getTransaction 方法通过 TransactionDefinition 传入参数返回 TransactionStatus 对象。TransactionStatus 可能表示一个新的事务，或者表示一个已经存在的事务（如果当前线程的调用栈中已经存在一个事务）。在 JavaEE 中经常将事务与一个具体的执行线程相关联，因此在获取事务时，如果当前线程中已经存在事务，即将存在的事务返回，否则创建一个新事务返回。

TransactionDefinition 接口定义了相关事务的隔离等级以及传播方式。

- Isolation：事务隔离等级（是数据库事务的一个概念，不同数据库支持不同的事务隔离等级）。
- Propagation：事务传播方式，通过设置可以决定。当一个事务方法准备执行前，线程栈中已经存在一个事务，可选的策略为使用先前的事务作为即将执行的方法事务，或者将先前的事务暂停，创建一个全新的事务处理当前方法，处理结束后，再返回先前的事务。
- Timeout：如果事务持续的时间超时，则启动底层事务管理的回滚机制，回滚当前事务。
- Read-only status：Read-only 事务主要应用于代码中仅读取数据，并未对数据修改的情况。在某些情况下，Read-only 事务可以优化事务管理，例如底层事务框架使用 Hibernate 时。

TransactionDefinition 接口中定义以下五个隔离级别。

- ISOLATION_DEFAULT：这是一个 PlatfromTransactionManager 默认的隔离级别，使用数据库默认的事务隔离级别，另外四个与 JDBC 的隔离级别相对应。
- ISOLATION_READ_UNCOMMITTED：这是事务最低的隔离级别，它允许另外一个事务可以看到这个事务未提交的数据。这种隔离级别会产生脏读，不可重复读和幻像读。
- ISOLATION_READ_COMMITTED：保证一个事务修改的数据提交后才能被另外一个事务读取。另外一个事务不能读取该事务未提交的数据。这种事务隔离级别可以避免脏读出现，但是可能会出现不可重复读和幻像读。
- ISOLATION_REPEATABLE_READ：这种事务隔离级别可以防止脏读，不可重复读，但是可能出现幻像读。它除了保证一个事务不能读取另一个事务未提交的数据外，还保证了避免下面的情况产生（不可重复读）。
- ISOLATION_SERIALIZABLE：这是花费最高代价但是最可靠的事务隔离级别。事务被处理为顺序执行。除了防止脏读、不可重复读外，还避免了幻像读。

TransactionDefinition 接口中定义了七个事务传播行为。

- PROPAGATION_REQUIRED：如果存在一个事务，则支持当前事务。如果没有事务则开启一个新的事务。
- PROPAGATION_SUPPORTS：如果存在一个事务，支持当前事务。如果没有事务，则非事务的执行。但是对于事务同步的事务管理器，PROPAGATION_SUPPORTS 与不使用事务有少许不同。
- PROPAGATION_MANDATORY：如果已经存在一个事务，支持当前事务。如果没有一个活动的事务，则抛出异常。
- PROPAGATION_REQUIRES_NEW：总是开启一个新的事务。如果一个事务已经存在，则将这个存在的事务挂起。
- PROPAGATION_NOT_SUPPORTED：总是非事务地执行，并挂起任何存在的事务。使用 PROPAGATION_NOT_SUPPORTED，也需要使用 JtaTransactionManager 作为事务管理器。
- PROPAGATION_NEVER：总是非事务地执行，如果存在一个活动事务，则抛出异常。
- PROPAGATION_NESTED：如果一个活动的事务存在，则运行在一个嵌套的事务中。如果没有活动事务，则按 TransactionDefinition.PROPAGATION_REQUIRED 属性执行。

TransactionStatus 接口提供了简单的方式控制事务执行和查询事务状态，如程序 6-20 所示。

程序 6-20　TranscationStatus 接口

```
public interface TransactionStatus extends SavepointManager {

    boolean isNewTransaction();
    boolean hasSavepoint();
    void setRollbackOnly();
    boolean isRollbackOnly();
    void flush();
    boolean isCompleted();
}
```

针对不同的底层事务框架，需要选择正确的 PlatformTransactionManager 实现版本。如程序 6-21 所示，提供了 Hibernate 的配置方法。

程序 6-21　相关 Hibernate 配置方法

```
<bean id="sessionFactory" class="org.springframework.orm.hibernate3.LocalSessionFactoryBean" >
```

```
<property name= "dataSource" ref="dataSource" />
<property name="mappingResources">
<list>
  <value>org/springframework/samples/petclinic/hibernate/petclinic.hbm.xml</value>
</list>
</property>
<property name="hibernateProperties">
  <value>
    hibernate.dialect=${hibernate.dialect}
  </value>
</property>
</bean>

<bean id="txManager" class="org.springframework.orm.hibernate3.HibernateTransactionManager">
  <property name="sessionFactory" ref="sessionFactory" />
</bean>
```

从上述配置文件可以看出，需要在 txManager 中指定 Hibernate Sessionfactory。在 Hibernate 中通过 Sessionfactory 中的 OpenSession 方法创建 Session，之后使用 Session 中的 beginTransaction 方法开启事务。将 sessionFactory 注入到 HibernateTransactionManager 中的属性后，Spring 即可通过这个 sessionFactory 控制 Hibernate 事务管理。所以，Spring 事务管理仍然是依赖于底层的事务管理框架，而 Spring 只是提供对事务的一种抽象，这种抽象能够在多种事务框架间迁移。当需要新的事务管理框架和策略支持时，无需更改代码，只需更改配置文件即可完成这种事务框架间的迁移。

Spring 配置文件中关于事务配置总是由三个组成部分，分别是 DataSource、TransactionManager 和代理机制。无论哪种配置方式，一般变化的只是代理机制这部分，DataSource、TransactionManager 这两部分只会根据数据访问方式而有所变化。比如使用 Hibernate 进行数据访问时，DataSource 实际为 SessionFactory，TransactionManager 的实现为 HibernateTransactionManager。典型的 Spring 配置的类型如图 6-20 所示。

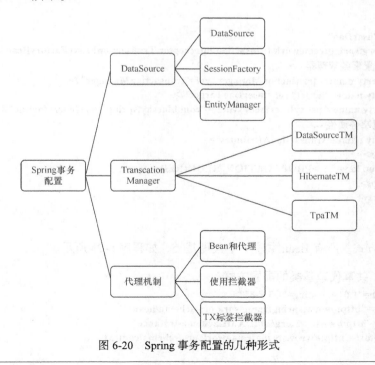

图 6-20　Spring 事务配置的几种形式

根据代理机制的不同,总结了 5 种 Spring 事务的配置方式。

① 第一种方式。每个 Bean 都有一个代理,如程序 6-22 所示。

程序 6-22　每个 Bean 都有代理的配置方式

```xml
<?xml version="1.0" encoding="UTF-8"?>
<beans xmlns="http://www.springframework.org/schema/beans"
    xmlns:xsi="http://www.w3.org/2001/XMLSchema-instance"
    xmlns:context="http://www.springframework.org/schema/context"
    xmlns:aop="http://www.springframework.org/schema/aop"
    xsi:schemaLocation="http://www.springframework.org/schema/beans
        http://www.springframework.org/schema/beans/spring-beans-2.5.xsd
        http://www.springframework.org/schema/context
        http://www.springframework.org/schema/context/spring-context-2.5.xsd
        http://www.springframework.org/schema/aop
        http://www.springframework.org/schema/aop/spring-aop-2.5.xsd">

<bean id="sessionFactory"
    class="org.springframework.orm.hibernate3.LocalSessionFactoryBean">
  <property name="configLocation" value="classpath:hibernate.cfg.xml" />
  <property name="configurationClass" value="org.hibernate.cfg.AnnotationConfiguration" />
</bean>

<!-- 定义事务管理器（声明式的事务）-->
<bean id="transactionManager"
  class="org.springframework.orm.hibernate3.HibernateTransactionManager">
  <property name="sessionFactory" ref="sessionFactory" />
</bean>

<!-- 配置 DAO -->
<bean id="userDaoTarget" class="com.bluesky.spring.dao.UserDaoImpl">
  <property name="sessionFactory" ref="sessionFactory" />
</bean>

<bean id="userDao"
  class="org.springframework.transaction.interceptor.TransactionProxyFactoryBean">
    <!-- 配置事务管理器 -->
    <property name="transactionManager" ref="transactionManager" />
  <property name="target" ref="userDaoTarget" />
   <property name="proxyInterfaces" value="com.bluesky.spring.dao.GeneratorDao" />
  <!-- 配置事务属性 -->
  <property name="transactionAttributes">
    <props>
      <prop key="*">PROPAGATION_REQUIRED</prop>
    </props>
  </property>
 </bean>
</beans>
```

② 第二种方式。所有 Bean 共享一个代理基类,如程序 6-23 所示。

程序 6-23　共享代理基类的配置方式

```xml
<?xml version="1.0" encoding="UTF-8"?>
<beans xmlns="http://www.springframework.org/schema/beans"
  xmlns:xsi="http://www.w3.org/2001/XMLSchema-instance"
  xmlns:context="http://www.springframework.org/schema/context"
```

```
    xmlns:aop="http://www.springframework.org/schema/aop"
    xsi:schemaLocation="http://www.springframework.org/schema/beans
        http://www.springframework.org/schema/beans/spring-beans-2.5.xsd
        http://www.springframework.org/schema/context
        http://www.springframework.org/schema/context/spring-context-2.5.xsd
        http://www.springframework.org/schema/aop
        http://www.springframework.org/schema/aop/spring-aop-2.5.xsd">


<bean id="sessionFactory"
    class="org.springframework.orm.hibernate3.LocalSessionFactoryBean">
    <property name="configLocation" value="classpath:hibernate.cfg.xml" />
    <property name="configurationClass" value="org.hibernate.cfg.AnnotationConfiguration" />
</bean>


<!-- 定义事务管理器（声明式的事务） -->
<bean id="transactionManager"
    class="org.springframework.orm.hibernate3.HibernateTransactionManager">
    <property name="sessionFactory" ref="sessionFactory" />
</bean>


<bean id="transactionBase"
    class="org.springframework.transaction.interceptor.TransactionProxyFactoryBean"
    lazy-init="true" abstract="true">
    <!-- 配置事务管理器 -->
    <property name="transactionManager" ref="transactionManager" />
    <!-- 配置事务属性 -->
    <property name="transactionAttributes">
        <props>
            <prop key="*">PROPAGATION_REQUIRED</prop>
        </props>
    </property>
</bean>


<!-- 配置 DAO -->
<bean id="userDaoTarget" class="com.bluesky.spring.dao.UserDaoImpl">
    <property name="sessionFactory" ref="sessionFactory" />
</bean>


<bean id="userDao" parent="transactionBase" >
    <property name="target" ref="userDaoTarget" />
</bean>
</beans>
```

③ 第三种方式。使用拦截器的配置方式，如程序 6-24 所示。

程序 6-24　使用拦截器的配置方式

```
<?xml version="1.0" encoding="UTF-8"?>
<beans xmlns="http://www.springframework.org/schema/beans"
    xmlns:xsi="http://www.w3.org/2001/XMLSchema-instance"
    xmlns:context="http://www.springframework.org/schema/context"
    xmlns:aop="http://www.springframework.org/schema/aop"
    xsi:schemaLocation="http://www.springframework.org/schema/beans
        http://www.springframework.org/schema/beans/spring-beans-2.5.xsd
        http://www.springframework.org/schema/context
        http://www.springframework.org/schema/context/spring-context-2.5.xsd
        http://www.springframework.org/schema/aop
```

```
        http://www.springframework.org/schema/aop/spring-aop-2.5.xsd">

    <bean id="sessionFactory"
        class="org.springframework.orm.hibernate3.LocalSessionFactoryBean" >
      <property name="configLocation" value="classpath:hibernate.cfg.xml" />
      <property name="configurationClass" value="org.hibernate.cfg.AnnotationConfiguration" />
    </bean>

    <!-- 定义事务管理器（声明式的事务）-->
    <bean id="transactionManager"
       class="org.springframework.orm.hibernate3.HibernateTransactionManager">
      <property name="sessionFactory" ref="sessionFactory" />
    </bean>

    <bean id="transactionInterceptor"
      class="org.springframework.transaction.interceptor.TransactionInterceptor">
      <property name="transactionManager" ref="transactionManager" />
      <!-- 配置事务属性 -->
      <property name="transactionAttributes">
        <props>
          <prop key="*">PROPAGATION_REQUIRED</prop>
        </props>
      </property>
    </bean>

    <bean class="org.springframework.aop.framework.autoproxy.BeanNameAutoProxyCreator">
      <property name="beanNames">
        <list>
          <value>*Dao</value>
        </list>
      </property>
      <property name="interceptorNames" >
        <list>
          <value>transactionInterceptor</value>
        </list>
      </property>
    </bean>

    <!-- 配置 DAO -->
    <bean id="userDao" class="com.bluesky.spring.dao.UserDaoImpl">
      <property name="sessionFactory" ref="sessionFactory" />
    </bean>
</beans>
```

④ 第四种方式。使用 tx 标签配置的拦截器，如程序 6-25 所示。

程序 6-25　使用 tx 标签的配置方式

```
<?xml version="1.0" encoding="UTF-8"?>
<beans xmlns="http://www.springframework.org/schema/beans"
  xmlns:xsi="http://www.w3.org/2001/XMLSchema-instance"
  xmlns:context="http://www.springframework.org/schema/context"
  xmlns:aop="http://www.springframework.org/schema/aop"
  xmlns:tx="http://www.springframework.org/schema/tx"
  xsi:schemaLocation="http://www.springframework.org/schema/beans
      http://www.springframework.org/schema/beans/spring-beans-2.5.xsd
      http://www.springframework.org/schema/context
      http://www.springframework.org/schema/context/spring-context-2.5.xsd
```

```
            http://www.springframework.org/schema/aop
   http://www.springframework.org/schema/aop/spring-aop-2.5.xsd
            http://www.springframework.org/schema/tx
   http://www.springframework.org/schema/tx/spring-tx-2.5.xsd">

    <context:annotation-config />
    <context:component-scan base-package="com.bluesky" />

    <bean id="sessionFactory"
        class="org.springframework.orm.hibernate3.LocalSessionFactoryBean">
      <property name="configLocation" value="classpath:hibernate.cfg.xml" />
      <property name="configurationClass" value="org.hibernate.cfg.AnnotationConfiguration" />
    </bean>

    <!-- 定义事务管理器（声明式的事务） -->
    <bean id="transactionManager"
        class="org.springframework.orm.hibernate3.HibernateTransactionManager">
      <property name="sessionFactory" ref="sessionFactory" />
    </bean>

    <tx:advice id="txAdvice" transaction-manager="transactionManager">
      <tx:attributes>
        <tx:method name="*" propagation="REQUIRED" />
      </tx:attributes>
    </tx:advice>

    <aop:config>
      <aop:pointcut id="interceptorPointCuts"
        expression="execution(* com.bluesky.spring.dao.*.*(..)) "/>
      <aop:advisor advice-ref "txAdvice"
        pointcut-ref="interceptorPointCuts" />
    </aop:config>
</beans>
```

⑤ 第五种方式。使用全注解，如程序 6-26 所示。

程序 6-26　使用全注解的配置方法

```
<?xml version="1.0" encoding="UTF-8"?>
<beans xmlns="http://www.springframework.org/schema/beans"
    xmlns:xsi="http://www.w3.org/2001/XMLSchema-instance"
    xmlns:context="http://www.springframework.org/schema/context"
    xmlns:aop="http://www.springframework.org/schema/aop"
    xmlns:tx="http://www.springframework.org/schema/tx"
    xsi:schemaLocation="http://www.springframework.org/schema/beans
        http://www.springframework.org/schema/beans/spring-beans-2.5.xsd
        http://www.springframework.org/schema/context
        http://www.springframework.org/schema/context/spring-context-2.5.xsd
        http://www.springframework.org/schema/aop
http://www.springframework.org/schema/aop/spring-aop-2.5.xsd
        http://www.springframework.org/schema/tx
http://www.springframework.org/schema/tx/spring-tx-2.5.xsd">

    <context:annotation-config />
    <context:component-scan base-package="com.bluesky" />

    <tx:annotation-driven transaction-manager="transactionManager"/>

    <bean id="sessionFactory"
```

```
            class="org.springframework.orm.hibernate3.LocalSessionFactoryBean">
        <property name="configLocation" value="classpath:hibernate.cfg.xml" />
        <property name="configurationClass" value="org.hibernate.cfg.AnnotationConfiguration" />
    </bean>

    <!-- 定义事务管理器 (声明式的事务) -->
    <bean id="transactionManager"
        class="org.springframework.orm.hibernate3.HibernateTransactionManager">
        <property name="sessionFactory" ref="sessionFactory" />
    </bean>

</beans>
```

此时在 Dao 上需加上@Transactional 注解，如程序 6-27 所示。

程序 6-27　Dao 中的注释说明

```java
package com.bluesky.spring.dao;
import java.util.List;
import org.hibernate.SessionFactory;
import org.springframework.beans.factory.annotation.Autowired;
import org.springframework.orm.hibernate3.support.HibernateDaoSupport;
import org.springframework.stereotype.Component;
import com.bluesky.spring.domain.User;

@Transactional
@Component ("userDao")
public class UserDaoImpl extends HibernateDaoSupport implements UserDao {

    public List<User> listUsers() {
        return this.getSession().createQuery ("from User").list();
    }
    …
}
```

如程序 6-28 所示，展示了一个简单的利用 spring 的事务配置实例，包括相关的 application Context 文件以及实现的 Java 代码。

程序 6-28　applicationContext.xml 文件

```xml
<bean id="transactionManager"
                    class="org.springframework.orm.jpa.JpaTransactionManager">
                <property name="entityManagerFactory"
                            ref="entityManagerFactory" />
    </bean>
    <tx:annotation-driven transaction-manager="transactionManager" />
    <aop:config>
                <aop:advisor
                            pointcut="execution(* edu.bupt.slee.service.*.*(..) ) "
                            advice-ref="txAdvice" />
    </aop:config>
    <tx:advice id="txAdvice">
            <tx:attributes>
                            <tx:method name="insert*" propagation=" REQUIRES_NEW "/>
                            <tx:method name="update*" propagation=" REQUIRES_NEW "/>
                            <tx:method name="*" propagation="REQUIRED"/>
            </tx:attributes>
    </tx:advice>
```

程序 6-29　Java 实现文件

```java
@Transactional
public class LogServiceImpl implements LogService {

        @PersistenceContext
        private EntityManager em;
        public void setEntityManager(EntityManager em) {
                    this.em = em;
        }
…
}
```

如程序 6-29 所示，首先在 Spring 中配置了 JPA 框架作为底层驱动。实例中使用了注解的方式对 Spring 事务管理进行配置。同时设置切入点为 edu.bupt.slee.service 及其所有子包。对这些包里的所有事务采用 txAdvice 策略，即对 insert* 及 update* 的事务，是开启一个新的事务。如果一个事务已经存在，则将这个存在的事务挂起；对于其他事务，如果存在事务，则支持当前事务；如果没有事务，则开启一个新的事务。

5. 进程监视器

简单地说，进程监视器是用来监测其他进程状态的守护进程，并且维护该进程的稳定运行。一旦进程监视器检测到目标进程中存在的错误，监视进程就可以删除非执行进程，并为该进程创建一个新的实例，并将其初始化为相应的状态，以阻止发展成故障，把错误的影响限制在一定范围内，使修复成为可能。采用一个独立的进程监视进程还是冗余之间互相监视，需要在后期进行决策。

如图 6-21 所示，在没有进程监视器之前 B 模块的运行状态没有任何保障。当 B 模块（进程）无法正常工作时，将影响 A 和 C 的正常工作。为此，系统引入了进程监视器。进程监视器利用 Ping 等机制监控 B 进程的状态，若监视器发现 B 进程没有反应时，可"杀死"B 进程，同时重新启动新的 B 进程。显然，监控进程重新启动 B 的过程需要再次进行状态的同步等操作，才能保障原有的通信过程得以继续。监控进程的存在，大大提升 B 的可用性。然而，采用本战术时需注意监控进程自身的稳定性，一般监控进程需足够简单，且经过严格的测试。根据系统对可用性的需求水平，监控进程还可部署在 B 进程所在机器之外。

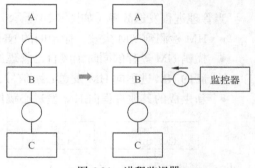

图 6-21　进程监视器

接下来，一个互为主从的 1+1 多机配置实例将详细解释进程监控器的实际使用情况。在这个例子中的两个节点分别独立运行，节点内部具有 HM（Heartbeat Manager）、NM（Node Manager）、MM、AC、IC 进程，如图 6-22 所示。

HM 节点在此充当了监控器及被监控对象的角色。对于一个节点来说，只要 HM 没有失效，节点就没有失效；节点内部故障由内部故障检测，恢复机制来解决；节点故障则通过节点间故障检测恢复机制。节点内故障检测恢复采用图 6-23 所示的流程。

- HM 检测到 MM 进程失效，向进程管理节点 NM 发送重启 MM 进程的命令。
- NM 收到命令，撤销 MM 进程，并重新生成一个 MM 进程。
- MM 进程生成，向 HM 发送 heartbeat 信号。

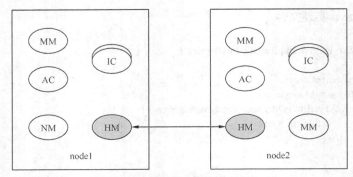

图 6-22　1+1 模式的部署示意图

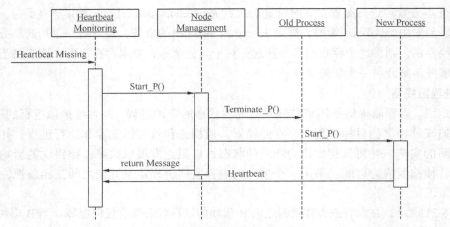

图 6-23　节点内非管理进程故障

当管理进程发送故障（如图 6-24 所示），则采用如下的流程。

- HM 检测到 NM 失效，撤销旧的 NM 进程，并重启新的 NM 进程。
- 撤销 NM 进程的同时销毁自己管理的进程。
- 新的 NM 进程向 HM 发送心跳信号，并根据配置文件新生成其他进程。
- 新生成的其他进程向 HM 发送心跳信号。

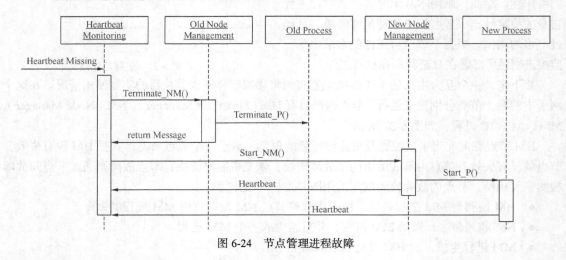

图 6-24　节点管理进程故障

当整个节点失效则考虑下面的流程。假设节点 1 失效，则节点 2 通过心跳检测检测到故障，节点 2 充当节点 1 的备份，其过程如下所述。

- 节点 2 发现节点 1 失效，通知 NM。
- NM 通知本节点中同步节点 1 的进程。
- 各应用进程通知原来与节点 1 通信的客户端都改到节点 2。
- 继续按照原方式运行。

节点 1 失效后，操作系统或者操作员会重启节点 1 的 HM 进程，过程如下所述。

- HM 启动，并启动 NM 进程。
- NM 启动，并启动 MM、AC、IC 进程，并通过命令行参数通知各进程的启动模式。
- 各进程启动完毕，向 HM 发送心跳信息。
- 节点 1 恢复完毕，通知各个应用进程节点 1 可以处理新的请求。

进程组件（Process）是用来实现一个进程的基类，包含了一个进程的基本实现方法，其实现如程序 6-30 所示。

程序 6-30　Process 类定义

```
Class Process
{
Public:
        Virtual void init(int argc,const char *argv[])=0;
        Virtual void fini()=0;
        Virtual void suspend();
        Virtual void resume()=0;
        Virtual void info()=0;
        Virtual String heartbeat();
}
```

节点管理器（Node_management）是用来管理节点中所有进程的生命周期。它继承自 Process，因为节点管理器同样是一个进程，具有进程的所有生命周期，其实现如程序 6-31 所示。

程序 6-31　Node_management 类定义

```
Class Node_management extends Process
{
        Node_management();
        ~ Node_management();
        Void Start_P (const string process); //启动给定名字的进程
        Void Terminate_P (const string process); //撤销指定名字的进程
        String Heartbeat(); //向心跳监控器发送心跳信息
        Void Read_conf (const string process); //查找配置文件，用于恢复进程
}
```

心跳监控器（Heartbeat_monitoring）是用来监控各个节点管理器、进程的心跳状态，并能够在发生故障后及时启动出故障的组件。它同样继承自 Process，该类的实现如程序 6-32 所示。

程序 6-32　Heartbeat_monitoring 类定义

```
Class Heartbeat_monitoring extends Process
{
        Heartbeat_monitoring();
        ~ Heartbeat_monitoring();
        Void Start_NM (const string NM); //用于启动指定名字的节点管理器
```

Void Start_P (const string NM); //通知节点管理器，启动指定名字的进程
Void Terminate_NM (const string NM); //撤销指定名字的节点管理器
String Heartbeatlisten (String heartbeat);//监听心跳，当出现问题则返回出问题的进程或者节点管理器的名字
Void Read_conf (const string process); //查找配置文件，用于恢复节点管理器

}

小　　结

可用性直接决定了最终系统的稳定性，是重要的质量属性之一。本章分析了可用性的关注点、一般场景，并对可用性的战术进行了详细论述。可用性战术分为了错误检测、错误恢复、错误预防三个类型，这三个类型的战术可以在系统需求、设计时综合使用。三个类别的战术相辅相成，可以在一个系统中组合使用。

习　　题

（1）请用自己的话描述一下可用性的 2～3 个典型质量属性场景。
（2）请说明一下错误检测、错误恢复、错误预防的区别。
（3）描述 Ping 与 Echo 的区别，并可以用 Java 编写相关 Ping 和 Echo 代码。
（4）请书写主动冗余、被动冗余的实际例子。
（5）请使用 Spring 配置一个简单的事务，并进行事务的验证。
（6）请说明一下进程监控器实现的要点。

第**7**章
可修改性的质量属性场景及战术
Quality Attributes Scenarios and Tactics for Modifiability

如果说可用性保障了系统稳定运行，那么可修改性就是保障系统进行快速、可靠的变化。开发人员最怕听到的就是"需求又变了"，因为这可能意味着返工或者无休止的修改以及导致的连锁反应。本章所介绍的可修改性为设计、开发人员降低返工成本提供了一定的帮助。

7.1 可修改性关注点

可修改性主要衡量变更需求对系统代价的影响。显然，修改代价越大可修改性越差，反之可修改性越好。由于可修改的代价与需求变更的时机有直接关系，越早提出修改需求修改的代价越小，因此在可修改性的分析中要明确修改的时机。

7.2 可修改性的一般场景

可修改性的一般场景如图 7-1 所示。

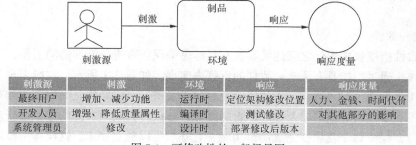

刺激源	刺激	环境	响应	响应度量
最终用户	增加、减少功能	运行时	定位架构修改位置	人力、金钱、时间代价
开发人员	增强、降低质量属性	编译时	测试修改	对其他部分的影响
系统管理员	修改	设计时	部署修改后版本	

图 7-1 可修改性的一般场景图

- 可修改性刺激源：包括最终用户、开发人员、系统管理员等。最终用户在使用软件后提出的反馈意见是刺激的重要来源。开发人员在开发过程中发现架构存在的问题，也是常见的刺激源。
- 可修改性的刺激：增加、修改、删除某项功能或者质量属性。一般来说，用户在使用过程中会发现缺失某个他们急需的功能或者存在改进的可能性，而开发人员经常在开发、测试过程中发现他们现有的架构无法满足某个质量属性。

- 制品：包括系统功能、系统用户界面、系统存在的平台（硬件、操作系统、中间件）、系统运行的环境（与之互操作的系统、通信协议）。可以说，制品涵盖了软件的方方面面，从前台的界面到后台的逻辑，对修改提出了较大的挑战。
- 环境：就是在什么情况下，例如运行时、编译时、设计时、需求时等。在整个软件的开发周期中，均存在进行修改的可能性。
- 响应：响应是对修改要求的反馈。典型的反馈包括定位架构中需要修改的位置、进行修改、测试修改后系统、部署修改后的系统等步骤。
- 响应度量：度量是对修改响应所需人时、金钱、时间等代价进行分析，同时还包括评估该修改对外部模块、系统可能带来的二次影响。

7.3 可修改性战术

可修改性战术主要用于最小化某个特定变更需求所带来的修改代价，或者用于保障修改可以在预定时间和预算内完成，具体如图 7-2 所示。

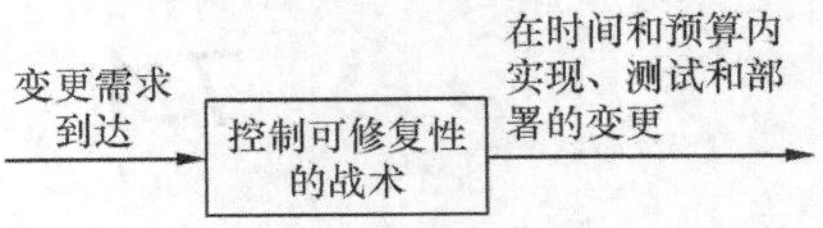

为了更好地分析可修改性战术，一般可将其划分为以下几个类别。

变更需求 到达 → 控制可修复性 的战术 → 在时间和预算内 实现、测试和部 署的变更

图 7-2 可修改性战术的调控目标

- 局部化修改（Localize modifications）：在设计期间为模块分配责任，用以把预期的变更限制在一定的范围之内。
- 防止连锁反应（Prevent ripple effects）：防止对某一个模块的修改间接地影响到其他模块。
- 推迟绑定时间（Defer binding time）：推迟决策时间，用于在系统编译、加载和运行过程中进行修改。

7.3.1 局部化修改战术

局部化修改是指在设计期间为模块分配责任，用以把预期的变更限制在一定的范围之内。一般具备以下几种子战术：维持语义的一致性、抽象通用的服务、预测期望的变更、泛化模块等。

1. 语义一致性

语义一致性指模块中责任之间的关系。其目标是确保所有责任能够协同工作，不需要过多地依赖其他模块。通过选择具有语义一致性的责任来实现。如图 7-3 所示，左图表现了一个不合理的模块协同工作方式，A1～A4 互相的依赖关系过于紧密，可能导致之间的调用相对频繁。这种频繁的调用不利于模块的编写以及模块职责的划分。建议将其改为右侧的图，重新对 A1～A4 的职责进行划分，保障每个模块仅完成简单功能，且基本可以独立完成。这样每个模块的开发难度将大大降低，也有利于小组的分工合作。

一般来说，判定语义一致性的基本原则即"高内聚、低耦合"，即模块内高度关联、模块间的交互尽可能减少，避免环状的依赖关系。显然，以这个原则分析图 7-3 所示的左侧图，可发现其不满足高内聚低耦合的要求，而右侧图则可满足相关要求。

语义一致性要求开发人员在进行系统设计时明确职责，同时通过合并相近职责减少模块间的交互。

2. 抽象通用服务

抽象通用服务作为维持语义一致性战术的子战术，通过专门的模块提供通用服务以支持重用及支持可修改性。图 7-4 所示为抽象通用服务的示意图。在图中，A 模块功能较为复杂，实现这些功能需依赖某个特定功能，则可以在 A 模块中设计一个通用服务模块 A4，A4 承担着 A1、A2、A3 模块的通用功能。

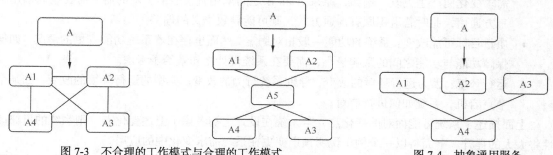

图 7-3　不合理的工作模式与合理的工作模式　　　　　　图 7-4　抽象通用服务

这种拆分方式有利于模块的复用，减少重复代码，当 A 模块需要增加新功能时，新功能可以再利用 A4 进行二次开发。

典型的抽象通用服务的战术一般体现在库函数及中间件软件，具体说明如下所述。

- 库函数一般继承了相关基础操作，这些基础操作在很多系统可被重复使用，从而减少各个系统开发的复杂度。
- 中间件软件，为上层应用开发提供了统一的接口及界面，并屏蔽了不同操作系统、硬件结构等细节。通过中间件软件开发的应用可在不同的操作系统、硬件环境中进行迁移，大大提升了软件的可修改性。例如，以 J2EE 中间件为例，通过 J2EE 开发的应用可在 Linux、Windows、Mac 系统中迁移，而无需修改相关源代码。再如，以 SSH 框架开发的应用，可快速根据需要更改表现层的逻辑或者形态，用于适配不同的设备、终端。

3. 预测期望的变更

需求变更是开发人员最不愿意看到情况，若能事先预期需求可能的变化点，并针对这些变化点进行先期的设计预留，则当需求变更时系统可快速根据变化的需求进行响应。

一个系统哪些可以变化？哪些是不可变更的？一般来说，一个系统可能进行更改的部分如下所述。

- 业务规则：与业务相关的操作规范、管理章程、规章制度、行业标准等，都可以称为业务规则。例如，银行利率可能随着央行的规定而动态调整，利息税等也可能随着相关规定动态变化。再如，某个行业标准或者谈判中的合同内容等，可能随着技术的进步或者谈判的进展而进行变更。显然类似的业务规则需要进行可修改性的预留，而不能直接固定下来。
- 对硬件、软件系统的依赖：一个系统设计之初就需要考虑这个应用系统迁移的问题，例如将系统由 Windows 迁移到 Linux，在不同的操作系统环境下所用的 API 不一样，对硬件的操作也不一致。这些也需要进行修改性的预留，一般来说系统迁移类的预留可采用编译开关或者适配层设计等方法来完成。
- 非标准语言的特性：非语言特性是指在系统中使用了一些非编程语言内部的库函数等，包括操作系统的原语函数。在操作系统的不同版本或者不同操作系统这些原语函数有一定的差异，如何适应不同的操作系统或者版本，需要在应用系统设计之初就给予考虑。
- 状态变量：系统中经常使用状态变量对系统状态进行标识。由于系统的状态可能随着需求变化而增加，因此在设计系统之初需要考虑系统状态变化对状态变量的影响。经常出现这种情况，由于原来仅考虑了两个状态，因此采用了布尔型变量，然而随着系统第三个状态需求的涌现，原来的状态变量无法满足新的需求，导致大量的更改工作。再有，采用数值代表状态，而当状态数减少再增加后，可能对原有状态处理逻辑产生较大的影响。

- 模块间的交互：系统模块间一般需要进行一定的交互操作，这种交互操作也可能随着系统需求变化而产生更改。例如，原来 A 和 B 之间采用直接通信。新的需求需要它们采用第三方通信，此时若沿用原有沟通方式，则可能导致语义的偏差。

- 质量目标可能改变：系统的功能一般相对固定，然而也存在着系统功能变更的情况，如何保障功能与功能之间的影响最小，需要在系统设计之初就给予考虑。

- 运行环境：因为运行环境的改变，导致系统行为的改变。典型的运行环境的改变，如某个节点宕机，系统如何进行应对。

上面描述了系统可能面对的变化点，若系统在设计之初考虑了上述变化点，则系统的可修改性将大大的提升。下面将以一个例子说明预期变更在系统需求变化中的应用。

举一个例子，经典的士兵与指挥官的例子。部队的某个班，存在着指挥官（班长）和士兵两种角色，一个班长管理着多个士兵，士兵需要服从班长的命令。在这样简单的结构之中，请读者一起考虑可能存在多少种预期的变化。

- 士兵阵亡。在当前的情况下若一个士兵阵亡，其他士兵仍可听从班长指令继续执行任务。然而，班长需要知道手下的哪个士兵已经阵亡。

- 班长阵亡。班长阵亡，则整个结构被瓦解。为保障结构的完整性，此时需要有一个新班长接替原班长的职责，该班长需要从士兵中选取。

- 增加一个士兵。增加一个士兵需要通知班长，班长需了解哪个士兵加入团队。同时，班长将给该士兵指派任务。

- 新班长阵亡。若新班长又阵亡，则需继续选取新的班长。

- 班长未阵亡，继承者阵亡。

上述情况是根据场景推导出的几种可能，每种可能都需要对原有机制进行扩展。

- 班长为获取每个士兵状态，需及时与士兵进行沟通。同时，班长还需具备感知士兵状态的能力。

- 团队需定义并明确班长继承者，且该继承者需感知班长的状态。

- 班长需具备任务指派能力，包括重新指派新任务给新人。

- 在新班长接替原有班长之后，新班长需具备原班长所有能力及机制，且保障产生新继承者。

- 在班长未阵亡而继承者阵亡时，需能够保障选举新的继承者。

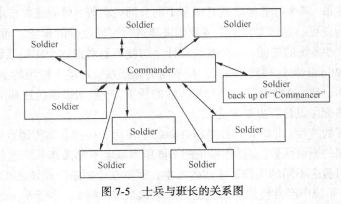

图 7-5　士兵与班长的关系图

图 7-5 展示了士兵与班长之间的关系，该关系主要根据相关需求导出。班长位于中心，可以与所有的士兵进行通信，其中有一个备份士兵用于接替班长的工作。

根据上述需求，如程序 7-1 所示，详细展示了增加、减少士兵等交互过程。如程序 7-2 至程序 7-6 所示，则分别说明了辅助类的典型实现。

程序 7-1　典型的交互过程（增加、减少士兵或班长）

```
/*
*小组类，每个小组有一个 commander
*commander 可以增减自己的 solider，最多有 8 个 solider，最少有 0 个 solider
*减少 solider 时，如果减少的是备份 solider 且还有其他 solider 存在，需另外指派备份 solider
*commander 阵亡时，需要将他的信息克隆给备份 solider，备份 solider 成为暂时的 commander
*如果 commander 和备份 solider 同时阵亡，小组变为 phantom
*/
public class Group {
    private Commander commander = new Commander(name, age, serialNum);
    private int maxNum = 8;
    //增加 solider
    public void addSolider(String name, int age, int serialNum) {
            if (commander.soliders.size() == 8)
                    System.out.println("小组已满员");
            else {
                    Solider solider = new Solider(name, age, serialNum);
                    commander.soliders.add(solider);
            }
    }
    //减少 solider，如果减少的是备份 solider 且还有其他 solider 存在，需另外指派备份 solider
    public void reduceSolider(Solider solider) {
            if (commander.soliders.size() == 0)
                    System.out.println("小组无战士");
            else {
                    if (是备份 solider && commander.soliders.size() > 1){
                            setBackup(另一个 solider);
                    }
                    commander.soliders.remove(solider);
            }
    }
    //commander 阵亡，需要将他的信息克隆给备份 solider，备份 solider 成为暂时的 commander
    public void reduceCommander() {
            if (存在备份 solider) {
                    Commander newCommander = new Commander(备份 solider.name,
                                    备份 solider.age, 备份 solider.serialNum);
                    newCommander = commander.clone();
                    commander.soliders.remove(备份 solider);
                    commander.soliders.add(newCommander);
            }
            derstory(commander);
    }
    //commander 和备份 solider 同时阵亡，小组变为 phantom
    public void reduceCommanderAndBackup() {
            小组成为 phantom();
    }
```

```
//将某个 solider 设置为备份 solider
public void setBackup(Solider solider) {
        solider.setIsBackup(true);
}
}
```

程序 7-2　军队成员类

```
//军队成员类,拥有姓名,年龄和序号
abstract class ArmyMember {
        protected int age;
        protected String name;
        protected int serialNum;
}
```

程序 7-3　消息发送接口

```
//发送消息接口
interface MessageMethod{
        public void sendMsg(String to, Message msg);
        public void getMsg(String from, Message msg) ;
}
```

程序 7-4　士兵类

```
//战士类,继承于军队成员类,实现了发送消息接口,拥有是否为备份的属性
class Solider extends ArmyMember implements MessageMethod{
        private boolean isBackup = false;
        public boolean getIsBackup() {
                return isBackup;
        }
        public void setIsBackup(boolean isBackup) {
                this.isBackup = isBackup;
        }
        public Solider(String name, int age, int serialNum) {
                this.name = name;
                this.age = age;
                this.serialNum = serialNum;
        }
        public void sendMsg(String to, Message msg) {
                if (to.equals("commander"))
                        发送消息();
        }
        public void getMsg(String from, Message msg) {
                接收消息();
        }
}
```

程序 7-5　指挥官（班长）类

```
//指挥官类,继承于军队成员类,实现了发送消息接口,拥有成员列表和消息列表属性
class Commander extends ArmyMember implements MessageMethod{

        public Commander(String name, int age, int serialNum) {
                // TODO Auto-generated constructor stub
        this.name = name;
                this.age = age;
                this.serialNum = serialNum;
```

```
        }

        List<Message> msg = new ArrayList<Message>();
        List<Solider> soliders = new ArrayList<Solider>();

        public void sendMsg(String to, Message msg) {
                发送消息();
                this.msg.add(msg);
        }

        public void getMsg(String from, Message msg) {
                接收消息();
                this.msg.add(msg);
        }
}
```

程序 7-6　消息类

```
//消息类，表示军队成员之间发送的消息
class Message {
    …
}
```

如图 7-6 所示为士兵和班长的类图。

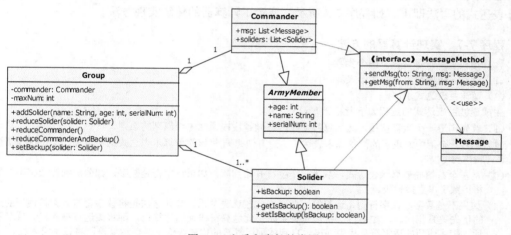

图 7-6　士兵和班长的类图

4. 泛化模块

泛化模块战术即每个模块需要实现相应的功能，并体现该功能。泛化模块的目的是将模块可处理的输入变得更加的通用，从而使模块可适应更多、更复杂的场景。或者从另外一个角度说，即使得一个模块更加通用，能够使它根据输入计算更广泛的功能。例如，输入变为一种语言，而模块实现为该语言的解释程序。模块越通用，越有可能通过调整输入请求而非修改模块来进行请求的变更。

泛化模块可以分为以下几个层次的泛化。

- 泛化参数。一般的模块可接受的类型都是固定的，例如给定一个整数型的参数，则用户不能传入字符串，否则将导致类型检查错误。泛化参数的形式，首先是对参数的放松，输入参数仅需满足某种宽松的规范即可，例如传入的参数仅需为对象类型即可，这种宽松化参数为系统的开发带来了一系列的便捷性。

- 泛化过程实现。与泛化参数直接对应的是函数实现体的泛化。在编程时,不对具体的某种类型进行操作。
- 解释性执行。一般解释性执行是指针对输入、对输入进行解释、将输入转变为可执行的逻辑,从而扩展模块自身的逻辑。即用户的输入不再仅是参数,还包括新的执行逻辑,从而将模块的功能快速扩展。解释性执行的最高境界是将一个模块变成某种高级语言的解析器,此时模块几乎可以完成想象的各种任务。

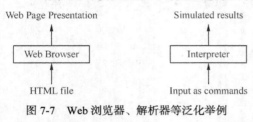

图 7-7　Web 浏览器、解析器等泛化举例

例如,Web 浏览器是一个典型的泛化模块,它通过针对输入的 HTML 文件进行解析,根据 HTML 中的标签进行最终呈现。因此一个浏览器可以对各种各样的 HTML 文件进行解析,而不需针对某个特定网站就重新设计相关的浏览器,如图 7-7 所示。

若用户提出在系统中嵌入类似计算器的功能,是否能有一种最便捷的实现方式。计算机专业的同学看到这个需求可能会立即想到利用堆栈实现加减乘除等简单计算功能的实现方法。然而,若此时要求的计算器功能相对复杂,则还需进一步的开发和设计。由于计算器功能仅为本系统的一个附属功能,开发人员没必要在此消耗过多的精力。因此,采用泛化模块的战术可帮助开发人员快速解决此问题。具体做法是在 Java 中可直接嵌入一个脚本解析器,此时仅需向最终用户说明计算表达式的写法即可。如程序 7-7 所示,展示了计算器的传统实现方法。

程序 7-7　实现计算器的方法

计算器实现至少包含以下两个步骤。
(1)将表达式转换为逆波兰形式。
(2)逆波兰表达式求值。
生成逆波兰表达式的过程如下所述。
(1)首先构造一个运算符栈,此运算符在栈内遵循越往栈顶优先级越高的原则。
(2)读入一个用中缀表示的简单算术表达式,为方便起见,将该简单算术表达式的右端加入一个优先级最低的特殊符号"#"。
(3)从左至右扫描该算术表达式,从第一个字符开始判断,如果该字符是数字,则分析到该数字串的结束并将该数字串直接输出。
(4)如果不是数字,该字符则是运算符,此时需比较优先关系。具体做法是将该字符与运算符栈顶的运算符的优先关系相比较。如果该字符优先关系高于此运算符栈顶的运算符,则将该运算符入栈。倘若不是的话,则将栈顶的运算符从栈中弹出,直到栈顶运算符的优先级低于当前运算符,将该字符入栈。
(5)重复上述操作(3)~(4),直至扫描完整个简单算术表达式,确定所有字符都得到正确处理,我们便可以将中缀表示的简单算术表达式转化为逆波兰表示的简单算术表达式。

如程序 7-8 所示,则展示了采用泛化思想实现计算器的方式。

程序 7-8　使用泛化思想实现计算器的方法

可以将输入的表达式作为一个 Script 放入相关的脚本引擎即可
ScriptEngine.eval(String script)

使用泛化模块的方法存在着一些问题,泛化模块可能带来负面效果,如将一个模块泛化为解析器,则可能失去对输入数据的控制力。某些恶意的输入也可能被识别成正常的输入数据,从而使得系统面临诸多不可控的因素。上述例子中的 Java 解析器,可能被植入诸如 System.Exit 的方法,若模块执行了该方法则可导致系统崩溃,若被植入几个死循环则可能使系统资源耗尽。泛化模块也可能导致系统的类型检查出现问题,例如原有模块参数固定、类型也可事先检查。

　　泛化参数的实现：对泛化参数的支持包括了多种方法，典型的如泛型、通用接口（对象）。其中通用接口对象大家较为熟悉，主要通过定义一个大接口，该接口涵盖不同的功能，从而达到泛化，或者通过某些类型如 String 完成复杂的数据类型传递。

　　使用 Collection 类进行泛化的编程示例代码如下所示。

程序 7-9　泛化编程示例代码

```
List<String> ls = new ArrayList<String>();
```

　　利用泛型完成相关参数的泛化的示例代码如程序 7-10 所示。

程序 7-10　泛型示例代码

```
public void write(Integer i, Integer[] ia);
public void write(Double   d, Double[] da);
泛型版本为
public <T> void write(T t, T[] ta);
```

　　泛化过程是指编程的过程中，不对具体的类型进行绑定，而采用通用类型或者泛化类型。典型的泛化与非泛化代码对比如程序 7-11 所示。

程序 7-11　泛化与非泛化代码对比

```
//无泛化模型的一般写法
Collection emps = sqlUtility.select(EmpInfo.class, "select * from emps"); ...
public static Collection select(Class c, String sqlStatement) {
    Collection result = new ArrayList();
    /* run sql query using jdbc */
    for ( /* iterate over jdbc results */ ) {
        Object item = c.newInstance();   //得出的仍是通用类型不能直接给出所需的类型
        /* use reflection and set all of item's fields from sql results */
        result.add(item);
    }
        return result;
}
//上面例子不能返回一个精确类型的集合
//采用 Class 泛型可以改写成如下代码
Collection<EmpInfo> emps=sqlUtility.select(EmpInfo.class, "select * from emps"); ...
public static <T> Collection<T> select(Class<T>c, String sqlStatement) {
    Collection<T> result = new ArrayList<T>();
    /* run sql query using jdbc */
    for ( /* iterate over jdbc results */ ) {
        T item = c.newInstance();
        /* use reflection and set all of item's fields from sql results */
        result.add(item);
    }
    return result;
}
```

7.3.2　防止连锁反应战术

　　防止连锁反应战术主要保障根据需求进行的更改，并没有直接影响到模块与模块之间的依赖关系，也没导致修改后的连锁反应。

1. 模块间的依赖关系

产生连锁反应的原因主要是由于各个模块间的依赖关系。总体上说模块间的依赖关系包括以下几种。

（1）语法依赖

顾名思义，模块或者类之间存在着编译器语法的依赖，一般是指类型上的匹配问题。语法依赖根据依赖的内容不同，可分为数据语法依赖和服务语法依赖两种。

- 数据语法依赖：主要指互相依赖的数据类型必须保持与预期一致，即要使 B 正确编译或运行，由 A 产生并由 B 使用的数据的类型或格式必须与 B 假定的格式或者类型相同。

例如 test.lin(String s)，该方法需要依赖 String 类型的数据，若此时传递的数据为整型则编译不过。

- 服务、接口的语法依赖：与数据类似，两个模块间通过某个服务/接口进行通信，需保证该接口签名与预期保持一致。接口的签名，包括接口的包名、类名、参数、返回值等信息，用来唯一标识某个具体接口。

例如当前 B 依赖于 A 的接口 org.bupt.Test.testmethod(String a)，此时若有一个类似的接口 org.bupt.testmethod(String a)或者 int org.bupt.Test.testmethod(String a, String a2)，则 B 无法进行编译。即 B 所需的接口需与预期的一致才能进行正常编译。

（2）语义依赖

语义依赖是比语法依赖更高级的一种依赖方式，一般语法依赖可能导致编译出错，而语义依赖不会导致编译出错，因此更难以发现。语义依赖是依赖双方对调用产生的语义效果应该保持一致。与语法依赖类似，语义依赖也可分为数据依赖及服务依赖。

- 数据语义依赖：主要指依赖双方对数据的含义存在一致性的需求。具体来说，包括数据的内涵等方面的一致性。

例如一个数值，可能代表温度、湿度等，但是它们同样采用浮点数进行表示。若将数值的含义混淆，也能正常编译，因为编译所需的条件仅为类型匹配。但是在实际系统中，若这两个数值对调，可能导致不可预期的结果。

再如，开发人员在接管遗留数据库时，可能对数据库某些字段的含义不清，此时若仅凭经验进行语义分配，可能导致运行的语义问题，同样编译也检查不出问题。

- 服务语义依赖：主要指依赖双方对服务的含义存在一致的预期。简而言之，调用者认为的被调服务的语义与实际执行的语义一致。

例如，服务 A 调用一个天气预报服务，它预期天气预报服务返回包括 PM2.5 在内的详细天气信息，但是该天气服务只能返回温度、湿度等基本信息。由于服务 A 无法获得其所需的信息，可能导致服务 A 的后续流程无法正常执行。本例中的 Weather 类如图 7-8 所示。

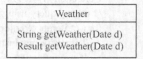

Weather
String getWeather(Date d) Result getWeather(Date d)

图 7-8　Weather 类图

再如，服务 B 调用一个名为 sendMail 的服务，它预期该服务可将其内容作为邮件发送给接收端，然而 sendMail 服务实际无法完成该操作，只能发送内部邮件，无法对外网发送邮件，则服务 B 的调用无法正常完成。

（3）顺序依赖

模块与模块依赖可能存在多次顺序式的依赖关系，一个模块的活动需要另外一个模块源源不断地输入数据或者执行结果。同样根据数据与服务的分类，顺序依赖分为了数据顺序依赖以及服务顺序依赖。

- 数据顺序依赖：即某个模块 B 要正常执行，它需要按照某个约定的时序接收来自 A 的数据，且针对需求 A 的数据可能存在一定的先后顺序。这种依赖关系在实际系统中很常见。

例如，现代数字电路依赖时钟进行驱动，其实就是非常典型的数据顺序依赖。要求时钟按照固定的频率为电路提供驱动，从而保障电路的正常运行。

典型的数据生产者、消费者模型中，若消费者中没有相应的缓冲区，则要保障生产者与消费者最高效的运作，可要求生产者按照一定的速率向消费者提供数据。同时，若生产者提供多种数据，可依靠时序来说明当前数据的含义，若此时时序出现问题，则消费者可能对数据语义产生不同的理解。比如上报数据时，按照温度、湿度、PM2.5 的顺序进行报告，若湿度与 PM2.5 对调，则可能导致接收端的数据处理异常。

在股票、外汇交易系统中，可能存在着相关数据的顺序依赖。某个时刻的值如果与下一个时刻的数值颠倒了，可能导致盈利与亏损的巨大区别，某些不正规的外汇交易系统会利用这种数据关系。

- 服务顺序依赖：服务调用分为异步调用与同步调用，每次调用对被调服务有完成时间的需求，若被调服务无法在预定时间内完成相应的操作则可能导致调用服务异常。

例如，服务 A 需要服务 B 计算某个中间结果，服务 B 却没法在预定时间内完成。此时服务 A 需要返回相关处理结果，却无法获得相应中间结果，服务 A 无法向下执行。若 A 为同步调用 B，则此时 A 将阻塞执行线程，导致其他服务也无法执行。若此时 A 为异步调用 B，由于 A 仍在等待 B 的回调结果，则 A 也无法运行，整个系统与 A 相关的后续服务无法正常执行。

（4）接口标识依赖

接口标识严格意义上属于语法依赖的一种，此处单独列出主要考虑到分布式程序的情况。在分布式条件下，两个模块的编译一般拿不到对方的全部源码，只能通过对方暴露的接口进行联编。为保障两个模块的正常运行，接口标识必须保持一致。

例如，B 依赖与 A 的接口，B 在开发过程中需引用 A 的开发包。若 A 的接口在 B 开发过程中发生改变，而未告知 B，则 B 运行时将导致运行时错误。

（5）运行位置依赖

模块间对模块位置达成共识，并在模块运行中到该位置寻找对应模块，称为运行位置依赖。典型的运行依赖例子利用 C#开发 Windows 相关的应用时，一般将假设系统库的位置放在 Windows 的某个固定位置，若此时相关库函数位置发生改变或者缺失时，将导致程序无法正常运行。

例如：某个程序需动态加载相关的运行库，一般该程序需了解运行库所在位置，否则该程序无法运行。Java 中利用 JNI 动态记载 DLL 库时需明确指出相关的搜索位置。

Tomcat 或者 Jetty 等 Web 服务器，一般假设应用目录在 webapp 之下。若将一个新的应用放到该目录可被 tomcat 等动态加载运行，反之若将应用放到 tomcat 其他目录则无法被加载使用。

在一个应用系统中，若模块间采用直接本地调用的方式，则隐含着模块是位于同一个进程之中。若该系统改变部署方式，则原有的调用方式可能失效。

（6）服务/数据质量依赖

要使 B 正常运行，涉及 A 所提供的数据或服务质量的一些属性必须与 B 的假定一致。质量包括数据的精度、频度、精确语义等。比如，某个特定的传感器所提供的数据必须有一定的准确性，以使 B 的算法能够正常运行。类似的，温度数据如果是用于天气预报的，则温度数据的精度只需达到小数点 1 位即可甚至不要求小数点；若温度数据用于培养相关疫苗、胚胎等，则需要更加精确的要求。因此，数据、服务质量的依赖需根据具体的场景因地制宜进行判断。

（7）模块的存在依赖

模块的存在依赖主要指某个模块无法脱离其所依赖的模块单独运行。简言之，模块 B 依赖于模块 A，要使模块 B 正常运行，模块 A 必须存在。由于实际开发中每个小组完成一个模块，这些模块最终组成系统，若其中存在着对象 C 请求对象 D 提供服务，但是由于对象 D 无法被初始化或者不存在，则对象 C 不能正常执行。

例如，c 的 invoke 方法里面包含了 d.test()方法，此时 d 为空，则 c 将抛出空指针异常。

（8）资源行为依赖

每个模块的正常运行存在着一定的资源前提，模块间的一些依赖隐含着对相同资源的期望，这种期望称之为资源行为依赖。例如，要使 B 正常运行，A 的资源行为必须与 B 的假定一致。B 认为 A 需要与其一样可访问到相同的数据，B 和 A 之间应该共享一个缓冲区。此时，若 A 无法访问到 B 预期的资源（缓冲区），则 B 和 A 的协同工作可能存在问题。再者，B 需要 A 为其保留一定资源如线程池资源，但是 A 并未预留资源，这样也可能导致配合效率的降低。

上述描述的 8 种关系是应用系统常见的依赖。具体的防止连锁反应的战术也将针对上述依赖关系进行分析。

2. 防止连锁反应的战术

防止连锁反应的战术包括信息隐藏战术、维持现有接口、限制通信路径、仲裁者的使用等多种子战术。

（1）信息隐藏战术

信息隐藏子战术是将具体的实现细节与决策过程隐藏起来，让使用者只看到结果或者所需的功能。具体的实施过程包括两部分，即职责划分和定义接口。职责划分是将当前实体（一个系统或者系统的某个分解）的责任分解为更小的部分，并选择哪些信息是公有的、哪些是私有的；定义接口是定义公有且开放的接口，用来体现当前模块的职责。外部用户可通过指定的接口使用某个模块。

通过上述两个过程，信息隐藏仅通过开放的接口对外提供服务，而将具体的实现内容隐藏在模块之内，可以达到将变更隔离在一个模块内，防止变更扩散到其他模块的目标。现代面向对象技术和抽象数据类型技术都帮助用户方便地实现信息隐藏。

通过信息隐藏，各个模块之间仅通过接口进行交互，从而可简化模块间的交互方式。因此，衡量一个模块设计好坏的标准可通过该模块自身内部数据与实现细节的隐藏情况进行判断。好的模块设计具备"高内聚、低耦合"的特点。由于各个模块之间松耦合，使得它们可以独立地被开发、优化、使用以及修改。在模块众多的大型系统中，信息隐藏所带来的好处更容易体现。另一方面，通过信息隐藏，外部模块无需了解其他模块的实现细节，还可促进模块的复用。

① ID 分配器中的信息隐藏设计

ID 在系统中可以唯一标识某个具体对象，因此 ID 分配是现代程序中重要的基础功能之一。本例子对比了几种 ID 分配方法，从中分析信息隐藏的好处。

- 方法一：整数 ID：即利用整数值作为 ID，且分配时只需对 ID 进行增加的操作。这种方法是最直接也最容易被人们所想到的方法。通过设置 maxID 表示目前已分配的最大值，每次创建一个新对象时其 id 可由下面公式得出，即 id=++ maxID。具体分配如程序 7-12 所示。

程序 7-12　经典的 ID 分配方法

具体分配过程：

首先初始化 maxID=0；

其次，在每次需要使用 id 的地方，临时分配 id 即 id=++maxID；

　　同时设置 maxID=id;

- 方法一：显然可以满足 ID 分配的最低要求，即可以为用户分配 ID 值。然而方法一存在着几方面的缺陷。首先本方法无法支持 ID 预留，系统中可能将某些特殊 ID 保留，但是本方法难以实现该预留。其次，本方法无法对已失效的 ID 进行重用，由于仅是简单地增加 ID 值，本方法无法统计和重新分配已失效 ID。再者，本方法可能存在并发 ID 分配所导致的 ID 重复问题。由于可能同时在多个位置调用 ID 分配方法，本方法并没有声明并发锁，因此可能导致 ID 的重复分配。

- 方法二：以一个函数封装 ID 分配过程。方法二的具体办法如程序 7-13 所示。通过该函数。屏蔽了 ID 分配的实现细节，因此 ID 分配可以达到预留某些 ID、重用某些 ID 的目的。通过对方法标注同步的关键字，也可达到 ID 的唯一性分配。但是，ID 分配仍存在一些问题，如系统进行升级，此时 ID 类型转化为字符串，需要用 128 位的字符串代表一个 ID，则系统需要在所有声明 ID 的地方进行更改。

程序 7-13　函数封装 ID 分配过程

```
String getID(){
    //do get ID
    //多个队列，保留 id，被使用后回收的 id，现存的 id 等，
    获取当前可用 ID 资源池
    从中查找一个 ID
    Return id;
}
```

具体使用时：
id=getID()

- 方法三：将 ID 封装为 TypeDef 的形式。显然，利用函数将 ID 进行隐藏比方法一更进一步，然而仍然存在一定问题，即 ID 的类型仍然被事先固定，若此时 ID 需要改变类型，则与 ID 相关的所有引用都需进行更改。为保障 ID 类型更改不影响其他的类型，则可采用 TypeDef 的方式，将 ID 转化为需要的类型。那么如果 ID 的类型需要修改，就只需修改 typedef 处与 NewID() 的内部即可，而不会影响其他 "外面" 的程序代码。

② 信息隐藏的层次

在讨论信息隐藏时，经常涉及信息隐藏层次的问题。信息隐藏按照相关层次可分为常量、类、子模块、子系统等层次。

数据常量是经常被程序员忽略的一个信息隐藏层次，例如系统中的最大值范围，很多程序员随手写了一个常量值（数值，而非符号形式），在系统出现最大值的所有地方均采用该数值。若此时系统的最大值范围发生变化，则需要修改大量位置。由于采用数值形式，开发人员很难发现使用该常量值的位置。例如，程序的最大值为 10000，现需将 10000 改为 20000，开发人员不能直接采用查找替换的方法替换该值，因为可能还存在其他 10000 的数值，这些数值并非代表最大值的含义。因此，这种更改是需对代码通读、理解的前提下才能进行，总体上费时费力。显然，若开发人员在最初定义相关的常量，如 Const int MAXID=10000，且在程序中主动引用 MAXID，则程序员需要修改该 MAXID，只需更改一个位置即可完成全局更改，详见程序 7-14 所示。

程序 7-14　数据常量例子

不好的写法：

```
For (int i=0;i<100;i++)
建议的写法:
For(int i=0;i<MAXID;i++)
```

在调试过程中，若以 Eclipse 为例，若需要调整 i 的最大值，需要手动找到所有的循环体进行手动更改。经常容易错过要修改的相关值，从而导致程序出现不可意料的结果。

类、子模块、子系统的信息隐藏，很大程度上体现为接口定义，即如何定义相关的接口、如何选择哪些属性可暴露、哪些属性需要隐藏。接口的设计遵循接口最小化原则、接口隔离原则等。接口最小化原则主要规范接口中的方法个数，尽量保障每个接口内部的方法都属于同一个类型，完成同一种功能。简言之，使用多个专门接口比使用单一的杂凑接口好。接口隔离原则，则指类与类之间的依赖性，应该建立在最小接口之上。如图 7-9 所示，给出了一个不好的接口定义的例子，该例子中一个接口的功能被过度多样化。

举一个搜索引擎的例子。一个动态的资料网站将大量的文字资料存储在文件中或关系数据库中，用户可以通过输入一个和数个关键词进行全网站的全文搜索。这个搜索引擎需要维持一个索引库，在本例中索引库以文本文件方式存于文件系统中，在源数据被修改、删除或增加时，搜索引擎要做相应的动作，以保证索引文件也被相应地更新。针对上述需求，定义相关的搜索、检索的接口。

图 7-10 所示为初学者最常定义的接口形式。该接口将所有的功能点进行了总结，并统一于一个接口之中。从接口表达功能的目标来说，该定义并没有问题。然而，从接口的最小化原则及最小依赖原则分析，则很容易发现该接口存在着一定的问题。首先，接口混合了索引、查询等功能，该接口不符合接口最小化原则。其次，若一个用户程序仅需使用查询功能或者索引功能，它仍需要完整引用本接口，一方面造成依赖的扩大化，另一方面可能带来安全性问题。如索引功能一般仅限内部用户使用，外部用户若获得了索引功能，则外部用户将可修改系统的内部索引，甚至重新索引，显然上述功能已经超出了系统的预先设想。

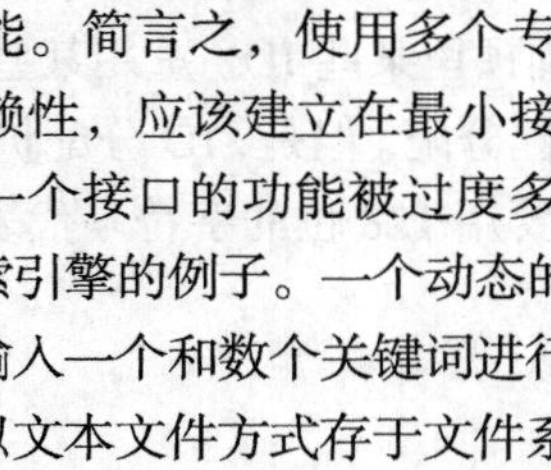

ABadInterface
void doIT()
void doAnother()
void doSport()
void doCooking()
void doRelaxing()
void doTeaching

SomeInterface
void first()
void next()
void previous()
void reIndexAII()
void Search()
ResultSet getResultSet()

图 7-9　不好的接口示例 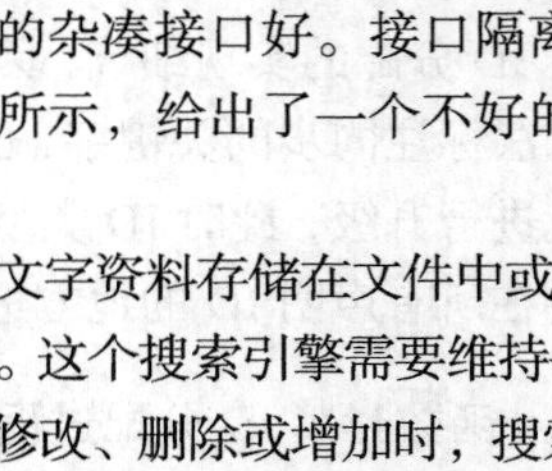　　　　图 7-10　不符合接口设计原则的接口示例

初学者设计出这样的接口之后，可以对上述接口进行重构，从而使其满足接口设计原则。一种最简单的重构方法是可以通过对接口的重新命名来进行重构。图 7-10 所示的接口很难选择一个合适的名字，主要由于该接口存在着多种功能。因此，初学者也可以以一个类是否容易命名来判断接口是否定义合理。当然，有些读者可能认为，可为这个接口取"搜索系统"之类的接口名称，然而该名称不能作为一个接口的名称。

在本例中，由于难以为本接口进行命名，所以可将本接口内部的多个方法进行分类，分类之后就可以方便地取名。例如一个接口可称为检索接口，另外一个则成为索引接口。

针对检索接口进一步分析是否有细化的可能，很容易发现 search、getResultSet 属于用户可直接调用的方法，而 first、next 等方法则是在用户调用 getResultSet 之后针对 ResultSet 的调用方法。因此，检索接口可进行第二次分解，分解将仅保留 search、getResultSet 两个主要方法。而 first 等方法，则将归结到 ResultSet 接口之中。当用户调用 Search 方法时，不用涉及 ResultSet 接口。

针对索引接口，则保留现有方法即可。因此，具体的接口形式如图 7-11 所示。

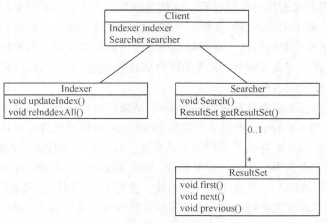

图 7-11　一种相对合理的接口示例

③ 设计模式对信息隐藏的帮助

在系统中，经常需要使用一种统一的方法访问不同类型的元素或者方法。针对这种访问方式的隐藏方法可利用迭代器、策略模式等。

a. 迭代器模式

迭代器模式提供一种方法顺序访问一个聚合对象中各个元素，而又不需暴露该对象的内部表示。迭代器模式遍历集合的成熟模式，该模式的关键是将遍历集合的任务交给迭代器的对象，它在工作时遍历并选择序列中的对象，而客户端程序员不必知道或关心该集合序列底层的结构。例如在 Java 中就包含大量使用迭代器的系统库，Collection 类型中的大多数类均具备相应的迭代器功能。迭代器类图如图 7-12 所示。

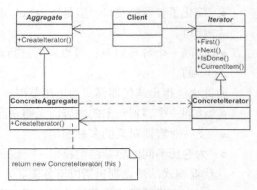

图 7-12　迭代器类图

一般来说，迭代器模式的结构中包括四种角色。

- 集料（Aggregate）：原意指在工程中作成混凝土或修路用的"骨料、集料"，泛指不经融合其成分而形成的整体。在本模式中主要指一系列聚集的对象。此处 Aggreate 特指需要进行聚集对象的接口，一般在该接口包含两个规定了具体集合需要实现的操作。
- 具体集合：具体集合实现了集合接口的一个实例，按照一定的结构存储对象。具体集合应该有一个方法，该方法返回一个针对该集合的具体迭代器。
- 迭代器：一个接口规定了遍历具体集合的方法，常用的方法如 next() 等。
- 具体迭代器：实现了迭代器接口的类的实例。具体迭代器在实现迭代器接口所规定的遍历集合的方法时，如 next() 方法，要保证首次调用将按着集合的数据结构找到该集合的一个对象，并且每当找到集合中的一个对象，立即根据该集合的存储结构得到待遍历的后继对象的引用，并保证一次调用 next() 方法可以遍历集合。

根据上述的架构，可以发现迭代器的作用是通过访问一序列的聚合对象内容，而无需暴露各个聚合对象的内部形态。如在一个 ArrayList 中可以放入满足条件的水果类型，如苹果、西瓜、葡萄等，此时需要打印 ArrayList 的每个水果，只需利用 ArrayList 的迭代器即可获得所有的对象。这样可提供一套代码完成多种对象的访问。这种编程方式既不会暴露对象的内部结构，又可以通用的方式进行访问，便于未来系统的扩展。例如，此时需要再放入水蜜桃对象，则该代码也无需进行更改。基于上述迭代器的特点，在实际系统中迭代器经常在如下几种场景下使用。

- 以抽象的方式访问聚合对象，无需暴露内部对象类型。如之前描述的"水果"对象迭代器，主要用于方便访问各种物件。
- 迭代器可为遍历不同集合提供统一的接口，从而使得同样算法可在不同集合结构上进行操作。如 Java 的 Collection 类型，所有的 Collection 具体类型都可使用相同的迭代器接口进行编程。这样一方面降低了用户学习的难度，另一方面也提高了代码的复用性。
- 支持以不同方式遍历一个聚合对象集合。同样算法可在不同的集合结构上进行操作，多个不同的算法可在同一个集合上应用。因此，它支持以不同的方式遍历一个聚合对象。复杂的聚合可用多种方式进行遍历。迭代器模式使得改变遍历算法变得很容易，仅需用一个不同的迭代器的实例代替原先的实例即可，也可以自己定义迭代器的子类以支持新的遍历。
- 同样，在同一个聚合上可以有多个遍历，每个迭代器保持它自己的遍历状态。因此可以同时进行多个遍历。

总结一下迭代器的优点和缺点，其优点包括以下方面。

- 支持以不同的方式遍历一个容器角色。根据实现方式的不同，效果上会有差别。
- 简化了容器的接口。但是在 java Collection 中为了提高可扩展性，容器还是提供了遍历的接口。
- 对同一个容器对象，可以同时进行多个遍历。因为遍历状态是保存在每一个迭代器对象中的。

由此也能得出迭代器模式的适用范围，具体如下所述。

- 访问一个容器对象的内容而无需暴露它的内部表示。
- 支持对容器对象的多种遍历。
- 为遍历不同的容器结构提供一个统一的接口（多态迭代）。

迭代器模式的缺点则包括以下方面。

- 由于迭代器模式将存储数据和遍历数据的职责分离，增加新的聚合类需要对应增加新的迭代器类，类的个数成对增加，这在一定程度上增加了系统的复杂性。
- 从迭代器的健壮性考虑。遍历的同时更改迭代器所在的集合结构，则需对迭代器进行相应的更改，否则将出现问题。

b. 策略模式

策略模式是一种用于隐藏不同算法差异的设计模式。策略模式定义了一系列的算法，并将每一个算法封装起来，而且使它们还可以相互替换。策略模式让算法独立于使用它的客户而独立变化。

在软件开发中也常常遇到类似的情况，实现某一个功能有多种算法或者策略，开发人员可以根据环境或者条件的不同选择不同的算法或者策略来完成该功能，如检索、排序等。一种常用的最直接的方法是设计一个专门用于这些算法类，若需要提供多种算法实现，可以将这些算法写到一个类中。该类提供多个方法，每一个方法对应一个具体算法。当然也可以将这些查找算法封装在一个统一的方法中，通过 if else 或者 case 等条件判断语句来进行选择。这两种实现方法我们都可以称之为硬编码。如果需要增加一种新的查找算法，需要修改封装算法类的源代码；更换查找算法，也需要修改客户端调用代码。在这个算法类中封装了大量查找算法，该类代码较复杂，维护较为困难。如果我们将这些策略包含在客户端，这种做法更不可取，将导致客户端程序庞大而且难以维护，存在大量可供选择的算法时问题将变得更加严重。

例如，一个菜单功能能够根据用户的"皮肤"首选项来决定是采用水平的还是垂直的排列形式。同时可以灵活增加菜单栏的显示样式。

出行旅游时我们有几个策略可以考虑，可以骑自行车、坐汽车、坐火车或者坐飞机。每个策略都可以得到相同的结果，但是它们使用了不同的资源。选择策略的依据是费用、时间、使用工具，还有每种方式的方便程度。

如何让算法和对象分开来，使得算法可以独立于使用它的客户而变化？则可以采用策略模式。策略模式定义一系列的算法，把每一个算法封装起来，并且使它们可相互替换。本模式使得算法可独立于使用它的客户而变化，也称为政策模式（Policy）。策略模式把对象本身和运算规则区分开来，其功能非常强大，因为这个设计模式本身的核心思想就是面向对象编程的多形性的思想。

策略模式适用于以下情况。

- 许多相关的类仅仅是行为有异。"策略"提供了一种用多个行为中的一个行为来配置一个类的方法，即一个系统需要动态地在几种算法中选择一种。
- 需要使用一个算法的不同变体。例如，你可能会定义一些反映不同的空间/时间权衡的算法。当这些变体实现为一个算法的类层次时，可以使用策略模式。
- 算法使用客户不应该知道的数据暴露。可使用策略模式以避免暴露复杂的、与算法相关的数据结构。
- 一个类定义了多种行为，并且这些行为在这个类的操作中以多个条件语句的形式出现。将相关的条件分支移入它们各自的 Strategy 类中以代替这些条件语句。

策略（Strategy）模式有下面的一些优点。

- 相关算法系列 Strategy 类层次为 Context 定义了一系列的可供重用的算法或行为。继承有助于析取出这些算法中的公共功能。
- 提供了可以替换继承关系的办法。继承提供了另一种支持多种算法或行为的方法。可以直接生成一个 Context 类的子类，从而给它以不同的行为。但这会将行为硬行编制到 Context 中，将算法的实现与 Context 的实现混合起来，从而使 Context 难以理解、难以维护和难以扩展，还不能动态地改变算法。最后得到一堆相关的类，它们之间的唯一差别是它们所使用的算法或行为。将算法封装在独立的 Strategy 类中使得你可以独立于其 Context 改变它，使它易于切换、易于理解、易于扩展。
- 消除了一些 if else 条件语句。Strategy 模式提供了用条件语句选择所需的行为以外的另一种选择。当不同的行为堆砌在一个类中时，很难避免使用条件语句来选择合适的行为。将行为封装在一个个独立的 Strategy 类中消除了这些条件语句。含有许多条件语句的代码通常意味着需要使用 Strategy 模式。
- 实现的选择 Strategy 模式可以提供相同行为的不同实现。客户可以根据不同时间/空间权衡取舍要求，从不同策略中进行选择。

（2）维持现有接口子战术

一般情况下若系统的接口出现变化，那么与之相关的代码都需发生变化，牵一发而动全身。维持现有接口的子战术正是为了适应该场景而提出的。例如 B 依赖于 A 的一个接口的名字和签名，则维持该接口及其语法能够使 B 保持不变，如程序 7-15 所示。

程序 7-15　维持现有接口实例

```
public class B {

    …
    public void test(A a){
      a.sendInvite(ss)
    }
    …
}
```

A 的定义为：
```
public interface A{
      public void sendInvite(String ss);
      public void sendInvite(String dfd,int t);
}
```
此时如果对 A 进行修改，A 的接口定义变为：
```
public interface A'{
      public void sendInvite(String ss,String ss2);
      public void sendInvite(String dfd, int t);
}
```
若要保持 B 的依赖关系则：
```
public interface A"{
      public void sendInvite(String ss);
      public void sendInvite(String ss,String ss2);
      public void sendInvite(String dfd, int t);
}
```

如果 B 使用了 sendInvite 的第一个形式，那么 B 将出现编译问题，因为此时的 A 已经无法满足 B 的依赖要求。一般的方法是将 A 中与 B 存在依赖的方法保持不变，在 A' 中增加新的方法，如 A"。但是本战术存在一定的局限性，若 B 对 A 有语义依赖性，则该战术不一定起作用。A 同样保持 sendInvite 的消息名称，但修改了内部的语义含义，则此时使用 B 调用 A 的时候，B 无法得到与之前一致的结果。比如，最初 B 调用 sendInvite 时发送相关 Invite 消息出去到 Proxy，而新的方法则直接发送给目的地。

（3）添加新接口与适配器子战术

● 添加接口。新增加的功能以新接口的形式存在，从而保障现有的接口名称可保持不变，用户需访问新功能时只需使用新接口。

以程序 7-5 所示的例子为例，原来的接口 A 不需要进行更改，仅需要增加 A' 接口即可，B 如果需要使用新的功能，需要再获取一个实现了 A' 接口的对象即可。这样可以达到原有代码无需修改的目的，从而保障了代码的稳定性，如程序 7-16 所示。

程序 7-16　添加新接口实例

```
public class B {
    …
    public void test(A a){
      a.sendInvite(ss)
      //新增加的代码
      A' a' =getA' ();
      a'.sendInvite(ss,ss2)
}
```

```
    …
}
```

A 的定义为
```
public interface A{
      public void sendInvite(String ss);
      public void sendInvite(String dfd,int t);
}
```
A'定义为
```
public interface A'{
      public void sendInvite(String ss,String ss2);
}
```

- 添加适配器。虽然原有方法发生了改变，为保持原有调用的正常进行，采用一个适配器对新接口进行包装，以老接口的形式对外提供服务。适配器的模式实现较为简单，如程序 7-17 所示。

程序 7-17　添加适配器实例
```
public class B {
    …
    public void test(A a){
    AdapterA' a'=new AdapaterA' (a);
    a'.sendInvite (ss,ss2);
}
    …
}


A 的定义为
public interface A{
      public void sendInvite (String ss);
      public void sendInvite (String dfd,int t);
}
AdapterA'  定义为
public class AdapterA'{
      A a;
      public AdapterA' (A a){
          this.a=a;
      }
      public void sendInvite(String ss,String ss2){
      //do something for ss2
      a.sendInvite(ss);
      }
}
```

（4）限制通信路径子战术

限制通信路径子战术，即减少模块间的交互，缩短完成某个功能所需的调用链长度。一般可以通过限制与一个给定的模块共享数据的模块数量，其中包括减少使用该模块所产生的数据的模块数量（即减少扇出）或者减少产生该模块使用数据的模块的数量（即减少扇入）。在典型的模块设计之中，模块的划分主要依据系统功能以及设计人员经验。

设计人员在最初设计相关系统的时候对模块的划分经常存在一定的问题，主要体现为多个模块间的交互过多，完成单个功能所需的模块调用链过长、交叉调用等问题。

下面是一个典型的设计问题，如图 7-13 所示。

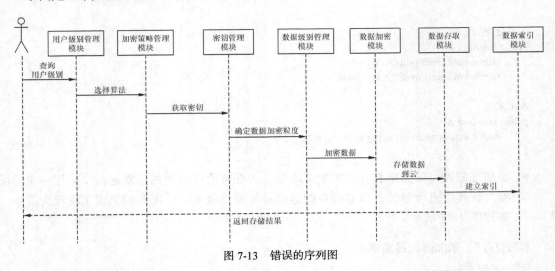

图 7-13   错误的序列图

在该问题中，所有模块都为某个功能而串接。显然，这种设计方式存在一定问题，首先表现为模块间的依赖关系过于紧密，模块失去了相关的独立性。该例中，我们可以通过限制通信路径的原则，修改原有接口设计、重新设计交互过程的方法进行更正。更正后的流程图如图 7-14 所示。

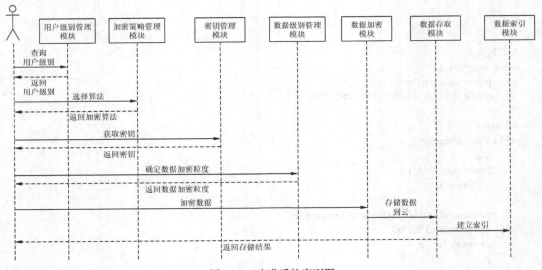

图 7-14   改进后的序列图

除了原来设计存在问题的情况可使用本战术进行判定外，本战术还主要用于优化现有系统的交互关系。

（5）仲裁者子战术

在进行通信路径限制的过程中，一方面是通过重新组织模块的对外接口，另一方面需要引入第三方新模块用于分担相关交互功能。这种新的第三方模块若是为了降低或切断与其交互的模块之间的依赖性，则称为仲裁者模块。仲裁者模块根据其所在位置以及所起的作用可以分为数据仲裁者以及服务仲裁者。所谓数据仲裁者主要为了降低数据的依赖性。在系统中可能存在一系列的数据需被多个模块使用，用户经常使用某个数据结构进行数据的共享，这种共享方式使得各个模块对该数据结构具有强烈的依赖性。引入数据仲裁者可降低模块间对于该共享数据对象的依赖。所谓服务仲裁者主要为降低由于服务互相调用时产生的各种依赖，这种依赖包括接口依赖、调用关系依赖等。

典型的数据依赖性包括存储库、消息中间件等。模块不需要再等待外部模块传递数据给它，而只需要与相关存储库或者消息中间件进行交互。这些交互过程将使用统一的交互接口，如消息中间件将所有的调用、依赖都转化为标准格式的消息。用户只需要遵循相应的发布、订阅的行为准则即可完成相应消息消费与发送。利用消息中间件隔离了相关的数据生产者与消费者之间的调用依赖关系。

典型的服务仲裁者则是用于隔离服务之间由于接口等产生的依赖关系，仲裁者将服务的语法从一种形式转化为另外一种形式，从而隔离两端服务之间的语法依赖。服务仲裁者一般与相关设计模式存在一定的关联关系，包括前面描述的适配器模式、策略模式等。还包括 Facade、Bridge、Mediator、Proxy 以及 Factory 等模式，下面从服务仲裁者角度阐述一下上述设计模式起到的作用。

① Facade 门面模式

一个系统对外提供接口时最好有统一的一套接口，而非多个无关的接口。这套统一的接口负责整个系统与外界的交互，当外部用户使用该系统时，可以通过该接口获得一个入口，从而访问到系统的所有功能，这样的形态称为门面模式。门面模式在现实生活中广泛存在，如旅行社。一个人找到一个旅行社就可以了解到各种旅行产品，无需再和宾馆、航空公司、目的地景点等进行联系，只需通过旅行社给他提供服务即可。在实际系统中，门面模式的一般表现如图7-15 所示。

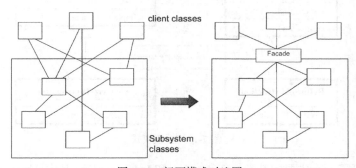

图 7-15　门面模式对比图

所有的后台类都被隐藏在对外的接口之后，且该对外的接口用于与对外的所有沟通。所有外部用户需要通过该接口才可以访问到具体服务，相当于通过接口层屏蔽了内部实现，外部用户无需了解内部实现的细节，也就与内部实现没有依赖关系。从服务仲裁者角度，接口层对象是外部用户与内部具体实现模块间的仲裁者。该仲裁者通过改变或者适配方法调用的方法，达到了仲裁者的作用。由于该仲裁者的存在，内部模块的升级变化对外部用户不可见，从而隔绝了外部用户对内部模块的依赖关系。当内部模块出现故障或者需要升级时，接口层对象也可以在一定程度上进行屏蔽。反之，若该仲裁者不存在，外部用户需分别直接对系统各个模块进行调用，这种直接调用方式使得外部用户与各个模块直接关联，一方面外部用户需要维护各个模块的引用，另一方面各个模块一旦进行接口更改将影响外部使用。

如图 7-16 所示，编译器编译一个程序需要通过词法、语法、语义、代码生成等多个步骤。这些步骤若对外开放，让用户自己去调用每个步骤，将大大提高用户编译程序的代价。因此采用门面模式，通过 Complier 的 Complie 方法对上述内部流程进行封装，从而大大提高程序的易用性。

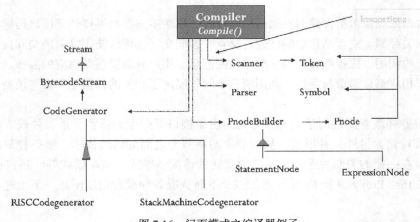

图 7-16　门面模式之编译器例子

② Bridge 桥接及适配器模式

桥接模式的用意是"将抽象化（Abstraction）与实现化（Implementation）脱耦，使得二者可以独立地变化"。这句话有三个关键词，也就是抽象化、实现化和脱耦。

桥接模式的典型类图如图 7-17 所示。

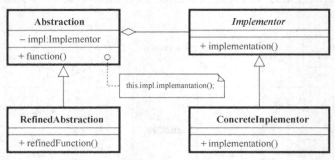

图 7-17　桥接模式

桥接模式包括了两个主要的基类，Abstraction 和 Implementor。其中 Abstraction 代表相应的功能主体，Implementor 主要提供相关的实际功能操作，或者说具体"干活"的类。在该图中需注意 Abstraction 中将保持一个 Implementor 的对象引用。而具体 Abstraction 的实现类 RefinedAbstraction 中的函数 refinedFunction 将真正调用该 Implementor 的实现方法，而该 Implementor 的实现方法主要由 ConcreteImplementor 进行实现。

从上述类图关系中可以看出，当用户去调用 RefinedAbstraction 的 refinedFunction 时，实际是由 ConcreteImplementor 的 Implementation 方法进行实现的，同时该调用关系可以在 RefinedAbstraction 对象初始化时才动态绑定。而且，由于在 RefinedAbstraction 中针对 Implementor 的接口进行编程，RefinedAbstraction 进行实现时无需理会 ConcreteImplementor 的具体实现。从而，使得两个实现类都可以单独进行开发，开发完了可动态组装在一起。

桥接模式的典型实现如程序 7-18 所示。

程序 7-18 桥接模式的典型实现

```java
/** "Implementor" */
interface DrawingAPI {
    public void drawCircle(double x, double y, double radius);
}

/** "ConcreteImplementor" 1/2 */
class DrawingAPI1 implements DrawingAPI {
    public void drawCircle (double x, double y, double radius) {
        System.out.printf ("API1.circle at %f:%f radius %f\n", x, y, radius);
    }
}
/** "ConcreteImplementor" 2/2 */
class DrawingAPI2 implements DrawingAPI {
    public void drawCircle(double x, double y, double radius) {
        System.out.printf("API2.circle at %f:%f radius %f\n", x, y, radius);
    }
}
/** "Abstraction" */
interface Shape {
    public void draw();                          // low-level
    public void resizeByPercentage(double pct);  // high-level
}
/** "Refined Abstraction" */
class CircleShape implements Shape {
    private double x, y, radius;
    private DrawingAPI drawingAPI;
    public CircleShape(double x, double y, double radius, DrawingAPI drawingAPI) {
        this.x = x;    this.y = y;    this.radius = radius;
        this.drawingAPI = drawingAPI;
    }
    // low-level i.e. Implementation specific
    public void draw() {
        drawingAPI.drawCircle(x, y, radius);
    }
    // high-level i.e. Abstraction specific
    public void resizeByPercentage(double pct) {
        radius *= pct;
    }
}
/** "Client" */
class BridgePattern {
    public static void main(String[] args) {
        Shape[] shapes = new Shape[] {
            new CircleShape(1, 2, 3, new DrawingAPI1()),
            new CircleShape(5, 7, 11, new DrawingAPI2()),
        };
        for (Shape shape : shapes) {
            shape.resizeByPercentage(2.5);
            shape.draw();
        }
    }
}
```

从该典型实现可以看出，Bridge 模式是为降低系统中两个接口耦合度而提出的。在系统设计中经常碰到两个功能不相关的接口需要在某个操作时进行结合操作，这种问题经常困扰设计人员。主要由于原有接口已经是在单一功能基础上抽象出来，若此时为某个操作而增加新的方法，将破坏系统接口设计的合理性。因此，桥接模式显得尤为重要，两个接口在桥接模式下可以独立实现，仅仅当其需要该特定操作时才产生桥接。在本例中，绘制图形的 API 和形状的 API 可以独立进行开发，仅在该形状需要进行绘制时，再配置相关的绘制方案进行绘制。两个接口的实现并没有直接的交叉，从而保障了各自的独立性。

此处，桥接也称为相关的服务仲裁者。通过该仲裁者，使得两边的接口得以独立。

③ 适配器模式

适配器模式在之前已经介绍，此处主要是与桥接模式进行对比。

适配器与桥接模式的一个重要目的都是为了使原本不相匹配的接口可以最终配合在一起工作。如果从相关的类图上看的话，两者的区别也不是特别明显，其区别主要体现为两者的出发点不同。

适配器模式一般用于遗留系统或者接口的对接，由于遗留系统中接口已经固定，几乎没有更改的可能性，为了能够配合遗留系统，新的系统通过一个适配器 Wrapper 对原有接口进行封装，从而达到适应新系统的需求。如图 7-18 所示，Wrapper 类其实继承的是新系统的接口。

桥接模式则与适配器的使用情况不同。在一个系统设计之初，通过分析系统的相关接口发现该系统中存在一对或多对功能不太相关，然而又需要协同工作的类或接口。例如，桥接模式中的形状及画图方法，两者从功能分析上属于两种截然不同的类型。在定义功能时，将某一类型的方法强加到另外一个类型中，都不太适合且可能丧失相关的灵活性。因此引入桥接模式，在桥接模式中，上层的两个抽象类或接口规范了两者的关系。各自实现类可以重点关注各自的实现方式，暂时无需考虑为其他类做什么样的配合工作。所有的实现类内部的代码变更也对其他接口没有任何的影响。

④ Mediator 模式

中介者模式即定义一个中介对象来封装系列对象之间的交互。中介者使各个对象不需要显式地相互引用，从而使其耦合性松散，而且可以独立地改变它们之间的交互，其类图如图 7-19 所示。

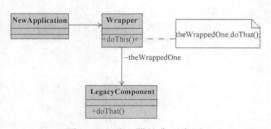

图 7-18　适配器的典型类图

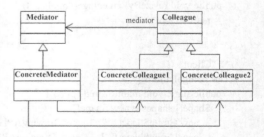

图 7-19　中介者模式类图

程序中经常存在模块或类的耦合度较高，其根本原因在于多个对象需要相互交互，导致了紧密耦合，不利于对象的修改和维护。中介者模式的解决思路就和总线一样，通过引入一个中介对象，让其他对象都只和这个中介者对象交互，而中介者对象是知道怎样和其他对象交互。这样一来，对象直接的交互关系就没有了，从而实现了松散耦合。

图 7-19 所示的类图是典型的中介者模式的形式。

- Mediator 即中介者抽象类。该类定义了各个同事之间相互交互所需要的方法，可以是公共的方法，如 SendMessage 方法。
- ConcreteMediator：具体的中介者实现类。在该实现类中维护所有同事的引用，并了解各个同事之间的交互关系。
- Colleague：同事类，通常实现成为抽象类，主要负责约束同事对象的类型，并实现一些具体同事类之间的公共功能。比如，每个具体同事类都应该知道中介者对象，也就是每个同事对象都会持有中介者对象的引用，该功能可定义在这个类中。
- ConcreteColleague：同事类的具体实现类。该类实现自己的业务，需要与其他同事对象交互时就通知中介对象，中介对象会负责后续的交互。

对于中介对象而言，所有相互交互的对象都为同事类。中介对象维护各个同事对象之间的关系，所有的同事类都只和中介对象交互，也就是说，只有中介对象知道所有的同事对象引用，而其他同事对象互相不知道相应的对象引用。当一个同事对象状态发生变化时，它仅需要将状态变化告知中介对象，它无需知道哪些对象关心它的状态。中介对象维护相应的关注对象列表，依次进行通知。这样一来，同事对象之间的通信完全依赖中介对象，从而达到相互之间的隔离。显然，在中介者模式中，中介者对象需要维护所有的交互关系，大大简化了被中介（同事）对象的实现难度。中介者扮演了仲裁者的角色，通过该仲裁者屏蔽。

中介者模式经常与其他几种模式产生混淆，典型的有中介者模式与门面模式、中介者模式与观察者模式等。中介者模式与门面模式的典型区别如下所述。

- 中介者模式的主要目标是使得两个本来需要直接通信的类不直接发生联系，而是通过中介者联系。中介者在联系过程中并不偏向于任一方，通信的双方或多方通过中介者互相和另一方发生关系，关系是双向的。
- 门面模式主要为了隔绝系统内部类与外部使用类之间的联系，实质也是让两个类不直接发生联系。但是门面偏向于某一方，如一般门面隔绝内部类，偏向内部类；外部使用类可以通过门面访问内部类提供的功能，内部类一般没有需求也不能通过门面类访问外部系统。门面模式中各个类的关系属于单向关系。

典型的生活中的例子，中介模式类比房屋中介。购房者通过联系中介从而联系到卖房者，反之卖房者也可以通过中介找到相应的购房者。而门面也类似，某个银行服务窗口一般仅有用户到银行窗口进行相关的业务请求，银行窗口的工作人员一般不会主动联系到客户。

如程序 7-19 所示，体现了典型的中介者模式的实现过程。

程序 7-19　中介者实现方法

```
//中介者类
class Mediator
{
public:
    virtual void Send(string message,Colleague* col) = 0;
};
//抽象同事类
class Colleague
{
protected:
    Mediator* mediator;
public:
    Colleague(Mediator* temp)
```

```
          {
            mediator = temp;
          }
};
//同事一
class Colleague1 : public Colleague
{
public:
    Colleague1(Mediator* media) : Colleague(media){}

    void Send(string strMessage)
    {
        mediator->Send(strMessage,this);
    }

    void Notify(string strMessage)
    {
        cout< <"同事一获得了消息" <<strMessage<<endl;
    }
};

//同事二
class Colleague2 : public Colleague
{
public:
    Colleague2(Mediator* media) : Colleague(media){}

    void Send(string strMessage)
    {
        mediator->Send(strMessage,this);
    }

    void Notify(string strMessage)
    {
        cout< <"同事二获得了消息" <<strMessage<<endl;
    }
};

//具体中介者类
class ConcreteMediator : public Mediator
{
public:
    Colleague1 * col1;
    Colleague2 * col2;
    virtual void Send(string message,Colleague* col)
    {
        if(col == col1)
            col2->Notify(message);
        else
            col1->Notify(message);
    }
};

//客户端:
```

```
int main()
{
    ConcreteMediator * m = new ConcreteMediator();

    //让同事认识中介
    Colleague1* col1 = new Colleague1(m);
    Colleague2* col2 = new Colleague2(m);

    //让中介认识具体的同事类
    m->col1 = col1;
    m->col2 = col2;
    col1->Send ("吃饭了吗？");
    col2->Send ("还没吃，你请吗？");
    return 0;
}
```

该实现过程借鉴了中介者模式的典型类图，并在此基础上进行的实现。通过该代码可以清楚地发现，最后在使用中介者时代码包括如下的步骤，一是初始化中介者；二是初始化同事对象时设置中介者对象引用；三是设置同事间的交互关系。在例子中该交互关系相对简单，实际系统可以较为复杂；四是调用同事类，消息被中介者转发。

⑤ Proxy 模式

代理模式的定义是为其他对象提供一种代理以控制对这个对象的访问。在某些情况下，一个对象不适合或者不能直接引用另一个对象，而代理对象可以在客户端和目标对象之间起到中介的作用。代理对象成为代理模式的仲裁者，它负责将相关消息转发给被代理对象。代理模式的定义包括如下主要角色。

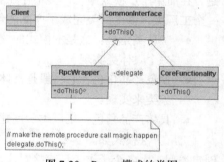

图 7-20　Proxy 模式的类图

- 抽象角色：通过接口或抽象类声明真实角色实现的业务方法。如图 7-20 所示的 CommonInterface，定义实际需要被访问的接口。代理对象和真实对象（被代理对象）均继承或实现该接口。
- 代理角色：是真实角色的代理，不做 CommonInterface 中定义的接口的功能，它通过调用真实角色的业务逻辑方法来实现自己的方法，当然它可以在方法中附加自己的操作。例如，RpcWrapper 类的 doThis 方法并不真正做相应功能，它通过调用 CoreFunctionality 类的 doThis 方法来实现。RpcWrapper 可以在调用之前增加相关的其他功能，如日志功能、统计功能等。
- 真实角色：实现功能接口，完成真实角色所要实现的业务逻辑，供代理角色调用。

Proxy 模式的优点包括以下几点。

- 职责清晰：真实的角色就是实现实际的业务逻辑，不用关心其他非本职责的事务，通过后期的代理完成一件完成事务，附带的结果就是编程简洁清晰。
- 代理对象可以在客户端和目标对象之间起到中介的作用，这样起到了保护目标对象的作用。

⑥ Factory 模式

工厂模式是常见的对象实例创建的模式，工厂模式主要用于降低由于对象创建过程引起的代码依赖性。换言之，使用工厂模式将原本显式调用 new 方法创建对象的过程，变为使用工厂创建的过程，利用工厂屏蔽对象创建的过程、参数等。

举个简单的例子，在实际系统中用户经常需要在某个上下文环境中创建相关对象，这些对象的构造函数可能包括多个版本、多个参数。直接利用 new 创建对象，需要明确确定当前所需的参数及需要选择的构造函数，有时候甚至需要利用相关参数作为判定条件选择对应的构造函数。这些过程费时、费力，同时在多个地方需要重复类似的代码，一方面不利于代码的书写，另一方面当需要进行调试或者升级时，该代码可能会带来一定的麻烦。因此，最容易想到的一个方式就是利用信息隐藏定义一个工厂方法，该方法用于实现上述创建过程的参数及构造器等选择，从而达到对外的屏蔽功能。

在工厂模式中包括如下几个重要的概念：简单工厂、工厂方法、抽象工厂等。

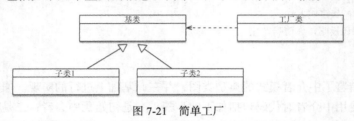

图 7-21　简单工厂

简单工厂主要存在一个工厂类（如图 7-21 所示），该工厂类定义了相关接口用于创建相关产品的基类对象，具体该基类对象对应的是哪个子类是由工厂在实现中进行选择判断。需要说明的是，在简单工厂模式中工厂类不存在着继承的情况。之所以称之为简单，是由于该模式有且仅有一个工厂类，该工厂类完成了产品的创建，具体包括如下角色。

- 工厂类角色：这是本模式的核心，含有一定的商业逻辑和判断逻辑。在 Java 中它往往由一个具体类实现。
- 抽象产品角色：它一般是具体产品继承的父类或者实现的接口。在 Java 中由接口或者抽象类来实现。
- 具体产品角色：工厂类所创建的对象就是此角色的实例。在 Java 中由一个具体类实现。

工厂方法模式如图 7-22 所示，是在简单工厂的基础上进行了扩充。它强调的是工厂对子类的创建类型，由各个子类工厂直接对应。例如，图中的子类 1 工厂，主要负责创建子类 1 的对象。使用这种工厂方法，使得代码更容易维护，具体的绑定时间可以拖延到子类工厂的创建，同时便于外部用户明确使用某个具体子类的实现。

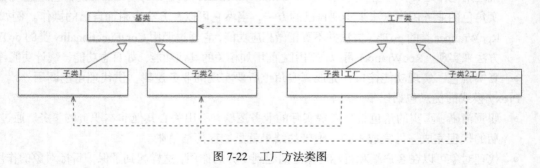

图 7-22　工厂方法类图

工厂方法模式的类图与简单工厂的区别主要有以下几方面。

- 工厂类是否存在继承关系。一般来说工厂方法模式需要存在继承。
- 子类工厂是否对某种类型只创建一种子类。工厂方法模式每种子类工厂只创建同一基类底下的一种子类对象。

与简单工厂、工厂方法相似的还有一种抽象工厂模式,图 7-23 所示为典型的抽象工厂的类图。首先关注该图中的抽象工厂类以及抽象产品 A 和抽象产品 B,主要体现了相关功能目标,即工厂需要创建产品 A 和产品 B 两种类型的产品。抽象工厂模式相当于描述了一个这样的事情,即此时需要有两个不同的工厂都分别生产 A、B 产品,如果用户访问工厂 1,那么可以获得产品 A1 和 B1,访问工厂 2 可以获得产品 A2 和 B2。相当于用户只需要选择一次工厂就会获得相关的产品。在这个过程中,用户与具体的产品生产过程隔离,用户只关心他选择的一个工厂对象即可完成所有配套类型的创建即可。那么,抽象工厂相当于在工厂层面也作了一层抽象,即工厂选择,且该选择将决定一系列的后续产品。

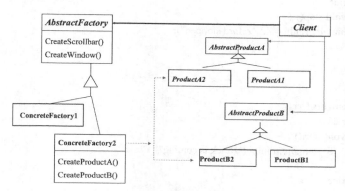

图 7-23 抽象工厂类图

在系统开发过程中经常碰到这样的问题,即系统可能存在多个系列的类,这些类都很类似,仅是使用的场景不同。如系统中需要有多种风格的界面,每个界面上都有相关的按钮类、菜单类等。这些类的创建与风格相关,一旦选择了风格,这些类需要被依次创建出来。这种情况就特别适合使用抽象工厂模式。从工厂层面,Mac 风格与 Windows 风格的工厂继承同样的父工厂,以多态的方式体现工厂选择。每个工厂对应该风格下的所有界面类的创建工作。一旦用户选定了相关工厂,那么一系列的界面对象可以被该工厂创建出来,如图 7-24 所示。

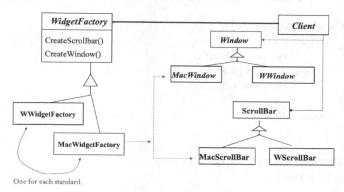

图 7-24 抽象工厂举例

如程序 7-20、程序 7-21、程序 7-22 所示,分别对上述 3 种工厂进行了伪代码描述。

程序 7-20 简单工厂的几种实现方式

package bupt.test.book;

public interface Car {

```java
        public void start();
        public void stop();
}

class Ford implements Car{
        @Override
        public void start() {
                System.out.println ("Ford is starting");
        }
        @Override
        public void stop() {
           System.out.println ("ZZZZ,ford stopped");


        }
}

class Buick implements Car{
        @Override
        public void start() {
                System.out.println ("Buick is coming");
        }
        @Override
        public void stop() {
                System.out.println ("Buick is stopped");
        }
}

public class CarFactory {

    private static CarFactory c=new CarFactory();
        private CarFactory() {

        }
        public Car getCar(String name) {
                if ("Ford".equals(name)) {
                        return new Ford();
                } else if ("Buick".equals(name)) {
                        return new Buick();
                }
                return null;
        }

        public static CarFactory getInstance() {
                return null;
        }

        public static void main(String args[]){

                CarFactory fac=CarFactory.getInstance();
                fac.getCar("Ford").start();
        }
}
```

程序 7-21　工厂方法模式的代码示例

```java
//定义相关的工厂模式的工厂父接口
public abstract class FactoryPattern {

        public     abstract   Car getCar();

}

//定义某种类型的车的工厂，本例中为福特车的工厂
public class FordFactory extends FactoryPattern{
   private static FactoryPattern p=new FordFactory();
        @Override
        //实现了父类中的方法，返回相关福特车
        public Car getCar() {

                return new Ford();
        }
        //为单例模式支持，特意将构造函数改为 private
        private FordFactory(){

        }
        //获取工厂对象，一般工厂需要是单例
        public static FactoryPattern getInstance(){
                return p;
        }

        public static void main(String args[]){
                //获取当前的福特工厂对象
                FactoryPattern factoryFord=FordFactory.getInstance();
                //调用工厂获取车的方法，该方法对所有工厂一致，只不过本次返回的是福特车
                Car ford=factoryFord.getCar();
                ford.start();
        }
}
```

Buick 车也一样，需要建立 Buick 车的工厂，访问是类似的。

程序 7-22　抽象工厂的实现

```java
package bupt.test.book;
//抽象工厂接口
public abstract class WidgetFactory {

        public abstract ScrollBar createScrollBar();
        public abstract Window createWindow();

}
//抽象的窗口元素
public abstract class ScrollBar {

}
public abstract class Window {
```

```
    }

//Windows 的工厂实现
public class WWidgetFactory extends WidgetFactory {

        @Override
        public ScrollBar createScrollBar() {
                return new    WScrollBar();
        }

        @Override
        public Window createWindow() {
                return new WWindow();
        }

}

//Mac 的工厂实现
public class MacWidgetFactory extends WidgetFactory {

        @Override
        public ScrollBar createScrollBar() {
                return new MacScrollBar();
        }

        @Override
        public Window createWindow() {
                return new MacWindow();
        }

}
public class WScrollBar extends ScrollBar {

}
public class WWindow extends Window {

}
```

7.3.3　推迟绑定时间战术

本类战术用于降低在编译、运行和加载时更改所影响的模块数目。它允许用户或系统管理员进行设置或者提供输入来影响系统的行为，需要系统提供额外的基础结构来支持后期绑定。为了达到推迟绑定时间的目的，需要由相关的战术来保障，典型的推迟绑定时间的战术包括以下内容。

- 运行时注册（Runtime registration）：具体体现为事先不获取相关的对象引用或者数据，而是通过运行动态的查询、注册达到相应目的。
- 配置文件（Configuration files）：将系统中某些特定配置项的值抽取出来，存储在相应的文件之中，一般在软件系统启动时读取。这些读取的值一般可以作为某些关键配置项的初始值，从而影响软件的行为。
- 多态（Polymorphism）：在程序设计中，通过建立相应的继承体系，在使用相应函数时采用父类接口，从而达到面向接口、抽象类、父类等目标。目的是减少实现类的耦合程度。

- 依赖反转（IoC）：借鉴轻量级容器的实现机理，使用依赖反转、类注入的方法降低类在开发过程中对其他类的依赖。依赖反转的注入可以利用类似配置文件或者标签注解等方式实现。
- 组件更换（Component replacement）：在程序设计过程中，通过定义好程序各个部件的接口，使用相关的中间件屏蔽组件的状态及交互方式，从而实现组件运行过程中的替换。
- 遵守已定义的协议（Adherence to defined protocols）：程序设计中尽量使用具备规范化的相关协议或自己定义相应协议，通过这些协议实现相关的运行时注册或者组件替换等。
- 面向切面编程（AOP）：传统的编程方式是遵循流程而来的，即通过定义相应的交互过程，依照数据流图、序列图等指导编程工作。然而，这种编程方式对于"切面"编程显得不太灵活。所谓"切面"编程，举一个典型例子，如需要在某个函数被调用时进行相关日志记录。面对这种情况，用户一种做法就是找到所有需要日志的函数，在其调用前手动加入相关代码，然而这种方式既低效又难以进行代码维护。况且，如果这是一个遗留系统，面对这样的新需求，需要利用 AOP 的编程方式进行。AOP 可以将该切面进行定义，从而在不修改原有业务逻辑前提下加入新的代码。从某种意义上说，推迟了该代码与原有代码的绑定时间。

1. 推迟绑定时间之运行时注册

运行时注册顾名思义即在运行时才动态查找相关的对象，并且直接进行调用访问。这样的调用方式可以将实际实现对象的绑定时间推迟到调用时。运行时注册一般也称为即插即用，为支持所谓的即插即用操作，一般需要相应的框架进行支持。如图 7-25 所示，显示了一个支持运行时注册的典型框架示意。

在上图框架中，包含查询服务、资源用户、资源提供者、资源本身四个角色。在这些角色中，查询服务起着中介的作用。资源用户为需要使用资源的用户，一般指需要调用资源的程序。资源提供者则是包装资源用于实现资源作用的程序，一般指被调用程序。在这个过程中，资源提供者需要首先向查询服务注册自己的相关信息，包括自己的位置、关键词等。资源用户通过在查询服务上查询相应的关键字获得资源提供者的引用。资源用户在获得引用之后，直接调用资源提供者，通过资源提供者访问相应的资源。

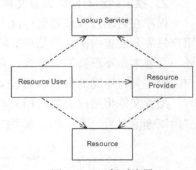

图 7-25 运行时注册

典型的运行时注册的框架可以参考 JNDI，在 JNDI 的框架中包括以下常见操作。

- void bind(String sName,Object object)——绑定，把名称同对象关联的过程。
- void rebind(String sName,Object object)——重新绑定，用来把对象同一个已经存在的名称重新绑定。
- void unbind(String sName)——释放，用来把对象从目录中释放出来。
- Object lookup(String sName)——查找，返回目录中的一个对象。
- void rename(String sOldName,String sNewName)——重命名，用来修改对象名称绑定的名称。
- NamingEnumeration listBinding(String sName)——清单，返回绑定在特定上下文中对象的清单列表。
- NamingEnumeration list(String sName)。

基于上述基本操作，JNDI 的示例代码如程序 7-23 所示。

程序 7-23　JNDI 示例代码

```
try{
    Properties env = new Properties();
    InitialContext inictxt = new InitialContext(env);
    TopicConnectionFactory connFactory = (TopicConnectionFactory)
    inictxt.lookup ("TTopicConnectionFactory");
    ...
}
catch(NamingException ne){
    ...
}
```

访问特定目录：举个例子，人是个对象，他有好几个属性，诸如这个人的姓名、电话号码、电子邮件地址、邮政编码等属性。通过 getAttributes()方法可以访问特定属性。

```
Attribute attr = directory.getAttributes(personName).get ("email");
String email = (String)attr.get();
```

通过使用 JNDI 让客户使用对象的名称或属性来查找对象：

```
foxes = directory.search("o=Wiz,c=US", "sn=Fox", controls);
```

通过使用 JNDI 来查找诸如打印机、数据库这样的对象，查找打印机的例子：

```
Printer printer = (Printer)namespace.lookup(printerName);
printer.print(document);
```

浏览命名空间：

```
NamingEnumeration list = namespace.list("o=Widget, c=US");
while (list.hasMore()) {
NameClassPair entry = (NameClassPair)list.next();
display(entry.getName(), entry.getClassName());
}
```

2. 推迟绑定时间之配置文件

程序在启动过程或者运行过程中经常需要获得一些必要的参数，这些参数可能对于某个特定用户只需要配置一次，但是对不同用户又不一样。碰到这种情况的时候，显然为每个用户重新编译一个版本是不现实的。那么，有什么方式可以保障程序不需要重新编译，但又可以保证每个用户的程序具有不同的参数。配置文件是解决这个问题的方案。

配置文件将用户需要的相关参数值抽取出来，形成一个参数名-参数值的键值对，对于不同的应用该键值对可以不一样，典型的配置文件如图 7-26 所示。

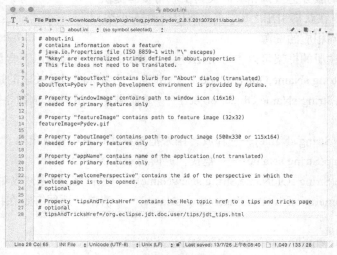

图 7-26　典型配置文件示例

在配置文件中，常见的配置项包括以下几项。

- IP 地址
- 端口号
- 目录
- 使用库的名字
- 类的全名
- 某个循环的次数设置
- 用户名
- 密码
- 使用的协议名称

配置文件的形态，除了图 7-26 所示的键值对外，当前比较流行的是使用 XML 作为配置文件。例如大家所熟悉的 Spring，就可以使用 XML 作为配置文件的设置，如程序 7-24 所示。

程序 7-24　Spring 的 XML 配置文件

```
<!-- 配置业务逻辑层 -->
 <bean id="userService"
  class="com.ssh.service.impl.UserServiceImpl">
  <property name="userDao" ref="userDao"></property>
 </bean>


 <!-- 配置控制层 -->
 <bean id="UserAction"
  class="com.ssh.action.UserAction"    scope="prototype">
  <property name="userService" ref="userService"></property>
 </bean>
  <!-- 配置 pojo -->
 <bean id="User" class="com.ssh.pojo.User" scope=" prototype"/>
</beans>
```

使用 XML 的配置文件与键值对类型各自有相应的优缺点。使用键值对的方式，形式较为简单，但是对每个属性可配置的内容较为单一，一般仅能表示简单数据类型的属性，对于复杂数据类型，如某个对象的多个属性可能需要多个键值对进行表示，这种表示方式在配置文件中表现为多行，即需要用多行表示某个实体对象的值；XML 配置文件的方式则可较好地解决对象多个属性值的配置。由于 XML 具备层次结构，可以利用层次结构直接对应。

典型配置文件的访问方法如程序 7-25 所示，以 Java 语言为例。

程序 7-25　Java 配置文件访问方法

```
/**
* 实现对 Java 配置文件 Properties 的读取、写入与更新操作
*/
package test;

import java.io.BufferedInputStream;
import java.io.FileInputStream;
import java.io.FileNotFoundException;
import java.io.FileOutputStream;
import java.io.IOException;
import java.io.InputStream;
```

```
import java.io.OutputStream;
import java.util.Properties;


/**
 * @author
 * @version
 */
public class SetSystemProperty {
    //属性文件的路径
    static String profilepath="mail.properties";
    /**
     *  采用静态方法
     */
    private static Properties props = new Properties();
    static {
        try {
            props.load(new FileInputStream(profilepath));
        } catch (FileNotFoundException e) {
            e.printStackTrace();
            System.exit(-1);
        } catch (IOException e) {
            System.exit(-1);
        }
    }


    /**
     *  读取属性文件中相应键的值
     * @param key
     *               主键
     * @return String
     */
    public static String getKeyValue(String key) {
        return props.getProperty(key);
    }


    /**
     *  根据主键 key 读取主键的值 value
     * @param filePath 属性文件路径
     * @param key 键名
     */
    public static String readValue(String filePath, String key) {
        Properties props = new Properties();
        try {
            InputStream in = new BufferedInputStream(new FileInputStream(
                    filePath));
            props.load(in);
            String value = props.getProperty(key);
            System.out.println(key" +"键的值是： "+" value);
            return value;
        } catch (Exception e) {
            e.printStackTrace();
            return null;
        }
```

```
    }

    /**
     * 更新（或插入）一对 properties 信息(主键及其键值)
     * 如果该主键已经存在，更新该主键的值；
     * 如果该主键不存在，则插入一对键值。
     * @param keyname  键名
     * @param keyvalue 键值
     */
    public static void writeProperties(String keyname,String keyvalue) {
        try {
            // 调用 Hashtable 的方法 put，使用 getProperty 方法提供并行性。
            // 强制要求为属性的键和值使用字符串。返回值是 Hashtable 调用 put 的结果。
            OutputStream fos = new FileOutputStream(profilepath);
            props.setProperty(keyname, keyvalue);
            // 以适合使用 load 方法加载到 Properties 表中的格式,
            // 将此 Properties 表中的属性列表（键和元素对）写入输出流
            props.store(fos, "Update ' " + keyname + " ' value");
        } catch (IOException e) {
            System.err.println("属性文件更新错误");
        }
    }

    /**
     * 更新 properties 文件的键值对
     * 如果该主键已经存在，更新该主键的值；
     * 如果该主键不存在，则插入一对键值。
     * @param keyname  键名
     * @param keyvalue 键值
     */
    public void updateProperties(String keyname,String keyvalue) {
        try {
            props.load(new FileInputStream(profilepath));
            // 调用 Hashtable 的方法 put，使用 getProperty 方法提供并行性。
            // 强制要求为属性的键和值使用字符串。返回值是 Hashtable 调用 put 的结果。
            OutputStream fos = new FileOutputStream(profilepath);
            props.setProperty(keyname, keyvalue);
            // 以适合使用 load 方法加载到 Properties 表中的格式,
            // 将此 Properties 表中的属性列表（键和元素对）写入输出流
            props.store(fos, "Update ' " + keyname + " ' value");
        } catch (IOException e) {
            System.err.println ("属性文件更新错误");
        }
    }
    //测试代码
    public static void main (String[] args) {
        readValue ("mail.properties", "MAIL_SERVER_PASSWORD");
        writeProperties ("MAIL_SERVER_INCOMING", "test@qq.com");
        System.out.println ("操作完成");
    }
}
```

3. 推迟绑定时间之多态

多态是面向对象语言的重要特征之一，它建立在继承的基础上，对父类的方法定义允许被子类进行重载。在编程时首先是针对父类或者父接口的编程，而真正落实相关实现的则是相关的子类，这些子类可以在真正运行时被绑定。

多态指同一个实体同时具有多种形式。它是面向对象程序设计（OOP）的一个重要特征。如果一个语言只支持类而不支持多态，只能说明它是基于对象的，而不是面向对象的。C++中的多态性具体体现在运行和编译两个方面。运行时多态是动态多态，其具体引用的对象在运行时才能确定。编译时多态是静态多态，在编译时就可以确定对象使用的形式。

从上面的定义，我们可以清楚地发现当用户需要去使用多态时，需要遵循静态、动态两个方面。所谓的静态即当我们使用多态的时候，用户的接口、父类是相对静止的，在编译时这些接口将不再被更改；多态的动态性主要体现在对象引用。编程时使用父类的接口，具体实现由某个具体子类来完成。

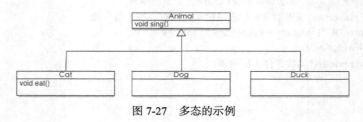

图 7-27　多态的示例

下面举一个来自互联网的多态例子，在该例子中 Animal 作为父类、Cat 为子类，如图 7-27 所示。当我们声明一个 Animal 对象时，可以将该 Animal 的对象引用指向一个 Cat 对象。在程序其他地方可以直接使用该 Animal 类型的引用，调用该引用直接访问 Cat 对象。

从程序的使用角度看，如果需要使用 Cat 对象自定义方法，则对 Animal 对象进行向下类型转化。如程序 7-26 所示，通过对 a 的强制类型转化，达到调用 Cat 自定义方法的目的。

程序 7-26　多态的代码

```
public class Test
{
    public static void main(String[] args)
    {
    //向上类型转换
      Cat cat = new Cat();
      Animal animal = cat;
      animal.sing();

    //向下类型转换
      Animal a = new Cat();
      Cat c = (Cat)a;
      c.sing();
      c.eat();

    //编译错误
    //用父类引用调用父类不存在的方法
    //Animal a1 = new Cat();
    //a1.eat();
```

```
        //编译错误
        //向下类型转换时只能转向指向的对象类型
        //Animal a2 = new Cat();
        //Cat c2 = (Dog)a2;

    }
}
class Animal
{
    public void sing()
    {
        System.out.println("Animal is singing! ");
    }
}
class Dog extends Animal
{
    public void sing()
    {
        System.out.println("Dog is singing! ");
    }
}
class Cat extends Animal
{
    public void sing()
    {
        System.out.println("Cat is singing! ");
    }
    public void eat()
    {
        System.out.println("Cat is eating! ");
    }
}
```

4. 推迟绑定时间之组件更换

组件替换的战术根据时机的不同，包括在编译时、加载时、运行时的替换。编译时组件替换主要利用编译开关、宏等技术方法；加载时组件替换主要利用配置文件等技术；运行时的组件替换则包括使用相关的组件管理技术如 OSGi 等。

编译时的组件替换主要利用相关的条件编译命令来完成，以 C++为例，可利用程序 7-27 所示的形式进行条件编译。

程序 7-27　常见的条件编译

条件编译命令最常见的形式为：
```
#ifdef 标识符
    程序段 1
#else
    程序段 2
#endif
```
它的作用是：当标识符已经被定义过(一般是用#define 命令定义)，则对程序段 1 进行编译，否则编译程序段 2。　　其中#else 部分也可以没有，变成
```
#ifdef
    程序段 1
#endif
```

加载时的组件替换主要利用配置文件等技术手段，如程序 7-28 所示，展示了 Log4j 中配置文件的一部分内容。斜体字部分的组件可以被改为其他的组件，这些组件具有类似的接口，但是可以达到不同的效果。例如，可以增加或替换相关的 Appender 完成日志向不同的位置进行输出，还可以通过定义相关的 Layout 完成输出格式的定制，如程序 7-28 所示。

程序 7-28 加载时的组件替换例子

```
log4j.rootLogger=info, ServerDailyRollingFile, stdout
log4j.appender.ServerDailyRollingFile=org.apache.log4j.DailyRollingFileAppender
log4j.appender.ServerDailyRollingFile.DatePattern='.'yyyy-MM-dd
log4j.appender.ServerDailyRollingFile.File=C://logs/notify-subscription.log
log4j.appender.ServerDailyRollingFile.layout=org.apache.log4j.PatternLayout
log4j.appender.ServerDailyRollingFile.layout.ConversionPattern=%d - %m%n
log4j.appender.ServerDailyRollingFile.Append=true

log4j.appender.stdout=org.apache.log4j.ConsoleAppender
log4j.appender.stdout.layout=org.apache.log4j.PatternLayout
log4j.appender.stdout.layout.ConversionPattern=%d{yyyy-MM-dd HH:mm:ss} %p [%c] %m%n
```

说明：

Appender 为日志输出目的地，Log4j 提供的 appender 有以下几种。

- org.apache.log4j.ConsoleAppender（控制台）
- org.apache.log4j.FileAppender（文件）
- org.apache.log4j.DailyRollingFileAppender（每天产生一个日志文件）
- org.apache.log4j.RollingFileAppender（文件大小到达指定尺寸的时候产生一个新的文件）
- org.apache.log4j.WriterAppender（将日志信息以流格式发送到任意指定的地方）

Layout 为日志输出格式，Log4j 提供的 layout 有以下几种。

- org.apache.log4j.HTMLLayout（以 HTML 表格形式布局）
- org.apache.log4j.PatternLayout（可以灵活地指定布局模式）
- org.apache.log4j.SimpleLayout（包含日志信息的级别和信息字符串）
- org.apache.log4j.TTCCLayout（包含日志产生的时间、线程、类别等信息）

运行时组件替换一般需要利用相关的组件支撑框架加以辅助，典型的组件支撑框架如 OSGi 提供了相关组件的动态加载、替换等支持。典型的 OSGi 框架如图 7-28 所示。

OSGi 服务平台提供在多种网络设备上无需重启的动态改变构造的功能。为了最小化耦合度和促使这些耦合度可管理，OSGi 技术提供一种面向服务的架构，它能使这些组件动态地发现对方。OSGi 联盟已经开发了例如像 HTTP 服务器、配置、日志、安全、用户管理、XML 等很多公共功能标准组件接口。这些组件的兼容性插件实现可以从进行了不同优化和使用代价的不同计算机服务提供商那里得到。然而，服务接口能够基于专有权基础上开发。因为 OSGi 技术为集成提供了预建立和预测试的组件子系统，所以 OSGi 技术使你从改善产品上市时间和降低开发成本上获益。因为这些组件能够动态发布到设备上，所以 OSGi 技术也能降低维护成本和拥有独一无二的新的配件市场机会。

- L0 层执行环境是 Java 环境的规范。Java2 配置和子规范，像 J2SE、CDC、CLDC、MIDP 等，都是有效的执行环境。OSGi 平台已经标准化了一个执行环境，它是基于基础轮廓和在一个执行环境上确定了最小需求的一个小一些的变种，该执行环境对 OSGi 组件是有用的。
- L1 模块层定义类的装载策略。OSGi 框架是一个强大的具有严格定义的类装载模型。它基于 Java 之上，但是增加了模块化。在 Java 中，正常情况下有一个包含所有类和资源的类路径。OSGi 模块层为一个模块增加了私有类，同时有可控模块间链接。模块层同安全架构完全集成，可以选择部署到封闭系统、防御系统或者由厂商决定的完全由用户管理的系统。

- L2 生命周期层增加了能够被动态安装、开启、关闭、更新和卸载的 bundles。这些 bundles 依赖于具有类装载功能的模块层，但是增加了在运行时管理这些模块的 API。生命周期层引入了正常情况下不属于一个应用程序的动态性。扩展依赖机制用于确保环境的操作正确。生命周期操作在安全架构保护之下，使其不受到病毒的攻击。
- L3 层增加了服务注册。服务注册提供了一个面向 bundles 的、考虑到动态性的协作模型。bundles 能通过传统的类共享进行协作，但是类共享同动态安装和卸载代码不兼容。服务注册提供了一个在 bundles 间分享对象的完整模型，定义了大量的事件来处理服务的注册和删除，这些服务仅仅是能代表任何事物的 Java 对象。很多服务类似服务器对象，如 HTTP 服务器，而另一些服务表示的是一个真实世界的对象，如附近的一个蓝牙手机。这个服务模块提供了完整安全保障。该服务安全模块使用了一个很聪明的方式来保障 bundles 之间通信安全。

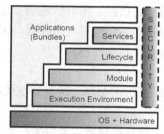

图 7-28　OSGi 框架图

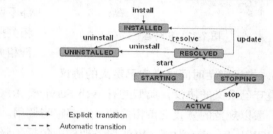

图 7-29　组件的生命周期图

一个典型的组件生命周期包括图 7-29 所示的几个阶段。

- Installed 代表组件安装在框架之中。
- Uninstalled 代表组件从框架中被卸载出来。
- Resolved 代表组件可被解析，或者认为组件已经就绪。
- Starting 代表组件正在被启动。
- Active 代表组件可被正常的访问。
- Stopping 代表组件正在被激活。

如图 7-30、图 7-31、图 7-32 所示，体现了 OSGi 中组件加载的过程，当一个新的组件被加载到 OSGi 框架后，该组件在第一步需要进行相关依赖性的验证。在满足相关依赖性之后，该组件向框架发起服务注册。服务注册完成后，该组件服务从 Resolved 转变为 Active 的状态。在 Active 状态下，该组件可以被正常的调用及使用。

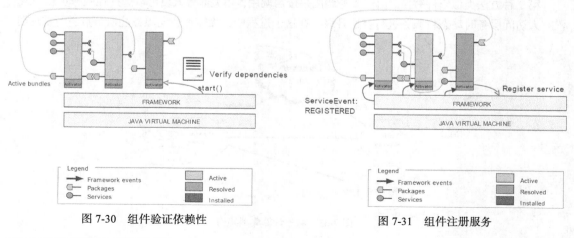

图 7-30　组件验证依赖性　　　　　　图 7-31　组件注册服务

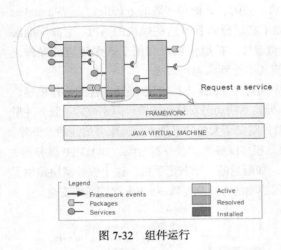

图 7-32　组件运行

在组件进行升级的过程中，由于组件都是注册在 OSGi 的框架之上，首先对相关组件发起去激活的指令，使组件变为 Resolved 状态，然后再做删除操作。在此之后加载新的组件，使得新版本组件可以接续原有组件进行工作。组件进行升级的过程，无法进行正常的消息处理。为了防止消息丢失可对类似消息中间件做出持久化消息的配置，从而保障组件升级过程中的相关信息可在中间件中缓存。

为了保障组件可以顺利地进行运行时的替换，最好将组件设计为无状态组件，即在组件内部不保留相关的状态信息，所有状态信息取决于相关持久化层。这样当组件进行替换时，无需进行相关现场的保存及状态迁移。

5. 推迟绑定时间之遵守已定义的协议

遵守已定义的协议，典型的有 Web Service、RPC、DCOM、CORBA 等。这些分布式计算技术，一般以规范的方式支持相关的动态绑定与调用。

以 Web Service 为例，Web 服务架构中包括了服务请求者、服务提供者以及服务注册与发现节点。它们的工作过程如下所述。

- 服务提供者将自身的服务描述、服务引用地址注册到服务注册节点。
- 服务请求者通过服务注册节点查找所需的服务。
- 服务注册节点将相关的备选服务返回给服务请求者。
- 服务请求者调用服务提供者。

在这个过程中，如果服务提供节点需要进行更改，可以通过两种方法，一种是新的服务重新注册到服务注册节点，另外一种是服务提供节点自身利用类似 OSGi 的方式进行升级。

第一种方法是比较常见的，由于服务提供者需通过服务注册节点获得相关的服务句柄，因此第一种方式可以使得新的服务使用者马上使用新的服务。而原有的服务使用者在重新查询服务注册节点前仍将使用旧的服务。若此时旧服务已经下线，该调用将产生相关异常，调用端可借助该异常重新获取新的服务句柄，如图 7-33 所示。

第二种方法类似组件替换。由于服务调用是按需调用，相关部署人员可以选择在服务负载小或者没有人访问服务时动态将服务进行替换升级。在这个过程中，无需重新向服务注册节点进行重注册。

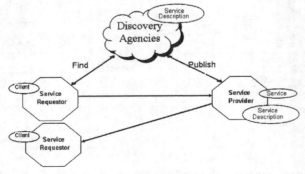

图 7-33　服务计算典型架构

6. 推迟绑定时间之使用 AOP 技术

正如之前描述的，传统的编程方式是遵循流程而来的，即通过定义相应的交互过程依照数据流图、序列图等指导编程工作。然而系统中经常存在一些不太适合利用流程来编程的场景。例如日志功能，它需要在所有需要日志的地方书写相关的日志代码，这些日志代码显然破坏了流程式编程的代码归整性。从另外一方面看日志代码，这些代码都是出现在相关方法的类似位置，代码也具有一定的规律。因此可以从逻辑上将这些代码划分到一个虚拟的切面上，这个切面可以是"方法运行前"、"方法运行时"、"方法运行后"。那么，这些日志的代码就是针对这个切面的编程。实际上，记录日志很多时候都是打印"在某某方法中"，因此可以利用"方法运行时"类似的切面，编写相应的日志代码。通过这种方式的组织，日志代码可以不破坏原有流程式的编码结构，同时又满足用户需求。不仅如此，由于是面向切面的编程，日志代码可以不用在每个类中出现，也有利于代码维护及升级。再者，当用户需要再增加相关切面式的需求时，如需要增加相关计费功能、安全功能等，都可通过配置新的切面或利用原有切面完成新功能的加入。典型的 AOP 编程原理示意图如图 7-34 所示。

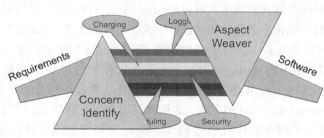

图 7-34　AOP 编程的原理示意图

典型的 AOP 编程需要相关框架的支持，AspectJ 是一个 AOP 的框架，下面我们将利用 AspectJ 进行相关的 AOP 编程示例，如图 7-35 所示。

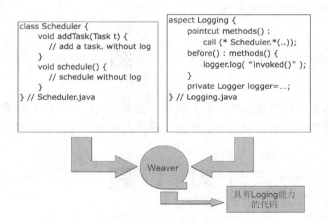

图 7-35　典型的 AOP 编程示例与说明

AspectJ（也就是 AOP）的动机是发现那些使用传统的编程方法无法处理的问题，考虑要在某些应用中实施安全策略的问题。安全性是贯穿于系统所有模块间的问题，每个模块都需要应用安全机制才能保证整个系统的安全性，很明显这里的安全策略的实施问题就是一个横切关注点，使用传统的编程解决此问题非常的困难而且容易产生差错，这正是 AOP 发挥作用的时候。AspectJ 使用了 Java5 的注解，可以将切面声明为普通的 Java 类。

传统的面向对象编程中，每个单元就是一个类，而类似于安全性这方面的问题，它们通常不能集中在一个类中处理，因为它们横跨多个类，这就导致了代码无法重用，可维护性差而且产生了大量代码冗余，这是我们不愿意看到的。

面向切面编程的出现正好给处于黑暗中的我们带来了光明，它针对于这些横切关注点进行处理，就好像面向对象编程处理关注点一样。而作为 AOP 的具体实现之一的 AspectJ，它向 Java 中加入了连接点（Join Point）这个新概念，其实它也只是现存的一个 Java 概念的名称而已。它向 Java 语言中加入少许新结构，即切点（Pointcut）、通知（Advice）、类型间声明（Inter-Type Declaration）和方面（Aspect）。切点和通知动态地影响程序流程，类型间声明则是静态地影响程序的类等级结构，而方面则是对所有这些新结构的封装。

一个连接点是程序流中指定的一点。切点收集特定的连接点集合和在这些点中的值。一个通知是当一个连接点到达时执行的代码，这些都是 AspectJ 的动态部分。其实连接点就好比是程序中一条一条的语句，而切点就是特定一条语句处设置的一个断点，它收集了断点处程序栈的信息，而通知就是在这个断点前后想要加入的程序代码。AspectJ 中也有许多不同种类的类型间声明，这就允许程序员修改程序的静态结构、名称、类的成员以及类之间的关系。AspectJ 中的方面是横切关注点的模块单元。它们的行为与 Java 语言中的类很像，但是方面还封装了切点、通知以及类型间声明。

除了 AspectJ，当前流行的 Spring 框架同样也存在着相关的 AOP 的支持，称为 Spring AOP。在基础的 IOC 内核之上，Spring 提供了强大的 AOP 功能，最常用的有以下 4 种方式。

- 基于 ProxyFactoryBean 代理的方式，这种方式适合于对单个 bean 进行 AOP 配置。这种方式的使用主要是采用 IOC 中提供的 FactoryBean 接口无缝地与 IOC 容器进行对接。
- 基于 AbstractAutoProxyCreator 的方式，即自动代理方式，这种方式可以自动检测 bean 名字，容器中注册的 Advisor 等自动生成目标对象的代理。
- 基于 AspectJ 的语法的注解方式。
- 基于扩展的 XML Schema 方式。

小　　结

本章介绍了可修改性的质量属性场景及战术。读者需关注其中局部化修改等相关战术，仔细阅读相关实例。可修改性战术有利于帮助开发、设计人员减少返工的成本，提高系统的变化性。

习　　题

（1）请用自己的话描述一下可修改性的 2～3 个典型质量属性场景。

（2）请说明一下局部化修改的典型战术有哪些？对其中 1～2 个战术进行试验性编程。

（3）请用自己的代码书写中介者、代理模式等设计模式，并说明这几个设计模式与仲裁者之间的关系。

（4）请用 Java JNDI 接口实现一个运行时注册的代码实例。

（5）请根据本书所描述的多态以及自己所理解的多态，说明多态如何在实际项目中使用。

（6）请配置并实现一个简单的 Spring AOP 例子。

第**8**章
分析与设计软件体系结构
Software Architecture Anaylsis and Design

分析一个软件系统和设计软件系统都是程序员必备的技能。分析一个系统从某种意义上说比设计一个系统还重要，因为只有理解别人的系统，才能进行维护、对接工作，也才能够避免别人所犯的错误。本章将从分析软件系统的角度出发，介绍分析软件的方法，在此基础上详细阐述软件设计方法，特别是考虑软件体系结构的设计方法。

8.1　软件分析一般过程

软件分析方法存在两种类型，一种是白盒分析方法，另一种为黑盒分析方法。所谓的白盒分析方法，即在获得软件相关文档的前提下进行分析；黑盒分析方法则是在没有任何文档的支持下进行软件分析，黑盒的最高境界是逆向工程，即在没有获得相关文档的前提下，利用对代码的理解完成对相关系统的逆向分析。

在本章中，我们通过几个软件分析的实例，让读者了解相关的软件分析过程，这些分析过程主要依托相关的设计文档及代码。在本小节中举了两个例子，分别为 Log4J 与 IMSDroid。这两个工程都是开源项目，有可以参考的相关文档以及代码。

8.1.1　Log4J 的工程分析

通过分析相关软件的架构图，阅读相关软件的概要设计、详细设计等，同时还包括对相关代码的阅读来进行软件分析。在分析过程中，首先从代码的使用过程进行分析，从而了解相关 API 及 API 对应的功能，然后查看相关的架构说明；之后了解相关的工作流程。

如程序 8-1 所示，展示了 Log4J 的典型使用流程，Log4J 只需要调用 Logger.getLogger 方法就可获得相关的 Logger 对象，从而进行日志的记录。Log4J 的记录包括了多个级别，在本例中展示了 debug 和 info 两种级别。

程序 8-1　Log4J 的典型使用流程

```
import org.apache.log4j.Logger;

import java.io.*;
import java.sql.SQLException;
import java.util.*;
```

```
public class log4jExample{

    static Logger log = Logger.getLogger(log4jExample.class.getName());

    public static void main(String[] args)throws IOException,SQLException{
        log.debug ("Hello this is a debug message");
        log.info ("Hello this is an info message ");
    }
}
```

在一般使用过程中，需要考虑 Log4J 的配置文件。正如程序 8-1 所示，在实际使用过程中并不涉及输出、级别等的配置，这些配置一般都体现在配置文件之中。程序 8-2 所示的配置文件注明了当前 Logger 的选择。例如包括了 FILE 的输出，本例中的 Appender 将使用 FileAppender，并且被输出到/usr/home/log4j/log.out 的文件之中。同时，当前的输出格式也在 Layout 中进行了说明。

程序 8-2　Log4J 的配置文件说明
```
# Define the root logger with appender file
log = /usr/home/log4j
log4j.rootLogger = DEBUG, FILE

# Define the file appender
log4j.appender.FILE=org.apache.log4j.FileAppender
log4j.appender.FILE.File=${log}/log.out

# Define the layout for file appender
log4j.appender.FILE.layout=org.apache.log4j.PatternLayout
log4j.appender.FILE.layout.conversionPattern=%m%n
```

为了更好地理解上述过程，有必要使用复杂一点的 Log4J 方法，该方法将手动创建各个配置项，最终调用各类的 log 方法，具体过程如程序 8-3 所示。

程序 8-3　程序配置相关 Logger 的过程
```
// 用 pattern 创建 PatternLayout 对象 patt：
PatternLayout patt = new PatternLayout("%-5r[%t]%-6p%c%x - %m%n");
// 用 p 创建 ConsoleAppender 对象 cons，目标是 system.out，标准输出设备：
ConsoleAppender cons = new ConsoleAppender(patt,ConsoleAppender.SYSTEM_OUT);
// 为 root logger 增加一个 ConsoleAppender：
rootLogger.addAppender(cons);
//上面的 rootLogger 还可以增加其他的 Appender，如：
FileAppender    filep=new FileAppender(…);
rootLogger.addAppender(filep);
// 把 root logger 的 log level 设置为 DEBUG 级别：
rootLogger.setLevel(Level.DEBUG);
```

为了更好地体现系统架构，图 8-1 所示为根据 log4J 官方文档给出的整体类图关系，从中可以理解 log4J 的使用过程。在该类图中，非纯白色的类为关键类。可以看到 Log4J 由 Logger、Appender、LoggingEvent、Layout、level 等几个主要的类构成。其中，Logger 作为一个主要的入口，它关联当前的级别、当前可用的 Appender，以及发出相应的 LoggingEvent。Appender 主要执行日志记录的操作，从中可以发现 Appender 与 Layout 是一对一的关系，说明每个 Appender 只有一种 Layout 的形式。如果需要多种 Layout，可以通过定义多个 Appender，因为 Logger 中可以包含多个 Appender。对于 Appender 本身来说，它的子类或实现类包括了 AppenderSkeleton 等。根据继承结构可以发现，AppenderSkeleton 充当了类似抽象类的角色，将相关的 Appender 通用操作进行了实现。它的底下是所有的 Appender 具体实现类，如常见的 FileAppender 等。因此，如果需要新增加自定义的 Appender，则可以在 AppenderSkeleton 或者它的子类进行继承实现。

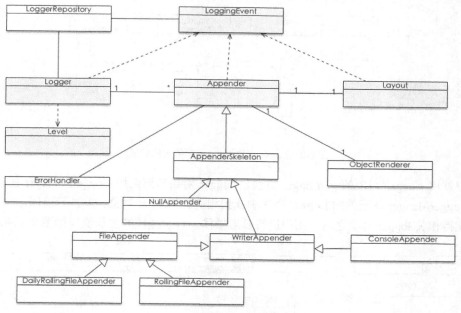

图 8-1　Log4J 主要类图

在明确了上述基本的内容之后，很容易知道 Level 类实际是 Logger 级别的判定，那么就需要分析 Level 之间的对应关系了。参考 Log4J 这张梯形表格，如表 8-1 所示，很容易理解 Level 之间的对应关系。该表每一列的 Event Level 代表当前的配置项。对于表中内容第一列 Trace 列，代表当前配置输出的信息是 Trace 级别，则当前 Logging 事件任何级别（除 OFF 以外）都将被日志记录。第二列显示的是在 Debug 级别时，Trace 级别的事件将不被输出。当 LoggerConfig 为 ERROR 级别时，只有 Error 及 Fatal 级别被输出。ALL 的配置项可以输出的级别包括除 OFF 以外的所有级别，就是说 ALL 是全部信息都可以输出。

表 8-1　　　　　　　　　　　　　　Log4J 中的级别对应关系

	Event Level			LoggerConfig Level			
	TRACE	**DEBUG**	**INFO**	**WARN**	**ERROR**	**FATAL**	**OFF**
ALL	YES	YES	YES	YES	YES	YES	NO
TRACE	YES	NO	NO	NO	NO	NO	NO
DEBUG	YES	YES	NO	NO	NO	NO	NO
INFO	YES	YES	YES	NO	NO	NO	NO
WARN	YES	YES	YES	YES	NO	NO	NO
ERROR	YES	YES	YES	YES	YES	NO	NO
FATAL	YES	YES	YES	YES	YES	YES	NO
OFF	NO	NO	NO	NO	NO	NO	NO

根据上述的静态分析，接下来进入相关的动态分析。从之前的代码可以发现，访问 Log4J 程序的时候，首先调用 Logger.getLogger 的方法，该方法将返回相关的 Logger 对象，具体的访问过程如图 8-2 所示。

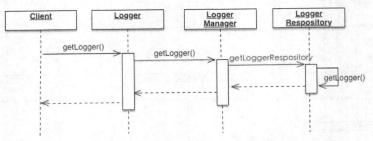

图 8-2　Log4J 获取 Logger 对象的流程图

客户调用 Logger 对象的 getLogger 方法，Logger 对象转而调用 LoggerManager 的 getLogger 方法。LoggerManger 从当前的 Logger 仓库中找到相应的 Logger 对象，并进行返回。

在获得相关 logger 对象之后，用户进行日志操作。日志操作的工作流程如图 8-3 所示。

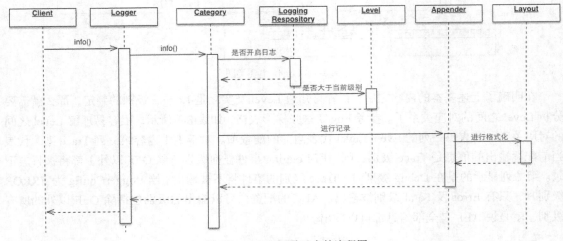

图 8-3　Log4J 记录日志的流程图

图中展示了一个客户程序进行 info 级别的日志记录的工作流程。

- 客户调用 Logger 的 info 方法。
- Logger 对象接下来调用 Category 对象的 info 方法。
- Category 对象接下来通过 LoggingRespository 判断当前系统是否开启日志。
- 此时返回 Category，当前开启了日志。
- 接下来通过 Level 对象判断，当前的操作级别是否大于当前的配置级别。
- 返回可进行日志记录。
- 此时 Category 对象真正调用 Appender 的相应方法进行记录。
- Appender 对象在进行输出时首先进行格式化。
- 格式化完成后返回 Appender 对象（若存在多个 Appender 对象，此时需重复上述 2 步骤）。
- Appender 对象记录完成，返回 Category。

通过上面的分析，Log4J 的相关架构和工作机制已经相对明确。接下来，将通过编写自主的 Appender 达到对 Log4J 框架的理解。如程序 8-4 所示，体现了一个自定义 Appender 的实现代码。

程序 8-4　自定义 Appender 的例子

```java
import org.apache.log4j.AppenderSkeleton;
import org.apache.log4j.spi.LoggingEvent;

public class TestAppender extends AppenderSkeleton {

        private String myPrefix ;
        @Override
        //覆盖主要的记录日志的方法，本例子中只是输出一个带前缀的信息
        protected void append(LoggingEvent event) {
                System.out.println(myPrefix + " : "+ event.getMessage());
        }
        @Override
        //默认做一些资源释放工作，由于本 appender 并没有开启什么 IO 资源，因此不用关闭
        public void close() {

        }
        @Override
        //由于跟 Layout 没关系，所以并没有进行 Layout 设置
        public boolean requiresLayout() {
                return false;
        }
        public String getMyPrefix() {
                return account;
        }
        public void setMyPrefix(String mystring) {
                this.myPrefix = mystring;
        }
}


//使用方法
public static void main(String[] args) {
                Log log = LogFactory.getLog("testLog") ;
                log.info("自定义的 log 输出") ;
        }

//log4j 配置文件配置
log4j.properties 配置
log4j.logger.testLog=INFO, testlin

log4j.appender.testlin=xxx.TestAppender
log4j.appender.testlin.account=[mytest]
```

8.1.2　IMSDroid 工程分析

在典型的软件分析过程中，需分析 D 软件中各个模块的交互关系，通过了解交互关系，从而最终了解整个软件的工作形态。在 IMSDroid 中很重要的是关于呼叫状态机的理解，通过分析相关文档和代码，可以通过自行逆向画出状态图达到分析软件的目的。

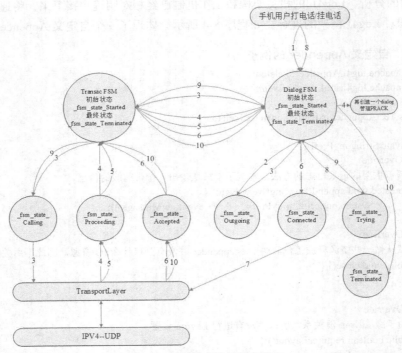

图 8-4　呼叫状态机的逆向重现

如图 8-4 所示，体现了针对 IMSDroid 工程中核心呼叫状态机的逆向重现。通过理解该状态机可快速对 IMSDroid 工程的工作机制进行了解，从而大大加速相关软件分析过程。

8.2　软件设计方法

软件设计方法、开发过程有很多，读者熟悉的有 RUP 等过程。这些过程规范了软件开发的形态，使得开发人员在开发的过程中有章可循。在上述开发过程中并未强调非功能属性，因此本节的内容主要介绍如何在开发过程中融入体系结构设计的考虑。

本节介绍的方法名为属性驱动的架构设计方法（Attribute Driven Design，ADD），它是一种定义软件架构的方法。这个设计方法将软件设计的分解过程建立在软件必须满足的质量属性之上。正如人们所熟悉的，软件开发过程实际上也是不断细化的过程，如果将每个系统当成黑盒，软件开发实际上也是递归分解的过程。因此，ADD 方法的实质也是在递归分解过程中，在细化阶段选择相应战术和架构风格或模式来满足其所要求的或继承的质量属性场景，在此基础上对功能进行分配。

由于 ADD 方法关注的是质量属性，因此它与其他现有的开发方法并不冲突，可以作为各个开发方法的拓展，典型的 ADD 方法可以与 RUP 方法进行融合。

8.2.1　ADD 方法概述

ADD 方法在软件生命周期的需求分析之后就可以应用，方法开展仅需获得在需求分析中得出的架构驱动因素、功能需求及相关限制。所谓架构驱动因素，简单地说是指影响整个软件的重要的非功能因素，也可以认为是由哪些质量属性决定了整个架构的走向；功能需求即软件的功能要求；限制是针对驱动因素以及需求的一些条件约束。

有了上述三个条件，就可以按照以下步骤开展 ADD 方法。典型的 ADD 方法步骤如程序 8-5 所示。

程序 8-5　ADD 方法的步骤

(1) 选择要分解的模块。首次迭代时，需要分解的模块指整个系统。
(2) 根据如下步骤对模块进行分解求精。
　　① 从具体的质量场景和功能需求集合中选择构架驱动因素。这一步确定出了对于该分解很重要的事物。
　　② 选择满足构架驱动因素的构架模式。根据可以用来实现驱动因素的战术（Tactics）创建或选择模式，确定实现这些战术所需要的子模块。
　　③ 实例化模块并根据用例分配功能，使用多个视图进行表示。
　　④ 定义子模块的接口。该分解提供了模块和对模块交互类型的限制。对于每个模块，将该信息编写在接口文档中。
　　⑤ 验证用例和质量场景并对其进行求精，使它们成为子模块的限制。这一步验证重要内容没有被遗忘，并使子模块为进一步分解或实现做好准备。
(3) 对需要进行分解的每一个模块重复上述步骤。

正如之前描述的，ADD 方法是递归使用的，第一个层级即整个系统。系统层面，由于已经进行了需求分析，技术人员此时已经了解了功能需求、功能需求所对应的限制，以及基本的非功能要求。

在此基础上，技术人员将通过分析本系统的特性，确定列举各个非功能的要求并解释该要求，同时将这些非功能要求分类。在分类的时候，也对该非功能进行评分，最后形成一个非功能的分类，以及非功能要求的排序。根据系统的复杂度，选择非功能要求排名靠前的 K 个。

在标准的 RUP 过程中，分析完需求基本上可以画出整个系统的架构图，这个架构图可以有很多种画法，那么 ADD 方法提供了一个验证架构图是否满足架构驱动因素的可能。在 ADD 方法接下来的步骤中 2②中，选择满足架构驱动因素的架构模式，基本上就是对整体架构图的一个约束。在进行步骤 2②的过程时，存在两种不同的实施方法。第一种方法，在一个空白图上直接画相关的包含驱动因素的架构图。这种架构图的画法存在三个步骤：首先将驱动因素作为模块组成一个驱动因素架构图；其次针对图中的驱动因素，将实际架构图中需要的功能模块填入；最后根据实际模块的分布关系，重组该架构图。通过本方法，设计人员将能得到一个具备驱动因素的系统架构图，该架构图的相应模块分配了相关的架构驱动因素。第二种方法与第一种方法类似，但直接在原有系统架构图的基础上，利用不同的颜色、标识代表不同的架构驱动因素，在相应的模块上进行标记。若某个模块被分配了多个架构因素，则该模块将被标记上多个颜色或者标识。采用第二种方法可能存在一个风险，即原来的架构图存在一定的缺陷或问题，那么在标记模块的过程中，可能还需对原有架构图进行调整。

在完成了整体架构图之后，接下来进行每个模块的实例化。实施顺序与自顶向下的思想一样，需要对相应的功能进行细化分解，同时还需要继承所承担的非功能要求。在此基础上，采用不同的视图对该模块进行描述。典型的视图包括静态的结构视图、动态的并发视图，体现全局的部署视图等。根据模块功能的复杂程度，需划分相应子模块。

在明确了子模块的功能后，需明确各个子模块的接口，把功能与非功能职责分配到相关的子模块。同时明确子模块之间的交互关系以及相关的限制。

根据已明确的子模块，对其所继承的质量属性进行质量属性场景分析，目的是将每个子模块所需的 ADD 方法输入明确。

在明确了当前级别的 ADD 分解之后，可针对下一层级的模块进行同样的分解，直至该模块已经无法分解成某个子模块，仅能以类的方式呈现。

8.2.2　回顾标准 RUP

RUP 中的软件生命周期在时间上被分解为四个顺序的阶段，分别是初始阶段（Inception）、细化阶段（Elaboration）、构造阶段（Construction）和交付阶段（Transition）。每个阶段结束于一个主要的里程碑（Major Milestones），每个阶段本质上是两个里程碑之间的时间跨度。在每个阶段的结尾执行一次评估以确定这个阶段的目标是否已经满足。如果评估结果令人满意的话，可以允许项目进入下一个阶段。

- 初始阶段：初始阶段的目标是为系统建立商业案例并确定项目的边界。为了达到该目的必须识别所有与系统交互的外部实体，在较高层次上定义交互的特性。本阶段具有非常重要的意义，在这个阶段中所关注的是整个项目进行中的业务和需求方面的主要风险。对于建立在原有系统基础上的开发项目来讲，初始阶段可能很短。初始阶段结束时是第一个重要的里程碑——生命周期目标（Lifecycle Objective）里程碑，生命周期目标里程碑评价项目基本的生存能力。

- 细化阶段：细化阶段的目标是分析问题领域，建立健全的体系结构基础，编制项目计划，淘汰项目中最高风险的元素。为了达到该目的，必须在理解整个系统的基础上对体系结构作出决策，包括其范围、主要功能和诸如性能等非功能需求。同时为项目建立支持环境，包括创建开发案例、模板、准则及准备工具。细化阶段结束时是第二个重要的里程碑——生命周期结构（Lifecycle Architecture）里程碑。生命周期结构里程碑为系统的结构建立了管理基准并使项目小组能够在构建阶段中进行衡量。此时，要检验详细的系统目标和范围、结构的选择以及主要风险的解决方案。

- 构造阶段：在构建阶段，所有剩余的构件和应用程序功能被开发并集成为产品，所有的功能被详细测试。从某种意义上说，构建阶段是一个制造过程，其重点放在管理资源及控制运作以优化成本、进度和质量。构建阶段结束时是第三个重要的里程碑——初始功能（Initial Operational）里程碑。初始功能里程碑决定了产品是否可以在测试环境中进行部署。此刻，要确定软件、环境、用户是否可以开始系统的运作。此时的产品版本也常被称为"beta"版。

- 交付阶段：交付阶段的重点是确保软件对最终用户是可用的。交付阶段可以跨越几次迭代，包括为发布做准备的产品测试，基于用户反馈的少量的调整。在生命周期的这一点上，用户反馈应主要集中在产品调整，设置、安装和可用性问题，所有主要的结构问题应该已经在项目生命周期的早期阶段解决了。在交付阶段的终点是第四个里程碑——产品发布（Product Release）里程碑。此时，要确定目标是否实现，是否应该开始另一个开发周期。在一些情况下，这个里程碑可能与下一个周期的初始阶段的结束重合。

RUP 中有 9 个核心工作流，分为 6 个核心过程工作流（Core Process Workflows）和 3 个核心支持工作流（Core Supporting Workflows）。尽管 6 个核心过程工作流可能使人想起传统瀑布模型中的几个阶段，但应注意迭代过程中的阶段是完全不同的，这些工作流在整个生命周期中一次又一次被访问。9 个核心工作流在项目中轮流被使用，在每一次迭代中以不同的重点和强度重复。

- 商业建模：商业建模（Business Modeling）工作流描述了如何为新的目标组织开发一个构想，并基于这个构想在商业用例模型和商业对象模型中定义组织的过程、角色和责任。

- 需求：需求（Requirement）工作流的目标是描述系统应该做什么，并使开发人员和用户就这一描述达成共识。为了达到该目标，要对需要的功能和约束进行提取、组织、文档化，最重要的是理解系统所解决问题的定义和范围。

- 分析和设计：分析和设计（Analysis & Design）工作流将需求转化成未来系统的设计，为系统开发一个健壮的结构并调整设计使其与实现环境相匹配，优化其性能。分析设计的结果是一个设计模型和一个可选的分析模型。设计模型是源代码的抽象，由设计类和一些描述组成。设计类被组织成具有良好接口的设计包（Package）和设计子系统（Subsystem），而描述则体现了类的对象如何协同工作实现用例的功能。设计活动以体系结构设计为中心，体系结构由若干结构视图来表达，结构视图是整个设计的抽象和简化，该视图中省略了一些细节，使重要的特点体现得更加清晰。体系结构不仅是良好设计模型的承载媒介，而且在系统的开发中能提高被创建模型的质量。

- 实现：实现（Implementation）工作流的目的包括以层次化的子系统形式定义代码的组织结构；以组件的形式（源文件、二进制文件、可执行文件）实现类和对象；将开发出的组件作为单元进行测试以及集成由单个开发者（或小组）所产生的结果，使其成为可执行的系统。

- 测试：测试（Test）工作流要验证对象间的交互作用，验证软件中所有组件的正确集成，检验所有的需求已被正确的实现，识别并确认缺陷在软件部署之前被提出并处理。RUP 提出了迭代的方法，意味着在整个项目中进行测试，从而尽可能早地发现缺陷，从根本上降低了修改缺陷的成本。测试类似于三维模型，分别从可靠性、功能性和系统性能来进行。

- 部署：部署（Deployment）工作流的目的是成功地生成版本并将软件分发给最终用户。部署工作流描述了那些与确保软件产品对最终用户具有可用性相关的活动，包括软件打包、生成软件本身以外的产品、安装软件、为用户提供帮助。在有些情况下，还可能包括计划和进行 beta 测试版、移植现有的软件和数据以及正式验收。

- 配置和变更管理：配置和变更管理工作流描绘了如何在多个成员组成的项目中控制大量的产物；提供了准则来管理演化系统中的多个变体，跟踪软件创建过程中的版本；描述了如何管理并行开发、分布式开发、如何自动化创建工程；同时也阐述了对产品修改原因、时间、人员保持审计记录。

- 项目管理：软件项目管理（Project Management）平衡各种可能产生冲突的目标，管理风险，克服各种约束并成功交付使用户满意的产品。其目标包括为项目的管理提供框架，为计划、人员配备、执行和监控项目提供实用的准则，为管理风险提供框架等。

- 环境：环境（Environment）工作流的目的是向软件开发组织提供软件开发环境，包括过程和工具。环境工作流集中于配置项目过程中所需要的活动，同样也支持开发项目规范的活动，提供了逐步的指导手册并介绍了如何在组织中实现过程。

8.2.3　ADD 方法与 RUP 的关系

ADD 方法是在需求分析阶段就进入的，它与 RUP 阶段并没有相关的冲突，ADD 方法针对 RUP 方法进行了补充。

在需求分析阶段，RUP 主要确定相关的功能属性，明确相关的用例等。ADD 方法则保障在需求分析阶段进行相应的非功能属性的分析，从而明确相关非功能要求。这些非功能要求将更加完善需求分析，达到对功能实现进行约束的目的。

在概要设计阶段，RUP 过程需完成对相关模块的细化、类等的设计。在没有 ADD 方法之前，这些模块的细化、类的设计相对灵活。而 ADD 方法实施之后，在概要设计阶段，每个模块、类的设计都将加上相关的非功能属性作为约束。通过这些约束可能改变原有的设计方案，也可能仅是原有设计方案的扩充。

在编码方面，标准的 RUP 过程并没有对编码阶段提出相应的要求。而在 ADD 方法中则隐含着对编码的需求。例如，统一的代码风格、变量取名原则等。同时，某些质量属性如性能等对编码的质量有着直接的要求。

在测试阶段，RUP 测试主要验证相关的功能属性满足情况，而在 ADD 中则增加了对非功能属性的要求。在测试中需对相关非功能属性进行验证，相关验证工作具体还包括量化指标，如性能中并发数、时延等。

RUP 的迭代过程与 ADD 的迭代过程也是类似的。RUP 的迭代过程如原型法，通过实现一个原型，而后在原型基础上进行叠加。在 ADD 方法中，每次迭代过程可以设计为满足某几个质量属性，也可以设计为对相关质量属性的提升。通过这样的迭代方式也可以降低质量属性的实现难度。

通过上述分析，容易发现 RUP 与 ADD 方法相辅相成。RUP 为 ADD 方法提供了实施质量属性的载体、过程等必要条件，ADD 在 RUP 的各个阶段迭代过程都有对应的实施。这些实施过程保障了系统质量属性的实现。

8.2.4 ADD 方法实例

下面以一个简单的例子说明 ADD 方法如何在实际项目中使用。项目基本需求如下：煤矿的生产安全是亟待人们解决的重要问题，关乎相关矿井工作人员的生命安全。矿井中可能存在各种气体，这些气体浓度一旦高于某个阈值将可能导致爆炸或者危害人们的正常呼吸。因此，本项目拟开发一套支持安全生产的通信业务系统。其基本需求能够利用传感器等获得煤矿中相关瓦斯浓度，并且实施报警。其中报警包括短信报警、电话报警等多种报警方式。同时，外部存在一个现存的安监系统，本项目需接入该现有安监系统。具体性能要求：当平均浓度到达阈值时，3 秒之内发出警报，2 秒之内告知安监系统。要求对该系统按照 ADD 方法进行分解和架构。

首先需要明确该系统的需求。

- 传感器数据获取能力。
- 向外部系统发送数据的能力。
- 对传感器数据进行存储的能力。
- 动态判定是否应该进行告警的能力。
- 数据分析能力。

根据上述需求，可得到如下用例，如图 8-5 所示。

传感器数据获取及存储用例包括获取不同类型的传感器数据，该用例需适配不同类型的传感器，从这些传感器中获取所需的数据格式及内容。同时，为了便于今后对系统行为的重现，需要将相关传感器的值实时存储到相应数据库之中。

图 8-5 传感器数据获取与存储用例

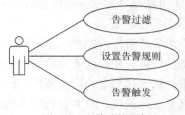

图 8-6 告警功能用例

　　告警功能的用例如图 8-6 所示，包含了告警过滤、设置告警规则、告警触发三个用例。其中告警过滤主要依据相关告警规则，对收到的信息进行判断，屏蔽不需要的告警信息。设置告警规则用例主要提供给管理人员进行告警规则的设置，这些告警规则将包括告警过滤规则以及告警触发的规则。告警触发，主要对告警进行触发动作，依照相关的规则对告警触发的目标、方式进行选择。

　　告警数据分析用例如图 8-7 所示，包含了告警数据预处理、告警数据筛选、告警聚类分析以及告警数据关联分析四个用例。其中告警数据预处理包括对数据格式的验证、不符合格式数据的清洗等过程。在此基础上，告警数据筛选包括对告警数据特征的选择，通过选择合适的特征可以有助于告警数据挖掘。告警数据聚类分析主要对告警数据进行聚类分析，聚类分析的特征来源于告警数据筛选。告警数据关联分析主要对告警数据内部的关联关系进行分析，从而发现潜在关联关系。

图 8-7　告警数据分析用例

图 8-8　告警发布的用例

　　告警发送和告警上报都是将告警数据向外部进行发布的过程，告警发送主要利用短信、电话、Web 消息推送等方式向个人用户进行告警消息的散布。告警上报则是向外部系统进行消息的上报。告警上报将包含比告警发送更为详细、原始的告警信息。如图 8-8 所示为告警发布的用例。

　　通过上述简单的分析，已经对当前系统有了一定的理解，可以进行 ADD 的分析。在进行 ADD 分析时，首先需明确 ADD 分析过程的输入，这些输入包括表 8-2 所示的内容。

表 8-2　　　　　　　　　　　　　　　　　　　　　　ADD 输入

本层次 ADD 的输入	相 关 说 明
功能需求（一般表示为用例）	需求分析中的用例
限制	目标系统与现有安监程序处于不同机器。 目标系统自身需分布式部署。 目标系统必须采用 Java 语言。 目标系统的平台、各依赖软件版本。 数据库品牌及版本。
质量需求	相应质量属性场景

1. 选择要分解的模块

　　分解通常从系统开始，然后将其分解为子系统，再进一步将子系统分解为子模块。

　　通过分析该系统，很容易分析该系统的上下文关系图，如图 8-9 所示。需实现的目标系统与现有的安监程序之间属于互相独立。目标系统需将现有数据信息上报安监程序，安监程序可以查询相关数据。因此，目标系统须具备与安监程序进行通信的通道。

系统上下文图是分析系统的第一个重要的图，它将为开发人员提供该系统对外的视图，通过该视图开发人员真正了解该系统对外部的作用，明确相关的编程界限与界面。此处的界面不是指GUI，而是指相关的接口等与外部沟通的途径。通过系统上下文图，开发人员可以首先明确自身系统对相关系统的作用，从而更加明确本系统的外部特征。

在本例子中，上下文图明确了目标系统与现有安监程序之间互不隶属，目标系统作为独立系统可向现有安监程序发送相关告警信息，同时接受安监程序的主动查询。在明确了目标系统的功能界限之后，下面需对目标系统进行系统整体架构图的设计。

整体架构图，主要需要划分相关的主要功能模块或者子系统。在划分模块时主要考虑根据功能以及功能之间的关联关系进行。如图 8-10 所示，体现了不考虑相关非质量属性的整体架构。

图 8-9　目标系统上下文环境　　　　　　　图 8-10　不考虑体系结构时的简单架构图

图中该通信系统被分为了四个模块，分别为传感器适配模块、数据挖掘模块、告警模块、通信模块等。其中传感器适配模块主要进行相关传感器的适配以及数据获取功能，该模块将屏蔽不同品牌或者型号传感器，并且获取相关数据。告警模块，通过对比相关告警阈值与当前值，向上层模块或系统发送告警信息。告警模块还支持管理功能，可通过管理节点对相关告警的规则进行更改。

- 通信模块，负责提供基础的通信功能，这些通信功能包括为系统内部模块间提供相关功能，也包括为系统外部模块提供相关通信支持。通过通信模块屏蔽不同的通信协议，从而达到对于不同的通信协议的支持，如可以支持 RPC、Web Service 等。
- 数据挖掘模块，通过分析相关数据，利用数据挖掘的方法分析出当前数据的特征，便于上层决策使用。
- 传感器适配模块：主要用于适配不同类型的传感器，这些传感器可以是不同厂商、不同型号功能类似的，也可以是功能不同的传感器。该模块为每个功能的传感器提供一套统一的接口访问形式。
- 告警模块：支持多种方式的告警形式，包括短信、声音等多种方式。这些方式可能需要同时告警，同时也支持向外部系统发送告警消息。告警模块需支持告警规则设置、告警阈值设置等功能。

上述模块的划分主要依据功能需求进行，是一般开发时采用的方法。然而，上述架构中缺乏与质量属性相关的设计。接下来，我们将详细描述结合质量属性的设计，从而进入 ADD 方法的第二个步骤。

2. 选择架构驱动因素

从具体的质量场景和功能需求集合中选择架构驱动因素，这一步确定出了对该分解很重要的事物。所谓的架构驱动因素实质是功能、质量需求和限制的组合。它们三者对架构均有一定的影响，因此需统筹考虑。原则上，先抓住主要的功能、质量要求以及限制，而后再考虑其他次要的功能及质量要求。功能决定着系统实际向外提供的服务，质量需求则保障着该服务的正常、可靠提供，限制则约束了该系统服务提供的形态、环境等。

寻找一个系统的架构驱动因素可遵循一定的顺序，笔者建议大家可以以功能为主线，在功能上寻找相应的质量需求及限制，从而形成一系列的"功能-质量-限制"的组合。主要功能需求很容易从用户给的需求中获知，因此问题转化为如何寻找主要功能的主要质量需求。一般来说，质量需求可通过对功能需求的理解获得。本例中的系统对性能、可用性、可修改性等均有一定的要求。为了更好地描述质量属性，需要重新引入质量属性场景。如图 8-11 所示，展示了一个可用性质量属性的一般场景。质量属性场景包括刺激源、刺激、环境、响应、响应度量等几个要素。

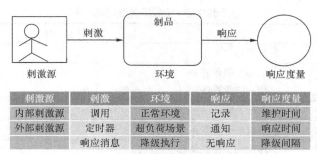

刺激源	刺激	环境	响应	响应度量
内部刺激源	调用	正常环境	记录	维护时间
外部刺激源	定时器	超负荷场景	通知	响应时间
响应消息	降级执行	无响应	降级间隔

图 8-11　可用性质量属性一般场景

基于上述几个质量属性场景要素，结合当前系统的特点，可得到如下几个质量属性场景的描述，如表 8-3 所示。

表 8-3　　　　　　　　　　　　　发送警告的一个典型性能场景

场 景 元 素	具 体 说 明
刺激源	外部刺激源，外部的有害气体
刺激	瓦斯浓度变化超过阈值，引发告警消息
制品	目标系统
环境	系统处于正常运行状态
响应	发送警报消息给警告接收者
响应度量	衡量相应的时间是否少于阈值

该质量属性场景表明了，当前系统外部刺激源为外部有害气体，当这些有害气体的浓度大于某个阈值时，传感器接收到该数值，该数值被接入到正常运行的系统后，系统将产生相关的报警信息，这些报警信息会被发送到对应的警告接收者。需要保障当气体浓度超标到警告接收者接收到警报时的时间间隔，该时间间隔需要小于阈值。

系统可用性的典型质量场景表明，刺激源是系统的某个模块或者系统本身，当前系统是否能够处于正常运行的状态，当这个模块失效或者工作不正常的时候，系统能够继续正常运行下去，如果能够正常运行下去则衡量相关的失效时间比率，如表 8-4 所示。

系统的可修改性质量属性场景如表 8-5 所示，表明可修改性的刺激源可以是外部用户，外部用户通过要求适配新的传感器、决策算法等。开发人员对上述修改需求进行响应，增加了相关适配器的代码及新决策算法的代码。当这些更改完成之后，需要评估当前系统为满足该需求所做修改的影响范围、人力、时间等成本，这些成本或者影响范围是否超出预期。

表 8-4   系统可用性的一个典型质量属性场景

场景元素	具体说明
刺激源	内部模块，或者系统本身
刺激	内部模块失效
制品	目标系统
环境	系统处于正常运行状态
响应	是否有其他模块接替原来模块
响应度量	测量和评估其他模块接替原有模块所需的时间，以及系统宕机时间

表 8-5   可修改性的一个典型质量属性场景

场景元素	具体说明
刺激源	外部用户
刺激	增加相关传感器， 增加决策算法
制品	目标系统
环境	系统处于正常运行状态
响应	增加相关传感器修改过程， 增加相关决策算法的修改过程
响应 度量	测量和评估修改过程所需的人力、物力、时间等成本， 评估修改过程对其他模块的影响， 修改自身涉及的修改面

由于当前系统的主要功能是用于矿井中对相应气体的告警，重点围绕告警功能所需的相关质量属性，因此告警的及时性直接关系着系统功能的有效性。由于当前系统是矿井安全的重要组成系统之一，当前系统的可用性直接关乎着矿井工作人员的人身安全。为此，当前系统对性能与可用性的需求大于可修改性。为了方便起见，我们在整体架构图中重点考察性能与可用性作为架构驱动因素。

3. 选择架构模式

建立一个由模块类型组成的总体架构模式，它满足了架构驱动因素，是通过组合选定的战术（Tactics）来构造，其中需要考虑如下场景。

- 采集数据的性能
- 发送警报
- 数据筛选的速度
- 系统可用性
- 关键模块的可用性
- 适配不同的传感器
- 适配不同的决策算法
- 适配不同的告警通知方式

上述几个质量属性场景是系统中需要解决的主要场景，这些场景分别归属于性能、可用性和可修改性几个方面。当前亟需在这些场景的基础上对相关战术进行选择，这些战术选定后可帮助开发人员选择好相应的架构模式。

下面分析可选取的性能战术。

- 降低事件频度：采用采样等手段实现。本例中，传感器数据的采集频度直接影响着传感器数据到达的时间间隔，可能影响后续模块实现。因此，降低事件频率不符合本项目需求。
- 降低单个事件的处理时间：精心设计提高效率。对于关键模块，可以采用本战术以提升运算速度，从而达到提高效率的要求。
- 并发战术：引入多线程、多进程。在本项目中可能需要采集多个点的传感器，这些传感器的数据如能同时被处理可大大提升整个系统的处理效率，因此并发战术可被选取采用。
- 维持数据或计算的多个副本：降低依赖程度。本项目暂时无多个地方同时计算相同数据，或者多个计算进行相似计算的需求，因此此战术不适用。
- 增加可用资源战术：增加需要的资源。在本系统设计时对各个系统资源的预留、分配可统筹安排，暂时不存在增加可用资源的战术。
- 先进先出战术：采用队列等方式保障先来先服务。
- 固定优先级策略：基于优先级的调度。由于告警的等级可能有相应的差异，本系统可能需要优先考虑高优先级的告警，因此采用固定优先级策略。
- 动态优先级战术：实行动态优先级减少低优先级的等待时间。本系统需保障高优先级的请求优先得到处理，甚至可以忽略低优先级告警。

通过上述分析，在本项目中可用的性能战术包括以下三种。

- 降低单个事件的处理时间。
- 固定优先级策略。
- 并发战术。

下面来分析相关可用性战术。

- Ping 与 Echo 战术：采用 Ping 消息请求被监控对象回复，被监控对象通过回复 Echo 表明自己当前处于正常情况。
- Heartbeat 战术：被监控对象通过向监控端以一定时间间隔发送心跳消息，该心跳消息表明被监控对象自身状态处于正常状态。
- Exception 战术：通过添加异常处理机制，对发生错误的代码段进行捕获，从而进行后续操作。
- Voting 战术：采用多个表决器同时进行计算，最终给一个多数的表决结果。
- 主动冗余：主、备两个系统同时接收请求并进行处理，仅有主系统对外返回结果。当主系统出问题时，直接由备用系统接替工作。
- 被动冗余：备用系统平常不进行工作，主系统将相关的状态信息同步到一个外部存储。备用系统可定时或者按需去同步相关的状态信息。当出现故障时，备用系统需完整同步相关状态而后接管后续操作。
- 备件：备件系统平常不启动，只有当主系统出现故障时再启动备件系统。
- Shadow 操作：将系统降级运行，系统仅提供 Shadow 模式下定义的相关操作。
- 状态再同步：实质是对状态进行同步，同步过程主要解决相关的已保存状态的恢复问题。
- 检查点：设置几个节点，这几个节点的状态被记录下来。当检查点以后出现错误时，可将系统状态回归到检查点状态。
- 进程监控器：通过一个简单的模块监测系统进程，当系统出现或即将出现故障时，该模块将重新启动新的系统或模块以替代原有的，从而保障系统的可用性。
- 从服务中删除：删除错误的模块，并启动新的模块，从而保障系统的正常运行。
- 事务：将一系列操作标记为一个原子操作，要么全部成功要么全部失败。一旦事务失败，所做的所有操作均被撤销。

可供使用的可用性战术有以下三种。

- 进程监控器。
- 被动冗余。
- 事务。

下面来分析可选的修改战术。

- 语义一致性。
- 抽象通用服务：将各个功能进行细化，将功能中的公共依赖部分抽出。将这部分公共的功能形成通用服务。通过这样的通用服务可以减低各个模块间的开发量以及依赖关系。
- 预期期望的变更：在系统架构时，预先预期未来可能的变化点，并且为这些变化点提供相关的设计预留，使得真正的变更需求到来时，开发人员可以以较低的代价进行适配。
- 泛化模块战术：将模块的功能通用化，使得模块的适用性更为广泛。泛化模块要求用户在设计模块时需要考虑接口的泛化，或者使用相关泛型等支持泛化模块的实现。
- 信息隐藏：将外部用户无需了解或与对外功能无关的数据、接口等进行隐藏，仅给用户发布满足其需求的最小接口集合。通过信息隐藏可使得外部用户与模块间的依赖关系降低到最低层面。
- 维持现有接口：在系统需要进行更改时，若增加或修改了某些接口，则原有的接口不动，将新的变化体现在相应新接口之中。
- 添加新接口或适配器：新接口和适配器在不改变原有接口的前提下，增加新的接口完成新的功能。
- 限制通信路径：模块之间的互相调用，因此产生相关的调用链。为了更好支持未来模块的更改以及后续更好地维护，需要将复杂的或者长的调用链缩短。
- 仲裁者：通过仲裁者进行中介，屏蔽仲裁者两端的各种依赖关系。
- 运行时注册：在运行的时候，动态获得相关的引用。
- 配置文件：利用配置文件将一些启动时或者启动之后需要使用的参数进行动态配置，从而避免重新编译代码。
- 多态：利用多态，拖延相关类型的绑定时间，从而支持相关的修改性。
- 组件替换：动态替换相关的组件，使得组件的变更变得更为容易。

下面来分析可能使用的战术。

- 信息隐藏。
- 维持现有接口。
- 组件替换。

在选定了相关的战术之后，这些战术可能存在一定的冲突情况，从而抵消了相关战术的效果。因此，需要统筹考虑上述相关的战术组合，保障整体上的战术最优。在本例中，为事务战术所做的锁机制可能降低相关的性能战术的效果。在分析了相关选用战术之后，开始进行模块实例化等工作。

4. 实例化模块并使用多个视图分配功能

实例化模块并根据用例分配功能，使用多个视图进行表示。

通过上述分析，容易导出如图 8-12 所示的体系结构划分，本系统中包括用户接口、一般计算、可用性相关的计算、性能相关的计算、性能相关的通信等多个组成部分。图中规划出相关的架构驱动因素的模块集合，这些模块集合与之前架构图的模块之间可能是一对多的关系。

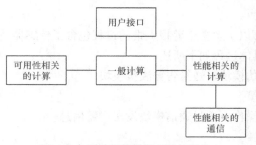

图 8-12　安监程序的体系结构划分

根据应用自身对质量属性等的需求，将系统划分为几个部分：用户接口、可用性相关的模块、一般计算模块、性能相关的计算或算法模块、与性能相关的通信。

划分这几个部分的依据主要是依靠对需求的理解。

（1）用户接口：负责安监通信程序与外部系统的互联互通，此处的接口包括对外提供的接口与使用的外部接口。

（2）可用性相关的计算与模块：作为一个安全生产的监控程序，对自身可用性有一定要求，因此需要增加相关的可用性支持模块。

（3）由于安监通信程序需要及时将相关事件通知外部系统，因此对性能有一定的要求。在性能方面，还包括性能相关的计算如告警决策的计算，也包括性能相关的通信操作即及时的通知。

（4）一般计算则统指其他不需要对性能有特殊要求的计算操作。

根据上述简单的体系结构划分结合之前设计的总体架构图，用户可将相关的功能分配到体系结构划分图。如图 8-13 所示，其中每个组成部分存在如下的对应关系。

● 可用性相关的计算：需要存在高可用性的模块设计。

● 性能相关的计算：包括告警决策。

● 性能相关的通信：包括传感器适配、通信模块等。

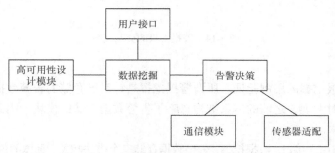

图 8-13　指派了功能的体系结构图

如图 8-13 所示，是将系统架构图与体系结构图结合起来而形成，在这张图中告警决策模块、通信模块、传感器模块等都被赋予了性能要求。高可用性仍然没有分配，主要由于高可用性是对整个系统而言。

规格说明中的性能的要求需要由上述几个模块共同完成。这几个模块需要分别对数据采集、数据决策、数据传输等几个方面进行优化。因此，这几个模块还将被重新赋予新的性能指标要求。由于 2 秒之内需要告知安监系统，因此要求获取传感器数据+简单的判定+向外发送消息三个动作需在 2 秒完成，每个方面都需在总体约束的前提下进行细化。

在完成了相关体系结构功能分配之后，需要对分配的功能进行验证，对功能验证的方法主要利用相关场景验证每个场景的流程是否可以正常完成。

5. 场景用例验证

针对上述步骤所得到的体系结构图，需回归最初的需求场景，并针对相应的场景进行验证。验证的目的是发现当前体系结构中是否存在遗漏或者其他问题。在本次的场景用例验证过程中，将通过验证警报上报、警报挖掘、警报查询等典型场景进行验证。

（1）警报上报

根据警报上报的交互流图（如图 8-14 所示），可以了解整个警报上报的过程包含了传感器适配、通信模块、告警决策等几个模块的相互调用，具体过程如下所述。

- 传感器适配模块接收到传感器数据，通过通信模块发送给告警决策模块。
- 告警决策模块接收到传感数据后进行告警决策。
- 告警决策模块判断当前传感数据需进行告警操作，通过通信模块发送告警信息。
- 通信模块将告警信息发送到外部系统完成告警。

通过上述分析，可以发现当前的模块划分可以满足相关警报上报的用例。

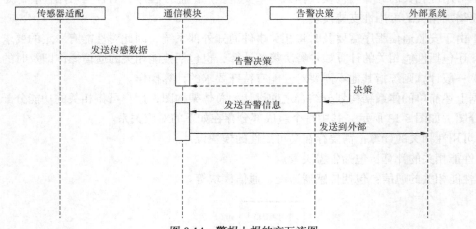

图 8-14　警报上报的交互流图

（2）警报挖掘

接下来进行警报挖掘的用例验证，所谓警报挖掘是针对已存储的告警数据进行挖掘的用例。在进行该用例分析时发现，之前的体系结构忽略了告警数据存储的模块。因此需在体系结构中增加告警数据存储模块。

告警挖掘用例与用户接口、数据挖掘、告警数据存储三个模块相关，具体的流程图如图 8-15 所示。

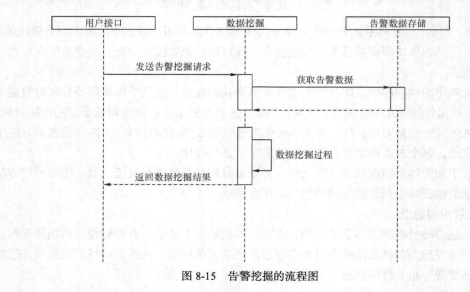

图 8-15　告警挖掘的流程图

- 用户通过用户接口发送挖掘请求,用户接口转而向数据挖掘模块发送挖掘请求。
- 数据挖掘模块通过告警数据存储模块获得所需的告警数据。
- 数据挖掘模块进行告警数据的挖掘。
- 数据挖掘模块返回相关的数据挖掘结果。

（3）告警查询

告警查询的流程图如图 8-16 所示,告警查询主要通过用户接口访问告警数据存储,告警数据存储返回相关的告警信息。

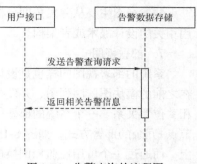

图 8-16　告警查询的流程图

6. 并发视图

并发视图有多种形式的画法,其中一种较为直观且典型的画法可以使用序列图,在序列图上标注相关的并发点。如图 8-17 所示,在通信模块、告警决策模块等都需要对相关的请求进行并发处理,因此在系统设计时需要考虑上述模块的并发处理机制。在之前的体系结构分析中,图中的并发点也刚好都是性能战术需要实施的地方。

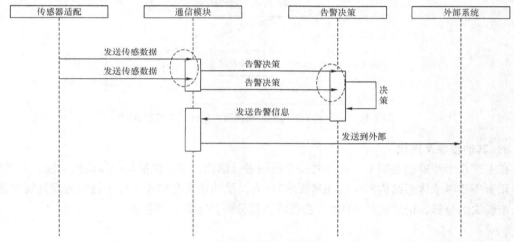

图 8-17　并发接收传感器数据的示意图

并发进行数据存储及读取的过程,可以由图 8-18 所示的序列图展示。由图中可见,数据存储模块需同时支持相关的数据存储、数据查询等操作。显然,在数据存储模块需做好锁的操作,也对数据库的设计提出了要求。

图 8-18　并发存储与读取数据的过程

并发视图主要从并发角度分析系统的动态行为，从而使得设计人员可以针对相应的并发点采用相关的设计战术或者架构。

7. 部署视图

系统的部署视图同样也是设计系统时需要考虑的，部署视图体现了各个模块最终的分布情况。在之前的模块图、序列图、并发视图等都不体现模块的最终物理位置，部署视图则将体现模块的相关位置关系。一个系统的部署视图可以存在多种可能性，以本系统为例，有一种最为简单的单节点+冗余的部署方式，如图 8-19 所示。图中描述了系统的所有模块均可以部署在同一个节点之上，而通过一个可用性监控倒换模块针对多个节点进行倒换的支持。显然，这种部署方式相对简单。实际部署时，考虑到传感器的个数较多，可能需要将传感器适配模块以及通信模块作为单独的模块进行多处部署。

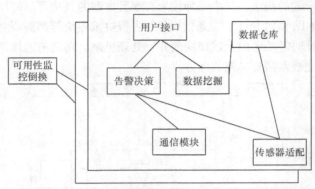

图 8-19　一种基于进程监控器保障可用性的系统部署图

8. 其他步骤及迭代

在上述几个步骤的基础上，可以对每个模块进行细化，细化包括每个模块的功能、职责等。其中职责需要继承体系结构图中的职责要求。所有模块的职责叠加应该等于最初的质量属性要求。在未来模块的分解，仍然按照 ADD 方法进行迭代分解，在此不再赘述。

小　结

本章介绍了软件分析与软件体系结构设计等相关方法。其中软件分析主要从理解软件工作流程等角度进行，软件体系结构设计则着重通过 ADD 方法的介绍以及实例进行阐述。希望读者能够在学习本章之后，在未来的软件设计中使用 ADD 方法实现。

习　题

（1）请用自己的话描述一下分析软件的一般过程。

（2）请说明一下 ADD 方法的主要步骤以及如何在实际项目中将 RUP 与 ADD 方法结合起来。

（3）请自己回顾本章 ADD 的例子，重新对各个步骤用自己的语言进行描述。

第9章
软件体系结构描述语言
Software Architecture Description Language

本章为本书的最后一章，重点说明软件体系结构描述语言。

在本书的描述过程中，读者经常会有这样的疑问，对于软件体系结构的描述都是使用文字或者一些图形的方式进行描述，而具体在实施软件体系结构时又需要与各种编程语言打交道。是否存在软件体系结构的语言，这些语言与编程语言类似，又能够准确地描述当前的软件系统。

答案是肯定的，体系结构描述语言 ADL 作为形式化的表示软件体系结构的工具呈现出强大的生命力。它提供了规范化的体系结构描述，同时是对软件体系结构进行求精、验证、演化和分析的前提与基础。在软件体系结构的发展过程中涌现出了多种软件体系结构描述语言，本书将介绍其中的几种，使读者对软件体系结构语言有一定的了解，下面就详细介绍一下 ACME 和 Wright 语言。

9.1　ACME

ACME 作为一种来描述系统体系结构的语言，目标是提供了一些方法、模型用于描述系统级结构和大粒度成分的行为，其描述的层次甚至可以抽象到"实现级别"的细节，如实现的算法和数据如何表示。

ACME 提供了一种正式或半正式的结构描述方法。它结构简单，可以在现有体系结构描述的基础上，通过增加相应额外的语义注释，更好地描述体系结构内部的特征。作为 ACME 而言，它不仅描述相关的静态结构，它也可以描述相关的动态行为，例如，一个系统可能包括性能属性，ACME 可以通过注释的方式描述该性能属性所对应的运行时间动态特性。下面将对 ACME 的核心概念进行阐述。

1. 组件

组件是 ACME 描述一个系统的基础，它们代表计算中心，负责做一个系统"任务"的系统元素。这与在模型间通信和在不同组件间交互的连接器形成对比。组件可在硬件模型、软件模型或一个可能映射到硬件、软件或软硬件组合的抽象模型中使用。

典型的组件示例包括在处理器上的进程、硬件资源，如外部设备，支持请求协议的服务器、文件系统、数据库、程序的大型概念数据块。组件能被用于提炼大量的系统计算方面的抽象特征，可用于在不同级别的抽象元素中描述各种不同的计算模型。例如，一个组件可代表系统中的一个模块或并发进程通信中的某个进程。在许多情况下，组件用于大型实现的抽象，提供有用的抽象描述。

ACME 中典型的组件描述如下所示。

```
Component TheFilter = {
Port in;
```

```
Port out;
Property implementation : String =
"while (!in.eof) {
in.read; in.read; compute; out.write}";
}
```

上述 ACME 语句定义了某种典型过滤器组件。它首先规范了过滤器的出口和入口，同时表明了过滤器的一个行为，即通过读两次缓冲区，并进行相应的计算，最后将计算的结果输出。而读取缓冲区的来源来自 Port in，输出则输出到 Port out。由此可见，利用 ACME 描述某个组件时，它可以无二义性地对相关的行为和属性进行描述，这将大大规范系统的需求及设计。

ACME 中的属性还可用于描述组件的非功能属性。例如，容错能力、内存需求或组件的性能，这些属性可以通过设计人员指定等方式进行描述。服务器对请求做出响应的预期的时间可以作为属性约束，其具体的 ACME 代码如下所示。

```
Component Server = {
Port requests;
Property responsetime : Float = 15.00 << units="ms">>;
}
```

上述 ACME 代码描述了一个 Server 组件，该 Server 存在数据交互通道 Requests，而该 Requests 具有时间为 15ms 的约束。

在 ACME 中为了更好地让大家理解所描述组件的相关属性，引入了类似面向对象中的继承的概念。例如，上述描述的过滤器，它称为过滤器不是因为它名字叫过滤器，而需要其具有过滤器的特征、属性等。为此，TheFilter 可以做如下的改造。

```
Component TheFilter = {
Property external-type = "SomeADL::Filter";
Port in;
Port out;
Property implementation : String =
"while (!in.eof) {
in.read; in.read; compute; out.write}";
}
```

上面的代码中增加了"external-type"属性用来获取定义在 SomeADL 中的"过滤"的概念。也可以认为类似 Java 里继承或实现了过滤器类或接口。显然，可以有多个类似组件都可以继承过滤器的组件特征，那么开发人员可以很容易理解这些组件都具有类似的工作模式。

从上述几个例子中，可以发现所有的组件定义时一般都会包含端口 port。在 ACME 中通过组件的端口暴露其功能，端口代表一个点的组件和环境之间的联系，组件有不同的端口对应组件不同接口。一个端口在传统意义上可认为是一个接口，这些接口可在组件上进行一组操作。端口可以是很简单的定义，即基本上仅是名称的定义。端口也可以进行较为复杂的定义，比如可以约定这些端口可接受或发出的数据类型、格式。不仅如此，端口也可进行类似类继承的属性描述。

在这个例子中，端口用于在服务支持的连接中捕获特定请求，该请求需满足相应类型以及名称。

```
Component Server = {
// Particular requests available through this port
Port requests = {
Property validRequests =
<
```

```
[name="getCreditReport"; type="secure-request" ];
>
};
}
```

2. 连接器

连接器是组件之间的通信媒介，只有通过连接器各个组件才能互相通信、协同。连接器代表了组件之间可能的所有通信方式，包括同步、异步等所有通信形式。其中在 ACME 中可以很详细地描述连接器的行为。和组件类似，连接器包括可以被用于描述连接器的各方面的属性。不同的是在组件里面，相应的属性主要涉及该组件的计算。

下面描述了一个用来定义任务的分布式协作的 ACME 连接器语句。

```
Connector collaboration = {
Role requestor;
Role slave1;
Role slave2;
Property distributionMap =
"requestor.requestA -> slave1.doX,
slave2.doY;
requestor.requestB -> slave1.doU | slave2.doV"
}
```

上述语句定义了一个连接器，该连接包括一个输入角色和两个输出角色，其中规范了该连接器的行为。该连接器将 requestor 中的 requestA 发送给 slave1，并触发其 doX、doY 的操作。而 requestB 则将触发 slave1 的 doU 或者 slave2 的 doV 操作。可见 ACME 中对连接器的行为可以进行精准的描述。

除了上述点到点的消息，ACME 中还可以定义广播的时间，如下面的代码所示。

```
Connector AnEventBus = {
// All the events broadcast by this connector
Property eventList = <
"WorldWar3Begins",
"RainToday"
>;
// Two different listener roles
Role curiousListener;
Role selfInvolvedListener;
}
```

在上述代码中，我们定义了两种广播事件即 WordWar3Begins 以及 RainToday。和组件类似，连接器角色也可以具有属性。例如，上述关于 EventBus 例子，我们可能会进一步定义 curiousListener 和 selfInvolvedListener 角色包括的属性，用于指定实际可用来触发这些角色的事件。

```
Connector AnEventBus = {
// All the events broadcast by this connector
Property eventList = <
"WorldWar3Begins",
"RainToday"
>;
// Add Events available to different listeners
Role curiousListener = {;
Property events = <
"WorldWar3Begins",
"RainToday"
>;
};
```

```
Role selfInvolvedListener {;
Property events = <
"RainToday"
>;
};
}
```

上述代码对两个角色分别定义了触发的事件。例如 selfInvolvedListener 就只能由 RainToday 进行触发。

3. 系统

在 ACME 中系统的描述是一组组件和连接器的组合，描述该系统的元素以及它们如何相互作用。系统是 ACME 的第一顺序实体，并且还可以定义"系统级"属性。

系统的属性值可能来自于组件和连接器，表示该系统的一些突出性质。例如，系统的容错性可以从构成系统的组件和连接器的容错特性得出。系统各组件如何连接由附件定义，每个附件代表一个端口和连接器的相互作用。取决于端口和角色本身，附件的含义可能很简单或很复杂。

下面是一个使用 ACME 描述客户端/服务器系统中系统行为的例子。

```
System ClientServerSystem = {
Component server = {
Port requests;
};
Component client1 = {
Port makeRequest;
};
Connector req = {
Role requestor;
Role requestee;
};
Attachments {
server.requests to req.requestor;
client.makeRequest to req.requestee;
}
}
```

4. 表述

表述用于进一步描述一个元素在 ACME 的系统架构方面的作用，相当于对上述几种定义的一个补充说明。例如为一个组件表述相关端口关联关系，如下面代码所示，theComponent、fastButDumbComponent、slowButSmartComponent 等之间的端口存在着对应关系，可用"表述"进行说明。如 easyRequests 绑定在 fastButDumbComponent 的端口 p，表示到 easyRequests 端口取得请求实际上是通过在 fastButDumbComponent 端口的"p"请求。

```
Component theComponent = {
Port easyRequests;
Port hardRequests;
Representation {
System details = {
Component fastButDumbComponent = {
Port p;
};
Component slowButSmartComponent = {
Port p;
};
};
```

```
Bindings {
easyRequests to fastButDumbComponent.p;
hardRequests to slowButSmartComponent.p
};
};
};
```

上述 Binding 的描述不仅可以用于描述端口之间的关联关系，同时也可以用于描述其他注入连接器、角色等的关联关系。

ACME 正是通过上述几种典型的语法对一个系统的行为以及相关的质量属性进行描述。通过这些描述方式可以帮助用户较为详细地了解系统的工作行为。

9.2　Wright 语言

与 ACME 类似，Wright 语言提供了针对软件体系的描述功能，同样 Wright 也是基于组件-连接器等形式对系统进行描述。但是 Wright 基于的理论基础与 ACME 有所区别，Wright 直接基于 CPS 的描述语言。所谓 CPS 即通信顺序进程、交换消息的循序程序，是一种形式语言，用来描述并发性系统间进行交互的模式，它最早起源于东尼·霍尔在 1978 年发表的论文。通信顺序进程高度影响了 Occam 的设计，也影响了 Limbo 与 Go 等编程语言。

在 CPS 语言中包含如下基本元素以及操作。

- 事件：事件代表通信或者交互。它们被假设是原子不可分的以及瞬间完成的。典型的事件如原子操作的开和关、组件中的事件（如 valve.open 或者 valve.close），还包括输入输出的事件，如鼠标事件、中断事件等。
- 基本进程：基本进程主要表示功能行为，如 STOP（表示一个进程不与外部进行交互或者无法进行交互，也称为死锁），又如 SKIP（代表进程成功地终止）。

在定义了上述基本元素之后，CPS 还包括相关的代数运算符。

- 前缀操作符：a→p。

表示把表达式 a 的值传送到进程 p 中去。或者可以认为前缀表示了一个进程在接收到相关事件（本例中的 a）。从而形成了新的进程 p（可以认为状态转移，也可以认为是变为 p，或者理解为传送到了进程 p）

- 外部确定选择符：$(a \rightarrow P) \square (b \rightarrow Q)$。

中间的方框表示确定选择符。此表达式表明当前进程的未来发展，取决于输入的事件，若未来输入的事件为 a，则当前进程可转移到 P。显然，这里面隐含着 a、b 先后到达的前提，若 a、b 同时到达则此时的选择无法生效，需转向不确定选择符。

- 不确定选择符：$(a \rightarrow P) \sqcap (b \rightarrow Q)$。

中间的符号为不确定选择符，此表达式的含义是当前进程在同时接收 a、b 事件之后，可能转变为 P 或者 Q，但是确切转变为哪个不由输入的 a、b 决定，而是由当前的进程内部来决定。需要注意的是，上述表达式只有在 a、b 消息同时具备的前提下才可能发生。

- 交错操作：$P \parallel\mid Q$。

可以理解为当前进程包含两个并行的进程 P 和 Q，它们之间互相不影响。

- 接口并行（Interface Parallel）：$P \mid [\{a\}] Q$。

可以理解为，P 和 Q 并行运行，但是 P 和 Q 需要事件 a 进行同步，且 a 事件在且仅在 P 和 Q 均能对该事件进行处理的前提下才能产生。

- 隐藏、归约：$(a - P) \setminus \{a\}$。

详细的定义如下所示，还包括其他的线性组合、条件判断、超时、中断等操作。

$$
\begin{array}{lll}
Proc & ::= & STOP \\
& | & SKIP \\
& | & e \to Proc & \text{(prefixing)} \\
& | & Proc \;\square\; Proc & \text{(external choice)} \\
& | & Proc \;\sqcap\; Proc & \text{(nondeterministic choice)} \\
& | & Proc \;|||\; Proc & \text{(interleaving)} \\
& | & Proc \;|[\{X\}]|\; Proc & \text{(interface parallel)} \\
& | & Proc \setminus X & \text{(hiding)} \\
& | & Proc; Proc & \text{(sequential composition)} \\
& | & \text{if } b \text{ then } Proc \text{ else } Proc & \text{(boolean conditional)} \\
& | & Proc \;\triangleright\; Proc & \text{(timeout)} \\
& | & Proc \;\triangle\; Proc & \text{(interrupt)}
\end{array}
$$

Wright 语言相当于在 CSP 语言基础上进行了相关定义，下面以一个典型的 Wright 语句来说明 Wright 语句的作用。

表 9-1 　　　　　　　　　　　　典型 Wright 语言举例

```
Configuration ABC
    Component A-type
        Port Out = a̅→Out □ §
        Computation = O̅u̅t̅.a̅→Computation □ §
    Component B-type
        Port In = c→In []§
        Computation = In.c→b̅→Computation []§

    Connector C-type
        Role Origin = a̅→Origin □ §
        Role Target = c→Target []§
        Glue = Origin.a→T̅a̅r̅g̅e̅t̅.c̅→Glue []§

Instances
    A:A-type
    B:B-type
    C:C-type

Attachments
    A.Out as C.Origin
    B.In as C.Target
End ABC.
```

表中展示了典型的 Wright 语句，其中定义了三个类，A-Type 和 B-Type 为组件，C-type 为连接器类型，它们对应地存在三个对象 A、B、C。在每个类型中定义了相关的端口以及计算部件。可以看到所有的端口、计算部件都采用相应的 CSP 形式描述。为此，在当前的定义下，可以对相关 CSP 描述进行推导、合并与归约。上表经过计算可以得出下面的结果。

```
  A = A̅.̅O̅u̅t̅.a̅→A □ §
‖ C = A.Out.a→B̅.̅I̅n̅.̅c̅→C []§
‖ B = B.In.c→B̅.̅b̅→B []§
```

从中可以发现 Wright 语言除了具备 ACME 语言的特性即对组件、连接器及其之间的关系进行约束与描述外，还可以对内在行为使用 CSP 形式进行描述，可更好地描述系统的动态行为。使用 Wright 等软件体系结构描述语言有利于设计、开发人员快速对系统行为与约束进行准确表述，软件体系结构描述语言的发展也推动着软件体系结构的发展。